"十四五"职业教育国家规划教材

计算机组装与维护情境实训（第3版）

褚建立　主　编

张小志　王海宾　路俊维　副主编

電子工業出版社

Publishing House of Electronics Industry

北京 · BEIJING

内 容 简 介

本书在第 2 版的基础上将软硬件参数更新为目前市场的主流配置，内容编排继续采用基于情境的任务教学进行编排。本书主要介绍如何识别、选购计算机硬件系统各配件，组装和拆卸计算机硬件系统，对 BIOS 进行基本设置，将硬盘分区及格式化，安装操作系统及硬件驱动程序，备份与恢复操作系统，搭建虚拟系统实用平台，使用常见工具软件，对计算机硬件系统进行日常维护，排除计算机硬件设备故障，维护计算机外设，选购平板电脑及笔记本电脑。全书以实际操作为主，辅以相应的理论知识，内容新颖，讲解深入浅出，图文并茂，层次清晰，非常适用于当前基于学习情境模式的教学。

本书适合作为高职、大专院校计算机专业的教材和各类计算机维护培训班的培训资料，同时也是广大计算机爱好者和用户的必备参考书，具有很高的实用价值。为便于教学，本书提供配套的电子课件等资源，请登录华信教育资源网（www.hxedu.com.cn）免费下载。

图书在版编目（CIP）数据

计算机组装与维护情境实训 / 褚建立主编. —3 版. —北京：电子工业出版社，2021.4
ISBN 978-7-121-37990-1

Ⅰ. ①计… Ⅱ. ①褚… Ⅲ. ①电子计算机－组装－高等学校－教材②计算机维护－高等学校－教材
Ⅳ. ①TP30

中国版本图书馆 CIP 数据核字（2019）第 263862 号

责任编辑：左 雅
印　　刷：北京天宇星印刷厂
装　　订：北京天宇星印刷厂
出版发行：电子工业出版社
　　　　　北京市海淀区万寿路 173 信箱　邮编　100036
开　　本：787×1 092　1/16　印张：17.5　字数：448 千字
版　　次：2014 年 6 月第 1 版
　　　　　2021 年 4 月第 3 版
印　　次：2024 年 12 月第 12 次印刷
定　　价：55.00 元

凡所购买电子工业出版社图书有缺损问题，请向购买书店调换。若书店售缺，请与本社发行部联系，联系及邮购电话：（010）88254888，88258888。

质量投诉请发邮件至 zlts@phei.com.cn，盗版侵权举报请发邮件至 dbqq@phei.com.cn。

本书咨询联系方式：（010）88254580，zuoya@phei.com.cn。

前言
Preface

人工智能时代计算机已经成为工作、生活、娱乐的必需品，是信息化时代的必要支撑。随着计算机用户的急剧增加及应用范围的不断扩大，如何更好地选购一台计算机，并且保证计算机在日常使用过程中高效、稳定地运行，是每个计算机用户必须面对的问题。因此，为了让计算机用户熟练掌握计算机及各个部件的选购技巧，能够运用一些常用工具软件排除常见的软硬件故障，我们编写了《计算机组装与维护情境实训》一书。

《计算机组装与维护情境实训（第2版）》获评“十二五”职业教育国家规划教材，第3版获评“十三五”职业教育国家规划教材。自出版以来备受广大读者喜爱，先后多次印刷。由于计算机技术发展迅速，计算机硬件产品已经更新，原来的产品在市场上已经被淘汰，软件产品也已经更新，同时出现了许多新技术、新内容。随着职教本科的逐渐普及及职业教育教学方法的研究与应用也有了新的进展。因此第3版中更新了知识内容，融入了新的教学方法与理念。

习近平总书记在党的二十大报告中提出：“育人的根本在于立德。全面贯彻党的教育方针，落实立德树人根本任务，培养德智体美劳全面发展的社会主义建设者和接班人。”本书作为信息技术类专业的必修课程的国家规划教材，在章节规划、内容编写、案例编排等方面全面落实“立德树人”为根本任务，把思想政治工作贯穿教育教学的整个过程，持续深化“三全育人”改革实践，精心设计了家国情怀、工匠精神、安全意识、劳动精神等思政案例。

案例1.家国情怀。在讲到CPU、GPU（“芯片”）时，引出当前美国制裁华为事件，美国禁止高端GPU芯片出口中国，引导学生正确认识当前芯片等高科技领域存在的“卡脖子”问题，引导大家为“芯”而努力，为“核”而奋斗，从而激发大家的家国情怀。

案例2.工匠精神。在讲述CPU的发展历程，引出CPU从最早的形态功能单一，发展到现如今的体积小功能强的这一过程，无一不体现了精益求精的工匠精神。中国人民从来都是敬业、专注、勤劳、精益的代表。这种工匠精神体现在各行各业，比如华为公司，正是因为华为员工具有的这种工匠精神，才领先全世界，研发出5G网络技术。

案例3.责任与担当。在讲到操作系统等软件系统时，引出操作系统、数据库或工业软件市场被欧美垄断，现在美国宣布对我国EDA软件实施出口管制，引出操作系统、工业软件国产的重要性，麒麟、鸿蒙等国产操作系统的发展不仅打破技术垄断，而且保障了信息安全，为我国操作系统的发展打开了新局面，引导学生树立推广使用国产操作系统等软件、硬件产品设备的责任感，坚定理想信念，努力为中华民族伟大复兴不懈奋斗。

案例4.树立“网络安全”意识。在讲到网络设备的时候，通过信息泄露案例，引入《国家网络空间安全战略》《网络安全法》等，引导学生使用计算机和网络设备，树立网络安全和信息安全意识。

案例5.逻辑思维教育。通过讲解计算机故障诊断遵循的几个基本原则：先简单后复杂，先外后内，先软后硬，先静后动。引导学生掌握计算机故障排除的方法，从而培养学生做事情的逻辑思维能力和攻坚克难的精神。

案例 6.增强团队意识。通过讲解主板、CPU、硬盘等计算机的主要部件和计算机整体性能之间的关系，引导学生树立团队意识，在实践中掌握团队协作的技能，从而培养学生的大局意识。

本书紧密对标《高等职业学校专业教学标准》电子信息大类中各专业对“计算机组装与维护”课程的需求，覆盖教学标准中所有知识点。本书符合国务院“职教20条”中对“校企双元”开发精品教材的要求，邀请河北时代、河北宜和友联、河北宏正等企业在邢台科技大厦专门负责电脑组装的行家共同组成教材编写团队，有效保障了软硬件配置紧跟市场需求，同时兼顾高等职业教育教学需求，力求做到教学内容符合生产实践环境。

本书仍然沿用第2版基于工作过程与行动导向的模式，采用“S（情景）、T（任务）”两段式进行知识的组织与讲解。本书根据计算机组装与维护实际工作过程所需要的知识和技能，将教材划分为5个学习情境、25个工作任务，从职业岗位分析入手，在工作任务的完成过程中巩固所学知识。在编写过程中采用“职教20条”中提出的“以实践为基础，以行动能力为导向”的教学模式，结合多年计算机维护工作的经验和教学实践，收集目前最新的各种软硬件知识。主要更新内容如下。

修订内容1：硬件参数紧密对标目前市场主流参数。对CPU、主板、内存、硬盘、显卡、声卡、虚拟机软件版本等内容都进行了更新。

修订内容2：软件版本更新为目前市场主流版本。虚拟机采用VMware Workstation 15版本，Windows服务器操作系统采用Windows Server 2012，Linux服务器操作系统采用CentOS-7，Windows操作系统采用Windows 10。

修订内容3：教学理念与方法进行了更新。编写过程中引入“四元教学法”，整本教材按照“选购—装配—检测—维护”的教学思路重新组织内容。

本书教学理念先进，内容新颖，而且能和前沿计算机技术接轨，讲解深入浅出，图文并茂，层次清晰，理论联系实际，尤其是实训任务的步骤详细，按照实训步骤操作完全可以完成任务。通过对本书的学习，学生将对计算机软硬件系统有一个全面的了解，同时能掌握计算机常用部件的选购策略和组装技巧、软件系统的安装与调试、常见工具软件的使用方法、计算机的日常维护、系统常见故障的检测与排除等方面的技能。全书篇幅合理，以实际操作为基础，辅助以相应的理论知识，既有利于教学，又非常适合自学。

由于计算机硬件更新速度快，此外，因编写时间仓促，限于作者的业务素质和技术水平及实际经验有限，书中难免有疏忽、遗漏和错误，恳请读者提出宝贵意见和建议，以便今后改进和修正。作者E-mail地址为397310619@qq.com。

本书适合作为高职、大专院校计算机及相关专业的教材及各类计算机维护培训班的培训资料，同时也是广大计算机爱好者和用户的必备参考书，具有较高的实用价值。

全书由邢台职业技术学院褚建立负责统稿并任主编，由张小志、王海宾、路俊维任副主编。本书的任务3、4、7、8、9、11、12由王海宾编写，任务5、6、14、15、19、22、23由张小志编写，任务1、2、10、13、16、17、20、24、25由路俊维编写，任务18、21由柴旭光编写。在本书的编写过程中得到了河北时代、河北宜和友联、河北宏正等公司的支持，在此一并表示感谢。

编　者

Contents 目录

学习情境 1 认知计算机系统

计算机是由主板、CPU、内存、硬盘、光驱、显示卡、机箱和声卡等各种硬件组成的，为了了解各个部件的工作原理、技术参数和选购技巧，下面通过 11 个任务的学习来认识各个部件的相关知识及掌握选购的常识。

任务 1：认识计算机硬件设备

任务 2：认识和选购主板

任务 3：认识与选购 CPU

任务 4：认识和选购内存

任务 5：认识与选购硬盘驱动器

任务 6：认识与选购光存储和移动存储设备

任务 7：认识与选购显示卡和显示器

任务 8：认识与选购键盘和鼠标

任务 9：认识与选购机箱和电源

任务 10：认识与选购声卡和音箱

任务 11：认识与选购其他常用设备

任务1 认识计算机硬件设备

知识目标

- 认识各种类型的计算机；
- 熟悉计算机硬件系统组成；
- 熟悉计算机软件系统组成。

技能目标

- 能够正确识别计算机各组成部件；
- 能够记住计算机各部件的标准名称。

初识计算机

1.1 任务描述

开启一台计算机，观察计算机的运行过程，分析计算机系统的构成；打开一台台式计算机的机箱侧板，观察计算机的主机和外部设备，了解计算机各部件的名称、作用、外观及特点。

1.2 相关知识

1.2.1 初识计算机

自世界上第一台计算机 ENIAC 于 1946 年在美国问世以来，计算机先后经历了多个发展时代，现在所说的计算机通常是指个人计算机（Personal Computer，PC），它主要分为台式计算机、笔记本电脑、一体机和平板电脑等几种类型。

1. 台式计算机

台式计算机，顾名思义是指放置在桌子上的微型计算机，这就是最常见的计算机，在本教材中主要讨论的就是台式计算机，统一用计算机来表述。

1974 年 12 月，美国 MITS 公司发布了世界上第一台商用个人计算机 Altair8800，该计算机使用 8080 处理器，外形像一台打字机，如图 1.1 所示。1981 年，美国 IBM 公司首次将 8088 微处理器用于 IBM PC 中，如图 1.2 所示，从此开创了微型计算机时代。

微型计算机（Micro Computer）也称为个人计算机、PC 或电脑，是电子计算机技术发展到第四代的产物。微型计算机的诞生引起了电子计算机领域的一场革命，大大扩展了计算机的应用领域，打破了计算机的神秘感和计算机只能由少数专业人员使用的局面，使得每个普通人都能方便地使用，从而使计算机成为人们日常生活和工作的工具。

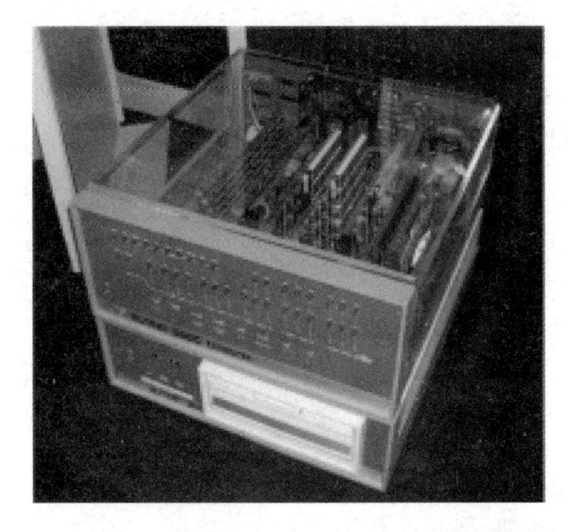

图 1.1　MITS 公司 Altair8800 计算机

图 1.2　IBM PC

台式计算机具有机箱空间大、通风条件好、散热性好、扩展性好等特点。

目前，市场上台式计算机品牌主要有联想（Lenovo）、戴尔（Dell）、惠普（HP）、宏碁（ACER）、华硕（ASUS）、神舟（Hasee）、清华同方（THTF）、海尔（Haier）等。如图 1.3 所示为一款戴尔台式计算机，如图 1.4 所示为一款联想台式计算机。

图 1.3　戴尔台式计算机

图 1.4　联想台式计算机

2. 笔记本电脑

笔记本电脑（NoteBook）把主机、键盘、显示器等部件组装在一起，体积只有手提包大小，能用蓄电池供电，可以随身携带，也称手提电脑。

根据产品的定位不同，厂商将笔记本电脑分为超极本、商务办公本、游戏本、游戏影音本、移动工作站等类型，每种类型针对的用户不同。笔记本电脑目前只有原装机，用户无法自己组装。相对而言，价格较高、硬件的扩充和维修都比较困难。

目前，市场上的笔记本品牌主要有联想、惠普、戴尔、华硕、ThinkPad、华为、神舟、苹果、微软、宏碁、清华同方、海尔等。如图 1.5 所示为一款戴尔笔记本，如图 1.6 所示为一款联想笔记本。

3. 一体机

一体机是将主机部分和显示器部分整合到一起，由一台显示器、一个键盘和一个鼠标组成的计算机。

图 1.5　戴尔笔记本电脑

图 1.6　联想笔记本电脑

对于一体机，不同的厂商有不同的叫法，如 AllInOne、AIO 计算机或屏式计算机。如图 1.7 所示为一款苹果一体机，如图 1.8 所示为一款联想一体机。

图 1.7　苹果一体机

图 1.8　联想一体机

目前，市场上一体机品牌主要有苹果、联想、戴尔、惠普、华硕、宏碁、微软、海尔、冠捷、七彩虹、台电等。

4．平板电脑

平板电脑（Tablet Computer）是一款无须翻盖、没有键盘且拥有完整功能的计算机。其构成组件与笔记本电脑基本相同，以触摸屏作为基本的输入设备，允许用户通过触控笔、数字笔或人的手指进行操作，不使用传统的键盘和鼠标。

目前，市场上平板电脑品牌主要有苹果、微软、华为、三星、小米、台电、联想、华硕、荣耀等。

5．工作站

工作站也是由 CPU、内存、硬盘、显示卡、电源等部件组成的，但工作站往往采用服务器级芯片组和性能更加强劲的多核处理器，或者支持多路处理器来满足诸如图形应用中的大量浮点运算和 3D 渲染工作等，一般采用专业 2D 或 3D 显示卡，支持更大内存，液冷散热，以保障持续高负荷稳定运行。

目前，市场上台式工作站品牌主要有凌炫、UltraLAB、戴尔、惠普、联想、中科曙光、苹果、IBM、华硕、迎达、微星等。移动工作站品牌主要有凌炫、戴尔、联想、惠普、微星等。

6．瘦客户机

瘦客户机是使用专业嵌入式处理器、小型本地闪存、精简版操作系统的基于 PC 工业标准设计的小型行业专用商用 PC，配置包含专业的低功耗、高运算功能的嵌入式处理器。瘦客户机没有可移除的部件，可以提供比普通 PC 更加安全可靠的使用环境，以及更低的功耗，更高的安全性。瘦客户机采用 Linux 精简型操作系统或 Microsoft Windows Embedded 操作系统家族，包括 Linux Embedded、Microsoft Windows CE .NET 和 Microsoft Windows XP Embedded 操作系统。

目前，市场上瘦客户机品牌主要有杰云、深信服、惠普、戴尔、锐捷网络、华科云等。

7. 服务器

服务器，也称伺服器，是提供计算服务的设备。服务器是一种高档计算机，包括处理器、硬盘、内存、系统总线等，和通用的计算机架构类似，但是由于需要提供更可靠的服务，因此在处理能力、稳定性、可靠性、安全性、可扩展性、可管理性等方面要求较高。

目前，按照体系架构来区分，服务器主要分为两类。

（1）非 x86 服务器：包括大型机、小型机和 UNIX 服务器，它们使用 RISC（精简指令集）或 EPIC（并行指令代码）处理器，并且主要采用 UNIX 或其他服务器专用操作系统。这种服务器价格昂贵、体系封闭，但是稳定性好、性能强，主要用在金融、电信等大型企业的核心系统中。

（2）x86 服务器：又称 CISC（复杂指令集）架构服务器，即通常所讲的 PC 服务器。它是基于 PC 机体系结构，使用 Intel 或其他兼容 x86 指令集的处理器芯片和 Windows/Linux 操作系统的服务器，主要用在中小企业和非关键业务中。x86 服务器根据存放位置不同，可分为塔式、机架式和刀片式三种，如图 1.9 至图 1.11 所示。目前，市场上 x86 服务器品牌主要有戴尔、惠普、联想、华为、浪潮、中科曙光、H3C 等。

图 1.9　塔式服务器

图 1.10　机架式服务器

图 1.11　刀片式服务器

1.2.2　品牌机和兼容机

品牌机有注册商标，由专业的计算机公司将计算机配件组装好后进行整体销售，并提供技术支持及售后服务。兼容机是指按用户要求选择配件组装而成的计算机，具有较高的性价比。两者的区别主要表现在以下几方面。

（1）兼容性和稳定性。每台品牌机的出厂都经过严格测试，因此其稳定性和兼容性都有保障，很少出现硬件不兼容的现象。而兼容机是在很多的配件中选取几个组装起来，兼容性无法得到保证。

（2）产品搭配灵活性。兼容机可以满足用户的特殊要求，如根据需要突出计算机某一方面的性能，可以由用户自行选件或者由经销商帮助选件，根据自己的喜好和要求来组装。而品牌机不能因为个别用户的要求，专门变更配置生产。因此，兼容机在产品搭配灵活性方面占优势。

（3）价格。兼容机往往比相同配置的品牌机便宜几百元到上千元不等，主要是由于品牌机的价格中包含了正版软件捆绑费用和厂家的售后服务费用等。

（4）售后服务。品牌机的服务质量肯定比兼容机好，一般厂商提供 1 年上门、3 年质保的服务，并且有免费技术支持电话以及紧急上门服务。兼容机一般提供一年质保，部分配件的质保期只有 3 个月。

认识计算机硬件及软件

1.2.3 微型计算机系统的组成

1. 计算机系统概述

一个完整的计算机系统是由硬件系统和软件系统两部分组成的，如图 1.12 所示。

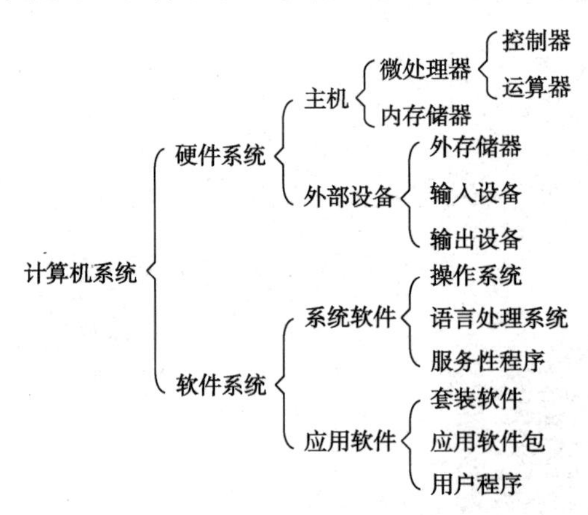

图 1.12 计算机系统的组成

（1）硬件系统。硬件系统是指构成计算机系统的物理实体，主要由各种电子部件和机电装置组成。硬件系统的任务是保证计算机硬件的功能得以充分发挥，并为用户提供一个直观、方便的工作环境。

（2）软件系统。软件系统是指为计算机运行提供服务的各种计算机程序和全部技术资料。软件系统的基本功能是接受计算机程序，并在程序的控制下完成数据输入、数据处理和输出结果等任务。

（3）二者的关系。计算机硬件是构成计算机系统的物质基础，而计算机软件是计算机系统的灵魂，二者相辅相成，缺一不可。

2. 计算机硬件系统组成

目前所使用的各种型号的计算机均属于冯·诺依曼结构计算机，由控制器、运算器、存储器、输入设备和输出设备五大部分组成。

在计算机内部，有两种信息在流动，如图 1.13 所示。一种是数据信息，即各种原始数据、中间结果、程序等，这些要由输入设备输入至运算器，再存储于存储器中。在运算处理过程中，数据从存储器读入运算器进行运算，运算的结果要存入存储器中，或最后由运算器经输出设备输出。另一种为控制信息，即用户给计算机的各种命令（程序）以数据的形式由存储器送入控制器，由控制器经过译码后变为各种控制信号，由控制器控制输入装置的启动或停止，控制器、运算器按规定一步步地进行各种运算和处理，控制存储器的读或写，控制输出设备的输出结果。

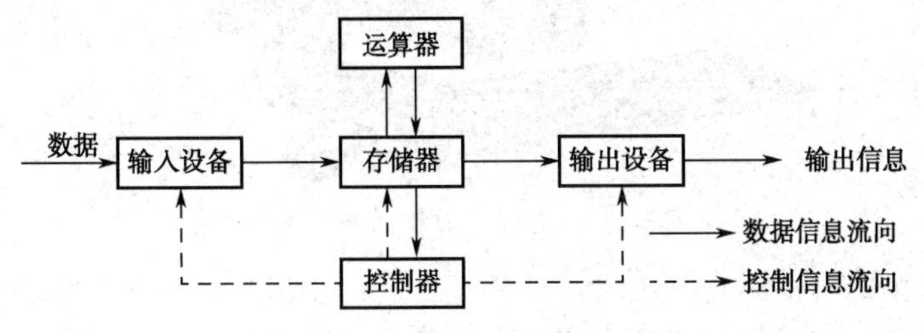

图 1.13　硬件系统中的两种信息流

（1）控制器。控制器是整个计算机的指挥中心，由它从存储器中取出程序的控制信息，经过分析后，按照要求给其他部分发出控制信号，使各部分能够协调一致地工作。

（2）运算器。运算器是一个“信息加工厂”，大量数据的运算和处理工作就是在运算器中完成的。其中的运算主要包括基本算术运算和基本逻辑运算。

（3）存储器。存储器是计算机中用来存放程序和数据的地方，并根据指令要求提供给有关部件使用。计算机中的存储器实际上是指由主存储器（内存）、辅助存储器（外存）和高速缓冲存储器组成的存储器系统。三者按存取速度、存储容量和价格的优劣组成层次结构，以适应 CPU 越来越高的速度要求。它们之间交换数据的层次如图 1.14 所示。

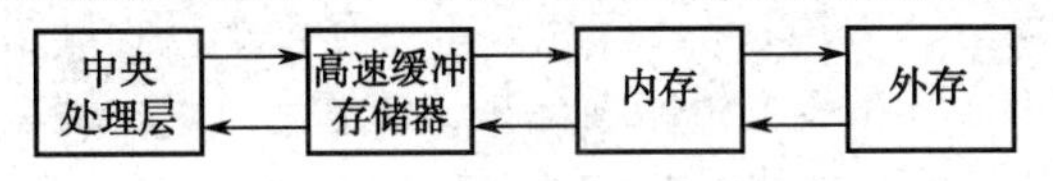

图 1.14　存储器系统层次结构

（4）输入设备。输入设备的主要作用是把程序和数据等信息转换成计算机所能识别的编码，并按顺序送往内存。常见的输入设备有键盘、鼠标、扫描仪、数码相机、摄像机、卡片输入机等。

（5）输出设备。输出设备的主要作用是把计算机处理的数据、计算结果（或中间过程）等内部信息按人们要求的形式输出。常见的输出设备主要有显示器、打印机、绘图仪等。通常把输入设备和输出设备合称为 I/O（输入/输出）设备。

在计算机系统中，输入和输出设备通称为计算机的外部设备。近年来，随着多媒体技术的迅速发展，各种类型的音频、视频设备都已列入了计算机外部设备的范围。

1.3　任务实施

1.3.1　认识计算机的硬件组成

1. 整体认识计算机

一台完整的台式计算机，从外部结构可以看到，计算机硬件结构主要由主机、显示器、键盘、鼠标和一些其他的外部设备（如音箱、打印机等）组成，如图 1.15 所示。

图 1.15 台式计算机的硬件结构

（1）微型计算机的主体——主机。从外观上看，主机是计算机的主机箱，是计算机的主体，是微型计算机的运算和指挥中心。主机箱内部主要由主板、CPU、内存、电源、显卡、声卡、网卡、硬盘及各种电源线和信号线组成，这些部件都封装在主机箱内部。从结构上看，主机箱内部还安装有硬盘、光盘驱动器等存储设备，以及显卡、声卡，还可安装网卡、FAX 卡、内置调制解调器、股票接收卡等数据通信设备和外部输出设备卡等。其中，主板、CPU、内存、电源、显卡、硬盘是必需的，只要主机工作，这几样缺一不可。

主机箱一般由特殊的金属材料和塑料面板制成，通常分为立式和卧式两种，颜色、形状各异，有防尘、防静电、抗干扰等作用。

主机箱前面板（如图 1.16 所示）上一般有光盘驱动器的光盘托盘伸缩口，从此处可以放入和取出光盘片；表示主机工作状态的指示灯和控制开关，分别用于开、关主机和显示其工作状态，例如，电源开关、Reset 复位开关、电源指示灯、硬盘工作状态指示灯等；前置 USB 和音频接口。目前，许多主机箱前面板上提供了 USB 接口和音频接口，需要用机箱提供的 USB 线连接到主板上的前置 USB 接口上。

主机箱背面板（如图 1.17 所示）上一般有一些插座、接口，用于主机和外部设备的连接，主要有电源插口、散热风扇排风口、键盘接口、用来连接视频设备的视频接口、用来连接打印机的并行端口、用来连接鼠标或调制解调器等设备的串行接口，以及其他多媒体功能板卡的接口等。

图 1.16 主机箱前面板

图 1.17 主机箱背面板

（2）键盘和鼠标。键盘和鼠标是现代微型计算机中最主要的输入设备，计算机所需要处理的程序、数据和各种操作命令都是通过它们输入的，如图 1.18 所示为一套键盘和鼠标。

图 1.18　键盘和鼠标

（3）显示器和打印机。显示器（如图 1.19 所示为一款液晶显示器）和打印机（如图 1.20 所示）是微型计算机常用的输出设备。它们的主要功能就是将计算机的计算结果（包括中间结果和最终结果）显示在显示器上或通过打印机打印在纸上，以便用户查看计算结果或长期保存结果。另外，显示器和打印机还可以显示或打印用户通过计算机编辑的程序文件、文本文件，以及各种图形信息等内容。

图 1.19　液晶显示器

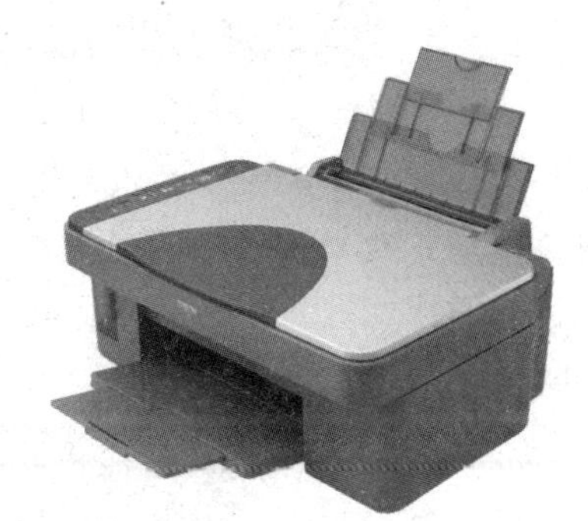

图 1.20　打印机

2．认识主机箱内各部件

打开计算机主机箱的侧面板，可以清楚地看到主机箱内的各个部件，如图 1.21 所示。主机箱内部一般安装有电源盒、主板（包含 CPU 和内存）、硬盘驱动器（简称硬盘）、光盘驱动器（简称光驱或 CD-ROM）、显卡，以及其他数据通信、多媒体功能板卡（如网卡、传真卡、声卡、视频卡）等。

（1）主板。主机板又称为系统主板，简称主板，是一块多层印刷电路板，是计算机主机内的主要部件，CPU（中央处理器）、内存条、显卡、声卡等均要插接在主板上，光盘驱动器、硬盘则通过线缆与其相连，机箱背后的键盘接口、鼠标接口、打印机接口、显示器接口、网卡等也大多是由它引出的，如图 1.22 所示。

图 1.21　主机箱内部结构

图 1.22　主板

（2）CPU。CPU（中央处理器）也叫微处理器，是整个微型计算机运算和控制的核心部件。CPU 在很大程度上决定了计算机的基本性能。现在市场上的 CPU 主要以 Intel（酷睿 i9/i7/i5/i3）和 AMD（锐龙 R9/R7/R5）公司生产的 CPU 为主，国产 CPU 如龙芯、飞腾、兆芯、海光、鲲鹏等品牌处理器也开始推向市场。如图 1.23 所示为 Intel 的酷睿 i7 CPU，如图 1.24 所示为 AMD 锐龙 R7 2700 CPU。

图 1.23　Intel i7-11700K CPU

图 1.24　AMD R7 2700 CPU

（3）内存。内存是计算机的内部存储器，也叫主存储器，是计算机用来临时存放数据的地方，也是 CPU 处理数据的中转站。内存的容量和存取速度直接影响 CPU 处理数据的速度。目前的计算机一般都配置了 4GB 以上（主流为 8/16GB）的内存。如图 1.25 所示为一款 DDR4 8GB 海力士内存条。

图 1.25　内存条

（4）光驱。光驱也是计算机系统中重要的外存设备。从最早的只读型光盘驱动器（CD-ROM）发展到数字只读光盘驱动器（DVD-ROM）、光盘刻录机（CD-RW）、DVD 光盘刻录机（DVD-RW，如图 1.26 所示），以及集成 CD/DVD 读取与 CD-R/RW 刻录于一体的康宝（Combo，如图 1.27 所示）等类型光驱。

图 1.26　DVD 光盘刻录机

图 1.27　Combo 光驱

（5）硬盘。硬盘驱动器，简称硬盘（Hard Disk），是计算机中广泛使用的外部存储器。目前市场上的硬盘包括传统的采用温彻斯特技术的机械硬盘和采用半导体存储技术的固态硬盘。机械硬盘的存储介质是若干刚性磁盘片组成的，有 2.5 英寸（笔记本）和 3.5 英寸（台式机）两种规格，容量在 512GB～12TB 不等，市场主流容量是 1TB、2TB 和 4TB。固态硬盘有 1.8 英寸等，容量在 120GB～2TB 不等，市场主流容量是 256GB、512GB 和 1TB。如图 1.28（a）所示是一款 2TB 机械硬盘，1.28（b）是一款 1.92TB 三星固态硬盘。

（6）电源。电源也称电源供应器（Power Supply），它提供计算机中所有部件所需要的电能，如图 1.29 所示。电源功率的大小、电流和电压是否稳定直接影响着计算机的使用寿命，电源问题常导致系统不稳定、无法启动甚至烧毁计算机配件。计算机电源是安装在主机箱内的封闭式独立部件，它的作用是将交流电变换为±5V、±12V、±3.3V 等不同电压、稳定可靠的直流电，供给主机箱内的主板、各种适配器和扩展卡等系统部件和键盘、鼠标等使用。

（a）3.5 英寸机械硬盘

（b）1.8 英寸固态硬盘

图 1.28 硬盘的外观和内部结构

图 1.29 ATX 电源

（7）显卡。显卡的作用是控制显示器上的每个点的亮度和颜色，使显示器描绘出我们想看到的图像。显卡是计算机中进行数/模信号转换的设备，也就是将计算机中的数字信号通过显卡转换成模拟信号让显示器显示出来。目前市场上高性能的显卡还具有图像处理能力，能够协同 CPU 进行部分图片的处理，提高整机的运行速度。

随着计算机技术和图像技术的发展，特别是目前广泛应用的 Windows 操作系统、Maya 等大型 3D 图形图像处理软件及 3D 游戏等，都需要高性能显卡的支持，保证计算机能提供更高质量、高品质的图像。显卡的品牌很多，各个厂商的产品种类也很多，但其核心部分及显卡芯片组大部分采用 nVIDIA、AMD、Intel 公司的产品。如图 1.30 所示为一款七彩虹镭风 3870-GD4 显卡的外观。

（8）声卡。声卡的作用包括声音和音乐的回放、声音特效处理、网络电话、MIDI 的制作、语音识别和合成等。声卡已成为多媒体计算机不可缺少的部分。

声卡分为独立的单声卡和集成在主板上的板载声卡两种。而板载声卡一般又分为板载软声卡和板载硬声卡。一般板载软声卡没有主处理芯片，只有一个 Codec 解码芯片，通过 CPU 的运算来代替声卡主处理芯片的作用。如图 1.31 所示为一款独立声卡的外观。

（9）网卡。网卡又称网络接口卡、网络适配器，安装在主板扩展槽中。随着网络技术的飞速发展，出现了许多种不同类型的网卡，目前主流的网卡主要有 10/100Mb/s 自适应网卡、100Mb/s 网卡、10/100/1000Mb/s 自适应网卡等几种。如图 1.32 所示为一款 10/100/1000Mb/s 自适应网卡。

图 1.30 显卡

图 1.31 声卡

图 1.32 网卡

目前，计算机主板大都已经集成了显卡、声卡、网卡，这些集成的板卡的性能一般，不能满足需要时可以另外再配置单独的显卡、声卡或网卡。

1.3.2 认识计算机的软件组成

软件系统是计算机运行的各种程序、数据及相关的各种技术资料（文档）的总称。计算机系统是在硬件“裸机”的基础上，通过一层层软件的支持，向用户提供一套功能强大、操作方便的系统。通常，计算机软件按其层次不同可分为系统软件和应用软件。

1．系统软件

系统软件是计算机设计者或厂商提供的使用和管理计算机的软件，通常包括操作系统、语言处理系统、数据库管理系统、各种服务程序及网络系统等。

操作系统（Operating System，OS）是对计算机全部软、硬件资源进行控制和管理的大型程序，是直接运行在裸机上的最基本的系统软件，是软件系统的核心，如图 1.33 所示，其他软件必须在操作系统的支持下才能运行。操作系统可按其运行环境及管理用户的数量等进行分类。

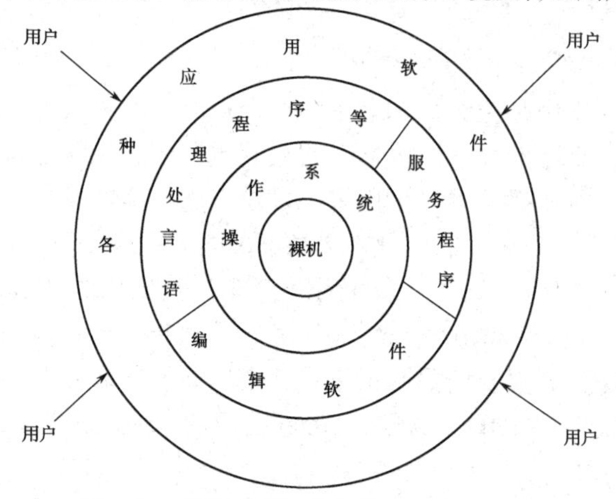

图 1.33　操作系统与软硬件及用户的关系

目前，计算机中常用的操作系统包括 Windows 系列和其他操作系统等。

（1）Windows 操作系统。Microsoft Windows 是美国微软公司研发的一套操作系统，问世于 1985 年，起初仅仅是 Microsoft-DOS 模拟环境，后续的系统版本由于微软不断地更新升级，不但易用，也慢慢成为家家户户人们最喜爱的操作系统。

Windows 采用了图形化模式 GUI，比起从前的 DOS 系统需要键入指令使用的方式更为人性化。随着电脑硬件和软件的不断升级，微软的 Windows 也在不断升级，从架构的 16 位、16+32 位混合版（Windows9x）、32 位再到 64 位，系统版本从最初的 Windows 1.0 到大家熟知的 Windows 95、Windows 98、Windows ME、Windows 2000、Windows 2003、Windows XP、Windows Vista、Windows 7、Windows 8、Windows 8.1、Windows 10、Windows 11 和 Windows Server 服务器企业级操作系统，不断持续更新，微软一直在致力于 Windows 操作系统的开发和完善。现在最新的正式版本是 Windows 10。

（2）其他操作系统。除了使用最广泛的 Windows 系列操作系统，市场上还存在 UNIX、Linux、Mac OS 等操作系统，以及国内目前正在大力推广的国产操作系统。

① Linux 操作系统。Linux 是一套免费使用和自由传播的类 UNIX 操作系统，是一个基于 POSIX 和 UNIX 的多用户、多任务、支持多线程和多 CPU 的操作系统。它能运行主要的 UNIX 工具软件、应用程序和网络协议。它支持 32 位和 64 位硬件。Linux 继承了 UNIX 以网络为核心的设计思想，是一个性能稳定的多用户网络操作系统。它主要用在基于 Intel x86 系列 CPU 的计算机上。这个系统是由全世界各地的成千上万的程序员设计和实现的，其目的是建立不受任何商品化软件的版权制约的、全世界都能自由使用的 UNIX 兼容产品。

Linux 以它的高效和灵活著称，Linux 模块化的设计结构，使得它既能在价格昂贵的工作站上运行，也能够在廉价的 PC 机上实现全部的 UNIX 特性，具有多任务、多用户的能力。Linux 是在 GNU 公共许可权限下免费获得的，是一个符合 POSIX 标准的操作系统。Linux 操作系统软件包不仅包括完整的 Linux 操作系统，而且还包括了文本编辑器、高级语言编译器等应用软件。它还包括带有多个窗口管理器的 X-Windows 图形用户界面，如同我们使用 Windows 系统一样，允许使用窗口、图标和菜单对系统进行操作。

② Mac 系统。Mac OS 是一套运行于苹果 Macintosh 系列计算机上的操作系统。Mac 系统是基于 UNIX 内核的图形化操作系统，一般情况下无法在普通 PC 上安装的操作系统，由苹果公司自行开发。另外，疯狂肆虐的电脑病毒几乎都是针对 Windows 系统的，由于 MAC 系统的架构与 Windows 系统不同，所以很少受到病毒的袭击。

Mac OS 是首个在商用领域成功的图形用户界面操作系统，现行的最新的系统版本是 macOS Monterey 12.0.1。

（3）国产操作系统。国产操作系统多的以 Linux 为基础二次开发的操作系统，目前已投入市场使用的代表系统产品有深度系统 deepinv20（Linux deepin）、UOS（统信操作系统）、中标麒麟（NeoKylin）、红旗 Linux（Redflag Linux）、思普操作系统等，其中最具代表性的国产操作系统是 UOS。

统一操作系统（UOS）是由多家国内操作系统核心企业发起的，成员包括中国电子集团（CEC）、武汉深之度（Deepin）等。该操作系统基于 Linux 内核，其最新版可兼容国内硬件厂商的各类硬件，可用于桌面端和服务器端，是真正意义上的国内统一的计算机操作系统。统一桌面操作系统以桌面应用场景为主，统一服务器操作系统以服务器支撑服务场景为主，支持龙芯、飞腾、兆芯、海光、鲲鹏等芯片平台的笔记本电脑、台式机、一体机和工作站及服务器。统一桌面操作系统包含原创专属的桌面环境、多款原创应用，以及数款来自开源社区的原生应用软件，能够满足用户的日常办公和娱乐需求。统一服务器操作系统在桌面版的基础上，向用户的业务平台提供标准化服务、虚拟化、云计算支撑，并能满足未来业务拓展和容灾需求的高可用和分布式支撑。

2．应用软件

计算机之所以能迅速普及，除了因硬件性能不断提高、价格不断降低，大量实用的应用软件的出现满足了各类用户的需求也是重要原因之一。应用软件（Application Software）是用户可以使用的各种程序设计语言，以及用各种程序设计语言编制的应用程序的集合，分为应用软件包和用户程序。常用的通用应用软件主要有以下几种。

（1）办公软件：用于文字处理、制作电子表格、创建演示文档和表单等，如 Microsoft Office、WPS Office 等。

（2）图像处理：主要用于处理图形和图像，制作各种图画、动画和三维图像等，如 Photoshop、Flash、3D Max、AutoCAD 等。

（3）编程/程序开发软件：是由专门的软件公司用来编写系统软件和应用软件的计算机语言，如 Java 语言、C 语言、C#语言、Python 语言等。

（4）文件管理软件：主要用于计算机中各种文件的管理，包括压缩、解压缩、重命名和加解密等，如 WinRAR 等。

（5）图文浏览软件：主要用于浏览计算机和网络中的图片，以及阅读各种电子文档，如 ACD See、Adobe Reader 等。

（6）多媒体播放软件：主要用于播放计算机和网络中的各种多媒体文件，如 Windows Media Player、暴风影音等。

此外还有如媒体格式转换器、通信工具、翻译软件、防火墙和杀毒软件、系统优化/保护工具和各种输入法等应用软件。

1.3.3 启动和关闭计算机

1. 启动计算机

使用计算机的第一步就是要启动计算机，也就是通常所说的开机。计算机启动一般分为以下几种。

（1）冷启动。冷启动是指计算机在没有加电的状态下初始加电，一般原则是，先开外设电源，后开主机电源，因为主机的运行需要非常稳定的电源，为了防止外设启动引起电源波动影响主机运行，应该先把外设电源接通，同时应避免主机启动后，在同一电源线上再启动其他电器设备，如电视、冰箱、空调等家电设备。而关机时正好相反，应该在关闭计算机程序后，先关主机后关外设，这样可以防止外设电源断开一瞬间产生的电压感应冲击对主机造成意外伤害。

（2）热启动。计算机在 DOS 状态下运行时，同时按 Ctrl+Alt+Delete 组合键，计算机会重新启动，这种启动方式是在不断电状态下进行计算机的程序启动，所以也叫作热启动。

但是在 Windows 窗口下不能进行如此方式的启动，这样硬盘会由于来不及保存数据造成再启动的不正常，甚至会引起硬盘的损坏。对于熟练计算机操作的用户经常在程序停止响应后，通过这个组合键来调出任务管理器以查看程序执行列表，从而强行关闭停止响应的程序。对于死机的情况会在不得已的情况下采用连续两次敲击三键产生热启动，当然重启动后系统会立即对硬盘进行检测和修复，大多情况下都会正常修复。

（3）复位启动。复位启动是指在计算机停止响应后（死机），甚至连键盘都不能响应时采用的一种热启动方式，一般在主机面板上都有一个复位按钮开关，轻轻按一下即可，计算机会重新加载硬盘等所有硬件及系统的各种软件，当然它的威胁不亚于热启动。

2. 关闭计算机

（1）正常关机。正常的关机方法有：

- 用鼠标单击“开始”→“关闭系统”→“关闭计算机”→“是”按钮，然后再依次关闭显示器→电源开关→其他外设开关→关闭总电源开关；
- 按菜单键用光标键选择“关机”命令即可。

（2）强行关机。计算机有时死机后就连复位开关都无可奈何的时候，我们就只有强行关机了，方法有两种：一种是按住主电源开关 5 秒钟左右，电源会自动关闭，当然主机会突然停止所有工作；另一种是直接拔掉电源线。

计算机非正常关机后，下一次启动系统通常会默认进入安全模式，这时我们需要重新启动计算机，才能正常进入系统。有时，我们在安装某些程序时，系统也会提示我们重启后才能正常启动。重新启动的方法是单击“开始”→“关闭系统”→“重新启动计算机”→“是”按钮，然后只需等待即可。

习　题

一、选择题

1．下列系统软件中，属于操作系统的软件是（　　）。

A．Windows 10　　B．Word 2016　　C．WPS　　D．Office 2016

2．执行应用程序时，和 CPU 直接交换信息的部件是（　　）。

A．软盘　　B．硬盘　　C．内存　　D．光盘

3．下列设备中既属于输入设备又属于输出设备的是（　　）。

A．硬盘　　B．显示器　　C．打印一体机　　D．键盘

4．微型计算机的核心部件是（　　）。

A．控制器　　B．存储器　　C．运算器　　D．CPU

5．我们使用计算机时，通常关机的顺序与开机的顺序正好相反，即（　　）。

A．先关闭打印机的电源，再关闭显示器的电源，最后关闭主机的电源

B．先关闭显示器的电源，再关闭主机的电源

C．先关闭显示器的电源，再关闭打印机的电源，最后关闭主机的电源

D．先关闭主机电源，再依次关闭外围设备的电源

二、填空题

1．计算机系统通常由________和________两大部分组成。

2．计算机软件系统分为________和________两大类。

3．中央处理器简称 CPU，它是计算机系统的核心，主要包括________和________两个部件。

4．计算机的外设很多，主要分成三大类，其中，显示器、音箱属于________，键盘、鼠标、扫描仪属于________。

5．计算机硬件主要有_______、_______、_______、_______、________、________、________和________等。

6．按设计目的和用途可将计算机分为________和________；按综合性能指标可将计算机划分为________、________、________、________和________。

三、简答题

1．从硬件系统和软件系统两方面简述计算机系统是由哪几部分组成的。

2．简述计算机的发展历程。

3．计算机操作系统的功能有哪些？

4．计算机常用的操作系统有哪些？

5．简述计算机常见的应用软件。

6．了解市场上国内操作系统有哪些？

四、实训题

1．从外部观察了解计算机的接口和设备。

2．从外观上认识计算机硬件各组成部件。

3．打开一台计算机，了解主机箱内部的结构和各组成部件。

4．观察主机箱内部各部件的连接。

任务2 认识和选购主板

知识目标

- 熟悉主板的组成；
- 了解主板的分类；
- 熟悉主板芯片组。

技能目标

- 能够识别主板的核心元器件及接口；
- 能够根据需要选购合适的主板。

2.1 任务描述

主板是计算机中的核心部件之一，在选购计算机的各配件时往往需要优先考虑主板，那么，用户如何在计算机市场上品种繁多的主板中选购满足自己需要的一款主板呢？

2.2 相关知识

2.2.1 主板的作用

主板又叫主机板（Mainboard）、系统板（System Board）或母板（Motherboard），它安装在主机箱内，是计算机最基本的也是最重要的部件之一。

主板是整个计算机的中枢，所有部件都通过它与 CPU 连接在一起，进行通信，然后由 CPU 发出指令，执行相应的操作。主板使各种周边设备能够和计算机紧密地连接在一起，形成一个有机整体。可以说，主板的类型和档次决定着整个计算机系统的类型和档次，主板的性能影响着整个计算机系统的性能。若主板性能不好，一切插在它上面的部件的性能都不能充分发挥出来。如果把 CPU 看成是计算机的大脑，那么主板就是计算机的身躯。

主板实际上就是一块 PCB 印刷电路板，上面安装了各式各样的电子零件并布满了大量电子线路。当计算机工作时由输入设备输入数据，由 CPU 来完成大量的数据运算，再由主板负责输送到各个设备，最后经输出设备呈现出来。

2.2.2 主板的分类

认识主板的分类

常见的计算机主板分类方式有以下几种。

1. 按主板支持 CPU 的类型分类

这是指能在该主板上使用的 CPU 类型，只有采用与主板支持的 CPU 类型相同的 CPU，二者才能配套工作。根据 CPU 厂家不同，将主板分为 Intel 平台主板、AMD 平台主板和整合 CPU 主板。目前市场主流产品支持 Intel CPU 的插座有 LGA 1151、LGA 2066、LGA1200、LGA1700 等，支持 AMD CPU 的插座有 Socket sTRX4、Socket TR4、Socket AM4、Socket AM3+等。

整合 CPU 主板是将 CPU 焊在主板上，无法更换，只能通过专业设备才可以更换。一般这样的 CPU 性能低，功耗和发热量都很低。

2. 按主板的结构分类

目前，市场上流通的主板结构主要有 ATX（标准型）、M-ATX（紧凑型）、ITX（迷你型）、E-ATX（加强型）等类型。

（1）ATX 主板。ATX（AT eXternal，扩展的 AT 主板规范）是 Intel 公司首创并得到广大主板厂商响应的主板结构规范。

标准 ATX 主板尺寸为 19cm×30.5cm（长×宽），使用 ATX 电源，符合 ATX 标准的主板上集成了常用的功能芯片和 I/O 端口。ATX 主板提供 7 个 I/O 槽（1 个槽共享），需要配合专门的 ATX 机箱，是被广泛采用的主板结构。

（2）M-ATX（紧凑型）。即 Micro ATX 主板结构，是 Intel 公司在 1997 年提出的一种主板结构标准，主要是通过减少 PCI 插槽、内存插槽和 ISA 插槽的数量，以达到缩小主板尺寸的目的，俗称“小板”，是 ATX 主板的“精简版”。Micro ATX 主板把扩展插槽减少为 3～4 个，DIMM 插槽为 2～3 个。Micro ATX 主板常见的尺寸有两种：24.8cm×24.8cm 和 24.8cm×30cm。

（3）ITX（迷你型）。即 Mini-ITX，是由 VIA（威盛电子）定义和推出的一种结构紧凑的微型化的主板设计规范，它是用来设计用于小空间、小尺寸的专业计算机的，如用在汽车、机顶盒及网络设备中的计算机，也可用于制造瘦客户机。Mini-ITX 主板尺寸为 17.0cm×17.0cm，电源功率小于 100W，采用超低功率的 x86 处理器，它焊接在主板上且只用 Heatsink 散热器冷却而不是用散热器加风扇冷却。显示卡、声卡和网卡都集成在 Mini-ITX 主板上。

（4）EATX（加强型）。EATX 主板是 Extended ATX 的缩写，主要用于机架式服务器系统。它通常用于双处理器和标准 ATX 主板上无法胜任的服务器上，尺寸为 30.5cm × 33.0cm。EATX 主板尺寸较大，一般都需要特殊 EATX 机箱，与 ATX 明显区别是尺寸和安装孔的位置。EATX 主板一般也称为 EATX 服务器主板，它大多支持两个以上 CPU。

2.2.3 主板的组成

认识主板的组成

现在市场上的主板虽然品牌繁多，布局不同，但其基本组成是一致的，主要包括南、北桥芯片，板载芯片（I/O 控制芯片、时钟频率发生器、RAID 控制芯片、网卡控制芯片、声卡控制芯片、电源管理芯片、USB2.0/IEEE 1394 控制芯片），核心部件插槽（安装 CPU 的 Socket 插槽及内存 DIMM 插槽），内部扩展槽（AGP 插槽、PCI-E X1 插槽、PCI-E X16 插槽、PCI-E 3.0 插槽），各种接口（IDE 接口、SATA 接口、USB 接口、串口、并口、PS/2键盘和鼠标接口），以及电子电路器件等。

主板的品牌很多，布局不同，但基本结构和使用的技术基本一致。这些主板除CPU接口不同外，其他部分几乎是相同的，如图2.1所示。

图2.1　技嘉GA-Z170X-GAMING 3

1．PCB基板

主板的平面是一块PCB印刷电路板，分为四层板和六层板。为了节约成本，现在的主板多为四层板：主信号层、接地层、电源层、次信号层。而六层板增加了辅助电源层和中信号层。六层PCB的主板抗电磁干扰能力更强，主板也更加稳定。在电路板上面，是错落有致的电路布线。最上面，则为棱角分明的各个部件：插槽、芯片、电阻、电容等。

2．CPU插座

主板上最醒目的接口便是CPU插座（Socket），它是用来安装CPU的接口。CPU只有正确安装在CPU插座上才可以正常地工作。目前Intel主流的CPU采用的插座是LGA 1151、LGA 2066、LGA 1200、LGA 1700等；而AMD主流的 CPU采用的插座是Socket sTRX4、Socket TR4、Socket AM4、Socket AM3+等。

LGA全称是Land Grid Array，即栅格阵列封装，它用金属触点式封装取代了以往的针状插脚，如LGA2066接口有2066个触点。因为从针脚变成了触点，所以采用LGA接口的处理器在安装方式上也与以往的产品不同，它并不能利用针脚固定接触，而是需要一个安装扣架固定，让CPU可以正确地压在Socket露出来的具有弹性的触须上，其原理就像BGA封装一样，只不过BGA是用锡焊死，而LGA则可以随时解开扣架更换CPU芯片。如图2.2所示为LGA 2066 CPU插座。

Socket系列CPU插座采用ZIF标准，即零阻力插座。在插座旁边有一个杠杆，拉起杠杆，CPU的每个触点（针脚）就可以轻松地插进插座的每个孔位中，然后把杠杆压回原来的位置，就可将CPU固定住。如图2.3所示为Socket AM4 CPU 插座。

图 2.2　LGA 2066 CPU 插座

图 2.3　Socket AM4 CPU 插座

3．控制芯片组

在计算机系统中，CPU 起着主要作用，而在主板系统中，起重要作用的则是主板上的逻辑控制芯片组（Chipset）。芯片组是主板的核心组成部分，它们将大量复杂的电子元器件最大限度地集成在一起。对于主板而言，芯片组几乎决定了这块主板的性能，进而影响到整个计算机系统性能的发挥，可以说它是主板的灵魂。芯片组的功能和主板上 BIOS 中存储的 BIOS 程序性能是决定主板品质和技术特性的关键因素。

4．内存插槽

内存插槽一般位于 CPU 插座的旁边，它是主板上必不可少的插槽，并且每块主板都有 2～6 个内存插槽。内存条正反两面都带有金手指，内存条通过金手指与主板的内存插槽连接。按照内存条与内存插槽的连接情况，内存插槽分为 SIMM、RIMM 和 DIMM 等 3 种。目前 SIMM（安装 SDRAM 内存，72pin）、RIMM（安装 RDRAM 内存，184pin）已被淘汰，市场主流采用 DIMM 插槽。

采用 DIMM 插槽的内存条类型有 DDR、DDR2、DDR3、DDR4、DDR5 几种。DDR 内存单面金手指针脚数量为 92 个（双面 184 个），缺口左边为 52 个针脚，制品右边为 40 个针脚；DDR2、DDR3 内存单面金手指都是 120 个（双面 240 个）；DDR4/5 内存单面金手指是 144 个（双面 288 个），但 DDR4 和 DR5 因防呆位置相互不兼容。目前市场上主流的内存插槽为 DDR3、DDR4、DDR5。如图 2.1 所示主板上的内存插槽即 DDR4 内存插槽。

目前，主板支持的双通道、三通道技术就是指内存支持的技术，在图 2.1 中的主板就是支持双通道内存技术的主板，如果采用两条内存则需要插到相同颜色的内存插槽中。

5．总线扩展槽

总线是构成计算机系统的桥梁，是各个部件之间进行数据传输的公共通道。总线扩展槽是主板负责对外的连接通道，也被称 I/O 插槽，任何接口卡，例如显卡、声卡、网卡等都要插在扩展槽上才能够与主板沟通，输出图像和声音。目前主板上常见的总线扩展槽有 AGP、PCI 和 PCI-E 插槽。早期的 ISA 等扩展槽已经被淘汰。

（1）PCI 扩展槽。PCI（Peripheral Component Interconnect，外围元件接口）是用于解决外部设备接口的总线。扩展槽为白色且长度较短，PCI 扩展槽仅能插 PCI 接口卡，如 PCI 显卡、PCI 声卡、PCI 网卡等，如图 2.4 所示。

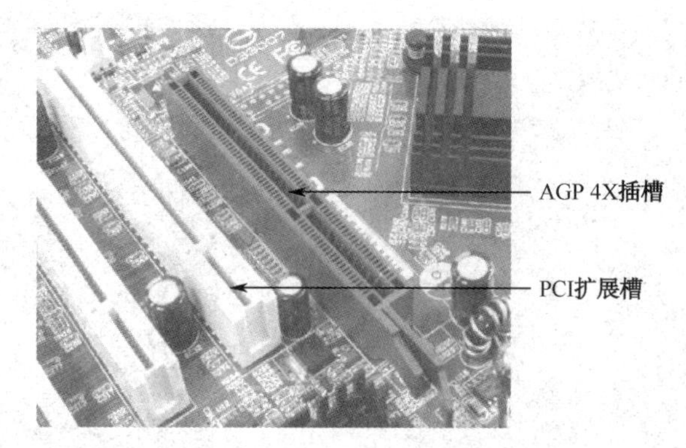

图 2.4　PCI 扩展槽和 AGP 4X 插槽

（2）AGP 插槽。AGP（Accelerated Graphics Port，加速图形接口）专门用于高速处理图像。AGP 不是一种总线，因为它是点对点连接，即连接控制芯片和 AGP 显卡。

AGP 插槽的形状与 PCI 扩展槽相似，位置在 PCI 插槽的右边偏低，为褐色。AGP 插槽只能插显卡，因此在主板上 AGP 插槽只有一个，如图 2.4 所示。

目前，AGP 接口标准已从 AGP 1X 发展到 AGP 8X，有 AGP 1X、AGP 2X、AGP 4X、AGP 8X 四种，其对应的数据传输率为 266MB/s、533MB/s、1066MB/s 和 2133MB/s。

（3）PCI-E 扩展槽。PCI-E 是 PCI-Express 的简称，是一种高速串行计算机扩展总线标准，它原来的名称为"3GIO"，是由 Intel 公司在 2001 年提出的，旨在替代旧的 PCI 和 AGP 总线标准。PCI Express 接口根据总线位宽不同而有所差异，包括 X1、X4、X8 及 X16。较短的 PCI Express 卡可以插入较长的 PCI Express 插槽中使用。

PCI Express 是一项不断发展和完善的技术，截至 2022 年，PCI Express 6.0 发布。目前市场上主流主板产品支持 PCI-E 3.0/4.0 规范，最新的十二代 Intel 桌面处理器才支持 PCI-E 5.0 规范。PCI-E 3.0 中的 PCI-E X16 单向提供 16GB/s 的带宽，PCI-E 4.0 中的 PCI-E X16 单向提供 32GB/s 的带宽，PCI-E 5.0 中的 PCI-E X16 单向提供 64GB/s 的带宽，如图 2.5 所示为 PCI-E 扩展槽。

图 2.5　PCI-E 扩展槽

PCI Express 总线架构的适用途径非常广，比如台式计算机，笔记本电脑，企业级别的应用、通信和工作自动化等。

拓展知识：多显卡技术简单地说就是让两块或者多块显卡协同工作，是指芯片组支持能提高系统图形处理能力或者满足某些特殊需求的多显卡并行技术。一般来说要实现多显卡技术需要主板芯片组、显示芯片及驱动程序三者的支持。目前的多显卡技术包括

nVIDIA 的多路 SLI 技术和 ATI 的 CrossFire 技术。

6．硬盘、光驱接口

目前，市面上的许多主板已取消曾经的连接硬盘、光驱的 IDE 接口。最常用的是 SATA 接口。

SATA（Serial Advanced Technology Attachment，串行高级技术附件）是一种基于行业标准的串行硬件驱动器接口，是由 Intel、IBM、Dell、APT、Maxtor 和 Seagate 公司共同提出的硬盘接口规范。SATA 接口仅用 4 根针脚就能完成所有的工作，分别用于连接电源、连接电线、发送数据和接收数据。SATA 1.0 定义的数据传输率为 1.5Gb/s，SATA 2.0 定义的数据传输率为 3Gb/s，SATA 3.0 定义的数据传输率为 6G/s。因为 SATA 接口支持热插拔，传输速度快，所以已经取代 IDE 接口。使用 SATA 接口的硬盘叫串口硬盘，是目前主流的计算机硬盘。

SATA 接口插槽带有防差错设计，可以方便地插拔。带有 SATA 接口的主板如图 2.6 所示。SATA 接口的设备与 IDE 设备不同，没有主、从之分。

图 2.6　主板 SATA 接口

从 SATA2.0 开始支持 eSATA，即外置设备的 SATA 接口标准，采用屏蔽性能更好的 2 米长连接线。

7．板载芯片

通过使用不同的板载芯片，用户可以根据自己的需求选择产品。与独立板卡相比，采用板载芯片可以有效地降低成本，提高产品的性价比。

（1）I/O 控制芯片。I/O 芯片的功能主要是提供一系列输入/输出的接口，如鼠标、键盘、COM 口（串口）、打印机口（并口）、USB 口等，都统一由 I/O 芯片控制。

（2）时钟频率发生器。计算机要进行正确的数据传送及正常的运行，没有时钟信号是不行的。时钟信号在电路中的主要作用就是同步。时钟芯片位于 AGP 插槽的附近，因为时钟给 CPU、北桥、内存等设备的时钟信号线要等长。

（3）网卡控制芯片。大多数主板都集成了具备网卡功能的芯片（10/100/1000Mb/s 以太网控制器），同时在后侧 I/O 面板中也有一个 RJ-45 网络接口，网络控制芯片一般在主板后部的 I/O 面板上的 RJ-45 接口附近。

（4）声卡控制芯片。几乎所有新出的主板都集成了符合 AC’97 Rev 2.3 规范的音频解码芯片 Codec。

（5）电源管理芯片。常见的电源管理芯片有 Realteck RT 9237、HIP6302 等。

（6）IEEE 1394 控制芯片。IEEE 1394 接口的传输速率高，又称为高速串行总线。通常，在 PC 领域称其为 IEEE 1394，在 Mac 上称其为 Fire Wire（火线），在电子消费品则更多地称其为 i-Link。

（7）BIOS 芯片。BIOS 是安装在主板上的一个 Flash ROM 芯片，其中固化保存着计算机系统最重要的基本输入/输出程序、系统 CMOS 设置程序、开机上电自检程序和系统启动自举程序，为计算机提供最低级的、最直接的硬件控制。目前主板 BIOS 有三大类型：AWARD、AMI 和 PHOENIX，不过 AWARD 已将 PHOENIX 收购，出现了 PHOENIX-AWARD BIOS，如图 2.7 所示。

图 2.7　主板 BIOS 芯片

目前，Intel 推出了 EFI BIOS 系统，来解决 BIOS 界面单调、功能扩展有限的问题。计算机启动时首先通过 BIOS 对计算机进行自检。自检情况一般通过 PC 喇叭发出的响铃予以表达。

（8）CMOS 芯片。CMOS 是计算机主板上的一块可读写的 RAM 芯片，用来保存当前系统的硬件配置和用户对某些参数的设定（如 BIOS 参数），开机时看到的系统检测过程（如主板厂商信息和各种系统参数信息的显示等）就是 CMOS 中设定程序的执行。CMOS 芯片可由主板的电池供电，即使关闭机器，信息也不会丢失。

8．电源插槽

电源插槽的主要功能是提供电能供应，通过将电源的供电插座连接到主板上，即可为主板上的设备提供正常运行所需要的电流。主板上的电源插座主要有电源插槽、辅助供电插槽和 CPU 风扇供电插槽等 3 种，如图 2.1 所示。

9．输入/输出接口

主板上输入/输出接口是用于连接机箱外部各种设备的接口。通过这些接口，可以把键盘、鼠标、打印机、扫描仪、U 盘、移动硬盘等设备连接到计算机上，并可以实现计算机之间的互连。目前主板上常见的输入/输出接口有串口、并口、USB 接口、鼠标接口、键盘接口、IEEE 1394 接口、RJ-45 网口等

（1）eSATA 接口。eSATA 的全称是 External Serial ATA（外部串行 ATA），它是 SATA 接口的外部扩展规范，传输速度和 SATA 完全相同，它是用来连接外部而非内部 SATA 设备的。例如拥有 eSATA 接口，可以轻松地将 SATA 硬盘与主板的 eSATA 接口连接，而不用打开机箱更换 SATA 硬盘。目前很多台式机的主板上已经提供了 eSATA 接口，如图 2.8 所示。

（2）声卡接口。目前主板中声卡常见的音频接口分为两种，如图 2.9 所示的 8 声道接口（6 个 3.5mm 插孔）或如图 2.10 所示的 6 声道接口（3 个 3.5mm 插孔）。

（3）DVI 接口。DVI 接口主要连接 LCD 等数字显示设备。目前，DVI 接口有两种，一

种是 DVI-D 接口，只能接收数字信号；另一种是 DVI-I 接口，可同时兼容模拟和数字信号。

图 2.8　eSATA 接口

图 2.9　8 声道接口

图 2.10　6 声道接口

（4）HDMI 接口。新型的主板和显示卡上开始配备 HDMI（High Definition Multimedia，高清晰度多媒体接口）插座。只需要一条 HDMI 线，便可以同时传送影音信号，而不像现在需要多条线材来连接。HDMI 接口可以提供高达 5Gb/s 的数据传输带宽，可以传送无压缩的音频信号及高分辨率视频信号。

认识主板的芯片及主板选购

2.2.4　主板芯片组

芯片组是主板的核心部件，起着协调和控制数据在 CPU、内存和各部件之间传输的作用。一块主板的功能、性能和技术特征都是由主板芯片组的特性决定的。芯片组总是与某种类型的 CPU 配套，每当推出一款新规格的 CPU 时，就会同步推出相应的主板芯片组。主板芯片组的型号决定了主板的主要性能，如支持 CPU 的类型、FSB 频率、内存类型和速度等。作为 PC 的主要配件，主板及其芯片组的发展，直接关系到 PC 的升级换代。

芯片组按用途可分为服务器/工作站、台式机、笔记本电脑等类型；按芯片数量可分为单芯片芯片组、标准的南北桥芯片组和多芯片芯片组；按是否整合显卡可分为整合芯片组和非整合芯片组。

控制芯片组一般由两片芯片组成，按照在主板上的排列位置的不同，通常分为北桥芯片和南桥芯片。其中靠近 CPU 的一块为北桥芯片，另一块为南桥芯片。北桥芯片提供对 CPU 的类型和主频、内存的类型和最大容量、ISA/PCI/AGP 插槽和 ECC 纠错的支持。南桥芯片则提供对 KBC（键盘控制器）、RTC（实时时钟控制器）、USB（通用串行总线）、Ultra DMA33/66/100/133、EIDE 数据传输方式和 ACPI（高级能源管理）的支持。其中北桥芯片起着主导性的作用，也称为主桥（Host Bridge）。主板使用何种北桥芯片将决定主板支持何种 CPU，而包含在北桥芯片中的内存控制器也将直接决定其支持的内存种类。

除了最通用的南北桥结构，目前芯片组正向更高级的加速集线架构发展，即中心控制式芯片组。Intel 的 8xx 系列芯片组就是这类芯片组的代表，它将一些子系统，如 IDE 接口、音效、Modem 和 USB 直接接入主芯片，能够提供比 PCI 总线宽一倍的带宽，达到了 266MB/s。

芯片组是主板上除 CPU 外尺寸最大的芯片，采用表面封装（PQFP）形式焊接在主板上或采用引脚网状阵列（PGA）封装形式插入主板的插槽中，有的芯片上面覆盖着一块散热片。芯片组只能根据不同的主板和常见的芯片组编号进行识别。主板上常见的控制芯片组有 Intel、VIA、nVIDIA、SiS、AMD 等，其中大部分主板采用 Intel 的控制芯片组。

芯片组产品按所支持的 CPU 主要有两大类型：For Intel（支持 Intel CPU）和 For AMD（支持 AMD CPU）。芯片组的型号按所支持的 CPU 系列不同也分为不同的系列，如支持 Intel

Core2 系列的芯片组。

1．支持 Intel CPU 的芯片组

支持 Intel CPU 的芯片组厂商主要是 Intel，另外 VIA、SiS 和 nVIDIA 等也生产，但数量不多，在这里不再介绍。

Intel 公司是世界上最大的 CPU 制造商，同时也是世界上最大的芯片组开发商，Intel 公司研制开发支持自己的 CPU 的芯片组。

Intel 的芯片组有四个系列，从高端到低端分别是 X 系列、Z 系列、B 系列和 H 系列，其中 X 系列和 Z 系列可以超频，X 系列只能适配 X 字母结尾的处理器，而 Z 系列则面向 i3/i5/ i7 带 K 字母的处理器型号。B 系列和 H 系列为中端和入门级芯片组，不支持超频，规格较于 Z 系列也有不同程度的缩减，可理解为降低了可拓展性，因为芯片组直接决定了主板可以有多少接口、有多快的接口。

需要注意的是，芯片组只是决定了主板的上限，主板有没有把芯片组支持的接口都做出来还要看主板厂商怎么设计。

目前 Intel 芯片组分为消费级芯片组和服务器芯片组等，其中消费级芯片组包括为台式机芯片组和移动芯片组。

（1）目前 Intel 生产的台式机芯片组主要有 600 系列、500 系列、400 系列、300 系列、200 系列等。

Intel 600 系列台式机芯片组主要包括 Z690、H670、B660、H610、H610E 等。

Intel 500 系列台式机芯片组主要包括 Z590、W580、Q570、H570、B560、H510 等。

Intel 400 系列台式机芯片组主要包括 Z490、W480、Q470、H470、B460、H410 等。

Intel 300 系列台式机芯片组主要包括 Z390、Z370、Q370、H370、B365、B360、H310 等。

Intel 200 系列台式机芯片组主要包括 X299、Q270、Q250、Z270、B250、H270 等。

Intel 100 系列台式机芯片组主要包括 Z170 、Q170、H170、Q150、B150、H110 等。

（2）目前 Intel 生产的移动式芯片组主要有 400 系列、300 系列、100 系列等。

Intel 400 系列移动式芯片组主要包括 WM490、QM480、HM470 等。

Intel 300 系列移动式芯片组主要包括 HM370、QM370 等。

Intel 100 系列台式机芯片组主要包括 QM175 、HM175、QM170 、HM170 等。

（3）目前 Intel 生产的服务器芯片组主要有 C620 系列、C610 系列、C600 系列、C400 系列、C250 系列、C240 系列、C230 系列、C220 系列、C210 系列、通信芯片组系列等。

IntelC620 系列服务器芯片组主要包括 C629A、C629、C628、C627A、C627、C626、C625、C624、C622、C621A、C621 等。

IntelC610 系列服务器芯片组主要包括 C612 等。

IntelC600 系列服务器芯片组主要包括 C608、C606、C604、C602J、C602 等。

IntelC400 系列服务器芯片组主要包括 C422 等。

IntelC250 系列服务器芯片组主要包括 C252、C256 等。

IntelC240 系列服务器芯片组主要包括 C246、CM246、C242 等。

IntelC230 系列服务器芯片组主要包括 CM238、CM236、C236、C232 等。

IntelC220 系列服务器芯片组主要包括 C226、C224、C222 等。

IntelC210 系列服务器芯片组主要包括 C216 等。

Intel 通信芯片组服务器芯片组主要包括 8955、8950、8926、8925、8920、8910、8903、8900 等。

2．支持 AMD CPU 的芯片组

AMD 公司是世界上第二大 CPU 生产商，也是第二大芯片组生产商，AMD 公司研制开发支持自己 CPU 的芯片组。

（1）Socket sTRX4 系列：TRX40 芯片组，支持 AMD 第三代锐龙 Threadripper 处理器。

（2）Socket TR4 系列：X399 芯片组，支持第一代和第二代 AMD 锐龙 Threadripper 处理器。

（3）Socket AM4 系列：主要有 X570S、X570、PRO 565、PRO 500、B550、A520、PRO 560、B550A、X470、B450、X370、X300、B350、B300、A320、A300 等芯片组。

（4）Socket AM3+系列：主要有 990FX、990X、980G、970 等芯片组。

（5）Socket AM2+系列：主要有 A85X、A75、A55、A88X、A78、A68H、A58 等芯片组。

2.3 任务实施：选购主板

主板在计算机系统中占有很重要的地位，在选购计算机时，主板的选购至关重要。如何选购、安装和维护主板是一件非常重要的任务。一般来说，选择主板需由三方面的因素来决定。

1．技术要求

不同的 CPU、芯片组、内存，配置不同类型的主板，在选购主板时，需要考虑以下方面。

（1）所能使用的 CPU 的类型、速度和数量；

（2）主板上的芯片组（主板自带的）；

（3）DRAM 内存的类型和尺寸；

（4）主板上可安装 DRAM 内存的最大容量；

（5）扩展槽的类型和数量（PCI、PCI-E 和 AGP 等）；

（6）所使用的机箱类型；

（7）ROM BIOS（已安装的）；

（8）是否具有 IDE、eSATA、RAID 和 SCSI 控制器；

（9）主板上端口类型（串口、并口、USB 接口、网络接口、音频接口等）。

这些决定了计算机的性能，因此选择的第一种方法是选择具有最大扩展空间的主板，以便用户以后升级和更新；第二种方法是选择与当前计算机最匹配的主板；第三种方法是满足用户当前要求的主板。

2．质量要求

主板是一种高科技、高工艺融为一体的集成产品，主板的稳定性直接决定计算机能否正常工作。对于选购者来说，应首先考虑品牌。目前，国内市场上有二三十种品牌的主板，在购买前要认真考虑厂商的售后服务。目前市场上比较知名的主板品牌有华硕（ASUS）、技嘉（Giga-Byte）、微星（MSI）、七彩虹（Colorful）、昂达 ONDA、梅捷 SOYO、精英（ECS）、富士康（Foxconn）、磐英、Intel、华擎（ASRock）、升技（Abit）、建基（Aopen）、磐正（EPoX）、硕泰克（Soltek）、映泰（BIOSSTAR）和联想（QDI）等。

3．经济要求

选购主板应坚持“以人为本、以用为本”的原则，应根据实际需要的功能和经济状况确定选择什么档次的主板，不要盲目追求最贵、最新、功能最全。在“物尽其用”的基础上还要注意“物超所值”。

在选购主板之前应先明确自己的需要、预算，一旦确定了采用何种 CPU、内存、显卡、硬盘等配件，主板的型号也就容易确定了，也就是说，应先确定计算机的大致配置，特别是先想好买什么样的 CPU，然后再确定主板的类型，而不应该让主板的功能去决定配置方案。

综上所述，主板选择主要从两方面考虑，第一是最佳性能，最佳性能的选择相对容易一些；第二是最佳性能价格比，也就是说要求性能也很好，而且价格比较便宜，这往往是比较难的。在选择最佳性价比时，需要在同类型产品中进行比较。

2.4 技能训练

2.4.1 识别不同品牌的主板

1．实训目的

通过本次练习，使学生能够正确识别市场上主流主板及主板技术规格。

2．实训准备

准备不同品牌的主板让学生认识。

3．实训任务

通过网络或走访 IT 市场，了解高档、中档、低档三个档次的不同品牌主板的部件及特性。在表 2.1 中列出了不同档次的主板的部分典型产品代表。

表 2.1 不同档次的主板的部分典型产品代表

档　次	主板品牌型号
高档	华硕 ROG Dominus Extreme 技嘉 X299X AORUS XTREME WATERFORCE 华硕 ROG MAXIMUS XIII EXTREME GLACIAL 微星 Creator TRX40 华硕 ROG MAXIMUS XII EXTREME GUNDAM 技嘉 Z590 AORUS XTREME 七彩虹 iGame Z490 Vulcan X V20 微星 Z87-GD65 GAMING 华硕 Maximus VI Hero

续表

档　次	主板品牌型号
中档	微星 MEG Z590 GODLIKE 微星 MEG Z390 GODLIKE 华硕 WS X299 SAGE/10G 华硕 ROG MAXIMUS Z690 FORMULA。 技嘉 X399 AORUS XTREME
低档	映泰 Z490GTN 华硕 ROG STRIX B350-I GAMING 技嘉 Z170MX-Gaming 5(rev.1.1) 华硕 TUF Z390-PLUS GAMING (WI-FI) 技嘉 Z590 UD AC 技嘉 H410M H 微星 760GM-P21（FX） 七彩虹 C.G41 TWIN V22

4. 实训步骤

通过网络或走访 IT 市场，在表 2.2 中填入以上各种主板的技术规格。

表 2.2　各种主板的技术规格

<table>
<tr><th>姓名</th><td></td><th>班级</th><td></td><th>学号</th><td></td></tr>
<tr><td>主板品牌及型号</td><td colspan="5"></td></tr>
<tr><th>规格名称</th><th colspan="5">技术参数</th></tr>
<tr><td>适用类型</td><td colspan="5"></td></tr>
<tr><td>芯片组系列</td><td colspan="5"></td></tr>
<tr><td>芯片组</td><td colspan="5"></td></tr>
<tr><td>支持 CPU 类型</td><td colspan="5"></td></tr>
<tr><td>CPU 插座类型</td><td colspan="5"></td></tr>
<tr><td>超线程技术</td><td colspan="5"></td></tr>
<tr><td>前端总线频率</td><td colspan="5"></td></tr>
<tr><td>主板结构</td><td colspan="5"></td></tr>
<tr><td>芯片参数</td><td colspan="5"></td></tr>
<tr><td>北桥芯片</td><td colspan="5"></td></tr>
<tr><td>南桥芯片</td><td colspan="5"></td></tr>
<tr><td>集成显卡</td><td colspan="5"></td></tr>
<tr><td>显示芯片</td><td colspan="5"></td></tr>
<tr><td>板载音效</td><td colspan="5"></td></tr>
<tr><td>网卡芯片</td><td colspan="5"></td></tr>
<tr><td>板载 RAID</td><td colspan="5"></td></tr>
<tr><td>硬件参数</td><td colspan="5"></td></tr>
<tr><td>支持内存类型</td><td colspan="5"></td></tr>
<tr><td>支持内存传输标准</td><td colspan="5"></td></tr>
</table>

续表

规格名称	技术参数
支持内存最大容量	
双通道内存	
内存插槽	
显卡接口标准	
硬盘接口标准	
扩展插槽	
扩展接口	
电源回路	
BIOS	
外部接口	
键盘接口	
鼠标接口	
USB 接口	
网络支持	
音效支持	
LPT 接口	
COM 接口	
其他接口	

2.4.2 测试不同品牌的主板

1. 实训目的

通过本次练习，使学生能够掌握 Winbench 软件的使用方法。

2. 实训准备

（1）准备一台运行正常的计算机等。

（2）下载主板测试软件，如 Winbench、Winstone、HWiNFO32、WCPUID 等。

3. 实训任务

使用 Winbench 软件对主板进行测试。

4. 实训步骤

步骤 1：搭建测试硬件平台。所谓测试平台，就是由硬件及软件所组成的一套测试用系统配置。在搭建测试平台时，要注意以下几点。

（1）尤其要注意不要使其中某个硬件产品成为瓶颈，即各个硬件产品的搭配要合理，比如，为了测试 GeForce 8800GTX 显卡，而与之搭配一个赛扬的 CPU，这样测试出来的数据不仅不准确，而且还不能反映产品的真实性能。

（2）在选择内存、主板等关键部件时，要选用一些稳定性和兼容性比较好的产品，以保证测试顺利地完成。

（3）随时升级最新的 BIOS，并且在测试之前对 BIOS 中的选项进行优化设置，关掉一些不必要的选项，尤其是对内存选项的优化。

（4）如果要进行超频测试，还要在 BIOS 中调整 CPU 及电源方面的设置，以通过测试软件测试超频后的稳定性及性能提升效果。

步骤 2：搭建测试软件平台。在软件平台的选择上，可以选择如 Windows 8/10 等常用操作系统，并为操作系统打全补丁，为硬件选择最新驱动程序。

步骤 3：安装并运行 Winbench 软件。

步骤 4：逐一尝试使用 Winbench 软件测试主板的各项性能指标。

习　题

一、选择题

1．主板是一块四层或六层的印制电路板，分为上下两层，中间两层，其中上层布有（　　）。

A．信号线　　B．元器件　　C．信号线和元器件　　D．电源线

2．不能直接插在主板上的是（　　）。

A．CPU　　B．内存条　　C．显示卡　　D．硬盘

3．在主板上除 CPU 之外最大的芯片是（　　）。

A．芯片组　　B．ROM-BIOS　　C．Cache　　D．内存芯片

4．不属于总线扩展槽的是（　　）。

A．ISA　　B．PCI　　C．LPT　　D．AGP

5．芯片组的主要生产厂商有（　　）。

A．Intel 公司　　B．VIA 公司　　C．SiS 公司　　D．ALi 公司

6．主板的核心和灵魂是（　　）。

A．CPU 插座　　B．扩展槽　　C．控制芯片　　D．BIOS 和 CMOS 芯片

7．主板上常见的扩展卡有（　　）。

A．AGP 卡和采集卡　　B．采集卡和集成卡　　C．PCI 卡和集成卡　　D．PCI 卡和 AGP 卡

8．下列（　　）不属于北桥芯片管理的范围之列。

A．处理器　　B．内存　　C．AGP 接口　　D．IDE 接口

9．CPU 总线与 PCI 总线是通过（　　）连接的。

A．南桥芯片　　B．北桥芯片　　C．内存　　D．外存

二、填空题

1．目前在主流主板上的 BIOS 芯片通常为________芯片。

2．在计算机系统中，CPU 起着主要作用，而在主板系统中，起重要作用的则是主板上的________。

3．主板上集成的声卡一般都符合________规范。

4．主板外部接口是用来连接________、________、________、________等外部设备的。

5．主板的芯片组按照在主板上的排列位置的不同，通常分为________芯片和________芯片。

三、简答题

1．简述主板是由哪几部分组成的。

2．四层和六层 PCB 板各包括哪几个信号层？

3．控制芯片组在主板中起什么作用？

4．在主板上通常有几个扩展槽？常用的有几种？分别可以插入何种卡？

5．什么是 BIOS？什么是 CMOS？两者之间有何联系？

6．在主板上常见的输入/输出接口有哪些？分别有什么作用？

7．目前主板通常划分为几类？

8．什么是南桥芯片？什么是北桥芯片？它们的作用是什么？

9．列出几种常见的支持 Intel CPU 的芯片组。

10．列出几种常见的支持 AMD CPU 的芯片组。

11．主板上有哪些常用的跳线？

12．选购主板有哪些决定因素？

四、实训题

1．查阅有关电脑商情报刊，上网查看硬件资讯，到当地电脑配件市场考察主板的型号、价格等信息，要求列出不同应用要求或价格档次的 CPU 与主板的搭配清单，并调查目前市场上有哪些品牌主板？

可以参考网站主要有以下几个。

（1）太平洋电脑网：http://www.pconline.com.cn/。

（2）eNet 硬件：http://www.enet.com.cn/hardwares/。

（3）中关村在线：http://www.zol.com.cn/。

（4）PCHome：http://hardware.pchome.net/。

（5）泡泡网：http://www.pcpop.com/。

（6）小熊在线：http://www.beareyes.com.cn/。

（7）IT 世界硬件：http://www.it.com.cn/diy/。

（8）IT168：http://www.it168.com/。

（9）新浪硬件：http://tech.sina.com.cn/hardware/。

2．选择某一主板，读懂说明书，掌握跳线的使用方法。

3．目前市面上主板中有哪些芯片组？它们和不同厂商的 CPU 如何搭配？

4．利用有关测试软件测试所用计算机的主板信息。

任务3

认识与选购 CPU

知识目标

- 了解 CPU 的发展历程；
- 熟悉 Intel CPU 系列；
- 熟悉 AMD CPU 系列；
- 熟悉 CPU 的性能指标；
- 熟悉 CPU 的接口。

技能目标

- 能够识别 CPU 的真假；
- 能够对 CPU 进行测试；
- 能够选购 CPU 及散热器。

3.1 任务描述

CPU 是 Central Processing Unit 的缩写，中文全称是中央处理器，又称微处理器（Micro-processor），是计算机系统的核心部件，是整个计算机系统的指挥中心，其主要功能是执行系统的指令、进行逻辑运算、传输和控制输入/输出操作指令等。中央处理器是决定一台计算机性能的最关键和最具代表性的部件，是评判计算机运行性能的主要指标，人们常以它来判定计算机的档次。

CPU 的性能也就基本上决定了整台计算机的性能。那么，如何选购合适的 CPU 及散热器呢？在选购的过程中如何鉴定 CPU 的真假并能对 CPU 的性能进行测试呢？

3.2 相关知识

3.2.1 CPU 的组成

从外部看 CPU 的结构，主要由基板、核心、针脚等部分组成。

（1）CPU 的核心。现在的 CPU 一般在其核心上加装一个金属盖，此金属盖不仅可以避免核心受到意外伤害，同时也增加了核心的散热面积。拿掉散热片后看到的 CPU 核心如图 3.1 所示。CPU 中间凸起部分是核心芯片，是 CPU 硅晶片部分。CPU 核心的基本单位为以硅为原料制成的晶体管，覆上二氧化硅为绝缘层，然后在绝缘层上布金属导线（铜），把独立的晶体管连接成工作单元。

（2）CPU 的基板。CPU 基板一般为 PCB，是 CPU 核心和针脚的载体。核心和针脚都是通过基板来固定的，基板将核心和针脚连成一个整体，负责核心和外界的数据传输。

图 3.1　CPU 的外部结构

（3）CPU 的接口。CPU 接口是 CPU 内核与主板之间的连接方式，在任务 2 介绍主板时已经介绍过。

（4）CPU 的编码。在 CPU 的散热片上都有 CPU 的编码，会注明 CPU 的名称、时钟频率、二级缓存、前端总线、核心电压、封装方式、产地、生产日期等信息。但 Intel 和 AMD 两家公司标记的形式和含义有所不同。

3.2.2　CPU 的发展历程

从 1971 年世界上第一款 CPU 处理器诞生至今，在以后的 40 多年的时间里，CPU 发展经历了以下几个阶段。

（1）第一阶段：20 世纪 70 至 80 年代。

① 1971 年 11 月 15 日：世界上第一块个人微型处理器 4004 诞生，4 位处理器。

② 1972 年：8008 微处理器，4 位处理器。

③ 1974 年：8080 微处理器，4 位处理器。

④ 1978 年：8086—8088 微处理器，首款 16 位微处理器。

⑤ 1982 年：80286 微处理器，Intel 的最后一块 16 位处理器。

⑥ 1985 年：80386 微处理器，英特尔的第一代 32 位处理器。

⑦ 1989 年：Intel 80486 微处理器，英特尔最后一款以数字为编号的处理器。

（2）第二阶段：20 世纪 90 年代。

① 1993 年：Intel 发布了 Pentium（俗称 586）中央处理器芯片（CPU），是世界上第一款 Pentium 处理器。

② 1997 年 1 月：Intel Pentium MMX 中央处理器。

③ 1997—1998 年：Intel 发布了 Pentium II（俗称 686）中央处理器芯片（CPU）。

④ 1999 年 2 月 26 日，Intel 发布 Pentium III 处理器，采用了 0.25 微米工艺技术。

（3）第三阶段：21 世纪。

① 2000 年：Intel Pentium 4 处理器。

② 2002—2004 年：超线程 P4 处理器。2002 年 11 月 14 日，Intel 在全新 Intel Pentium4 处理器 3.06GHz 上推出其创新超线程（HT）技术。

③ 2005—2006 年：双核处理器。2005 年 4 月，Intel 推出第一款双核处理器：英特尔 Pentium 处理器至尊版 840。5 月，推出带有两个处理内核的 Intel Pentium D 处理器。

④ 2006 年：Intel 酷睿 2 双核处理器。2006 年 7 月，Intel 公司面向家用和商用个人计算机与笔记本电脑，发布了 Intel 酷睿 2 双核处理器和 Intel 酷睿至尊处理器。

⑤ 2011 年：重新确定处理器产品架构。2011 年 3 月，Intel 开始采用 32nm 工艺，其桌面和移动端处理器采用了 i3、i5 和 i7 的处理器产品分级架构。其中 i3 主攻低端市场，采用双核处理器架构；i5 主攻主流市场，采用四核处理器架构；i7 主攻高端市场，采用四核八线程或六核十二线程架构。

⑥ 2017 年 9 月，Intel 发布了家族代号为 Coffee Lake-S 的第八代处理器，2018 年第二季度发布了 i9-8950 处理器，从第八代开始增加 i9 处理器。2018 年 10 月，Intel 第九代桌面 CPU 发布。2019 年 8 月，Intel 发布第十代移动处理器。2020 年 4 月，Intel 第十代桌面 CPU 发布。2020 年 9 月，Intel 发布第十一代移动处理器。2021 年第一季度发布第十一代桌面处理器，2021 年第四季度发布第十二代桌面处理器。

3.2.3 CPU 的接口类型

CPU 需要通过接口与主板连接才能进行工作。目前，CPU 的接口有针脚式和触点式，对应到主板上也有相应的插座类型。不同类型的 CPU 接口，在插孔数、体积、形状方面都有相应的变化，所以不能互相插接。目前主流的 CPU 接口类型主要有以下几种。

1. Intel CPU 接口类型

目前，市场主流支持 Intel CPU 的接口有 LGA1700、LGA1200、LGA 1151、LGA 2066 等；同时市场上一些老的 CPU 有 LGA1156、LGA 1155、LGA 1366、LGA 2011、LGA1150、LGA 2011-v3 等，限于篇幅在这里不再介绍。

（1）LGA1700 接口。第十二代酷睿桌面处理器使用 LGA 1700 接口，接口从原来的正方形变成了长方形，搭配新的 600 系列芯片组，提供对 DDR5 内存和 PCI-E 5.0 的支持。如图 3.2 和图 3.3 所示为一款十二代 Core i9-12900K 桌面处理器。

图 3.2　Core i9-12900K 处理器（正面）　　图 3.3　Core i9-12900K 处理器（针脚面）

（2）LGA1200 接口。第十、十一代酷睿桌面处理器使用 LGA 1200 接口，触点、电容元器件分布和第八、九代的 LGA1151 都不一样，必须搭配新的 400、500 系列芯片组。LGA1200 封装的尺寸与 LGA1151 插座的尺寸相同，与 LGA115x 在散热器上有着很好的兼容性。如图 3.4 所示为主板上的 LGA1200 插座，如图 3.5 所示为使用 LGA1200 接口的 Core i5-10600 处理器。

（3）LGA 1151 接口。Intel 于 2015 年推出支持基于 Skylake 架构的第六、七、八、九代酷睿处理器采用 LGA1151 接口，包括 i7、i5、i3 三种架构。LGA1151 的插座上有 1151 个突出的金属接触位，处理器上则与之对应有 1151 个金属触点。如图 3.6 所示为主板上的 LGA1151 插座，如图 3.7 所示为一款酷睿 i7-9700K CPU。

图 3.4　LGA1200 插座

图 3.5　Core i5-10600 处理器

图 3.6　LGA 1151 插座

图 3.7　Core i7-9700K CPU

（4）LGA 2066 接口。2017 年 4 月 Intel 推出的 Skylake-X/Kaby Lake-X 微架构 CPU 所使用的 CPU 接口，拥有 2157 个触点，搭配 X299 芯片组。

2．AMD CPU 接口类型

目前，市场主流支持 AMD CPU 的插座接口有 Socket TR4、Socket sTRX4、Socket AM4、Socket AM3+等。同时市场上一些老的 CPU 上有 Socket FM2+、Socket FM2 等接口，限于篇幅在这里不再介绍。

（1）Socket TR4：支持第一和第二代 AMD Ryzen Threadripper 处理器，由服务器/工作站平台使用的 Socket SP3 派生而来，采用 LGA 封装，拥有 4094 个管脚，最大可承受 180W+的热设计功耗，需要两组 8 针 CPU 供电插座。如图 3.8 所示为主板上的 Socket TR4 插座，如图 3.9 所示为一款 AMD Ryzen Threadripper 2990WX CPU。

图 3.8　Socket TR4 插座

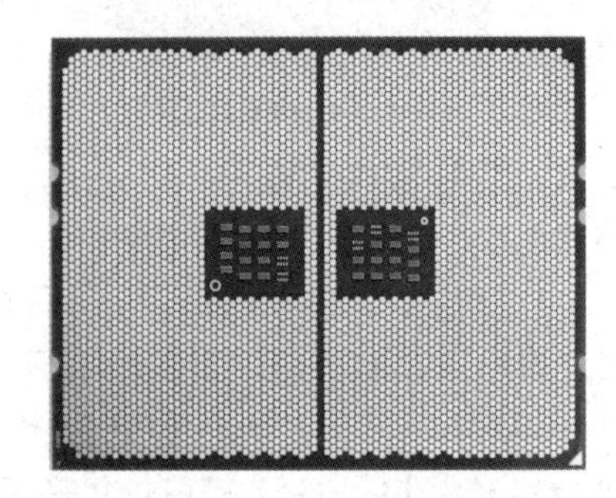

图 3.9　AMD Ryzen Threadripper 2990WX CPU

（2）Socket sTRX4：支持第三代 AMD Ryzen Threadripper 处理器，与 Socket TR4（sTR4）插座在物理规格上没有区别，包括针脚的数量、布局、大小均一致，甚至 sTRX4 的散热安装孔位都与 sTR4 一致，但是 sTRX4 在引脚定义、电压数据上是完全不同的，也就是说，sTRX4 不支持第一代和第二代 Ryzen Threadripper 处理器。如图 3.10 所示为主板上的 Socket sTRX4 插座，如图 3.11 所示为一款 AMD Ryzen Threadripper 3990X CPU。

图 3.10　Socket sTRX4 插座

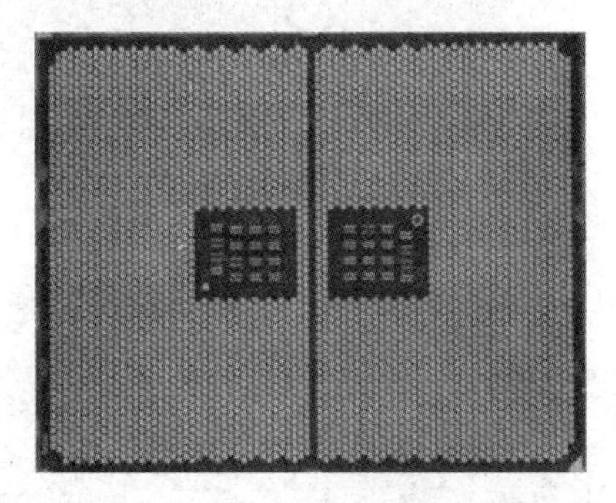

图 3.11　AMD Ryzen Threadripper 3990X CPU

（3）Socket AM4：AMD 桌面处理器曾经拥有 AM3+、FM2+、AM1 三种不同接口，分别用于高端 CPU、主流 APU、低端 APU，而从 2016 年开始，全部统一为 AM4。AM4 接口采用 uOPGA 样式，仍然是针脚在处理器底部、触点在主板上的传统设计，具体针脚数量为 1331 个，比起 AM3+的 942 个、FM2+的 906 个增加了不少。AM4 处理器集成了大量扩展功能模块，其中内存控制器支持 DDR4，起步频率为 2400MHz，可以超频到最高 2933MHz。如图 3.12 所示为主板上的 Socket A4 插座，如图 3.13 所示为采用 Socket AM4 接口的 AMD Ryzen 7 1700 CPU。

图 3.12　Socket AM4 插座

图 3.13　AMD Ryzen 7 1700 CPU

（4）Socket AM3+接口。2011 年 10 月推出，具有 942 个插孔，但只有 940 个是激活的，可用于 AMD FX 系列的处理器，支持 DDR3（2133）AM3+，支持 HyperTransport 3.1，同时向下兼容 AM3。如图 3.14 所示为采用 990FX 芯片组的主板上的 Socket AM3+插座，如图 3.15 所示为采用 Socket AM3+接口的 AMD FX 9590 CPU。

（5）Socket FM2+接口。Socket FM2+接口是 AMD 公司生产的 AMD A8 系列、AMD A10 系列、AMD 速龙 X4 等桌面平台的 CPU 插座，具有 905 个插孔。FM2+不兼容 FM1 的 CPU，但兼容 FM2 的 CPU。如图 3.16 所示为主板上的 Socket FM2+插座，如图 3.17 所示为采用 Socket FM2+接口的 A10-7890K CPU。

图 3.14　Socket AM3+插座

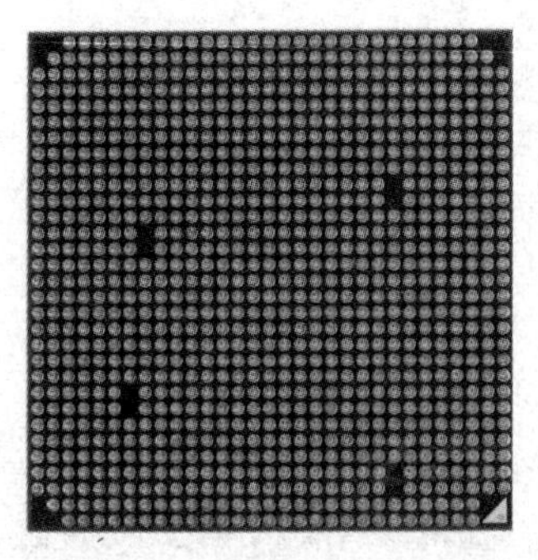

图 3.15　AMD FX 9590 CPU

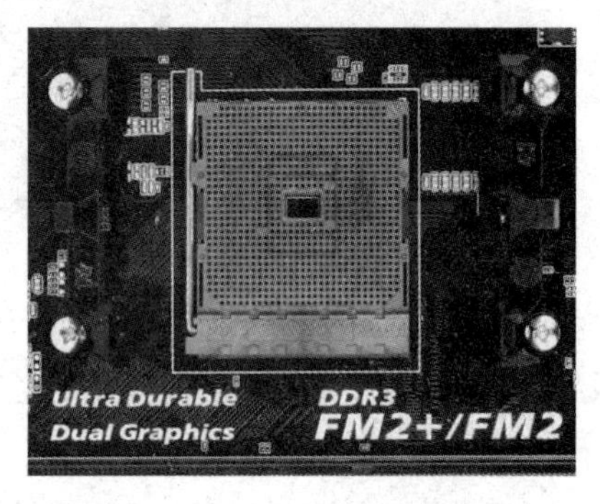

图 3.16　Socket FM2+插座

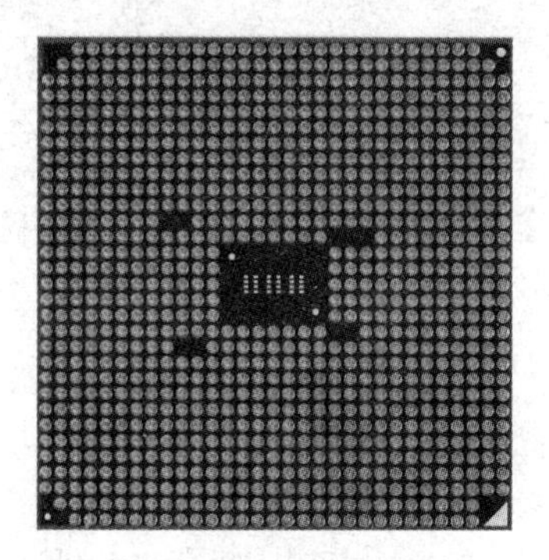

图 3.17　A10-7890K CPU

（6）Socket FM2。Socket FM2 是 AMD Trinity APU 桌面平台的 CPU 插座，具有 905 个插孔。FM2 接口不向下兼容 FM1。如图 3.18 所示为主板的 Socket FM2 插座，如图 3.19 所示为 AMD 速龙 X4 750 CPU。

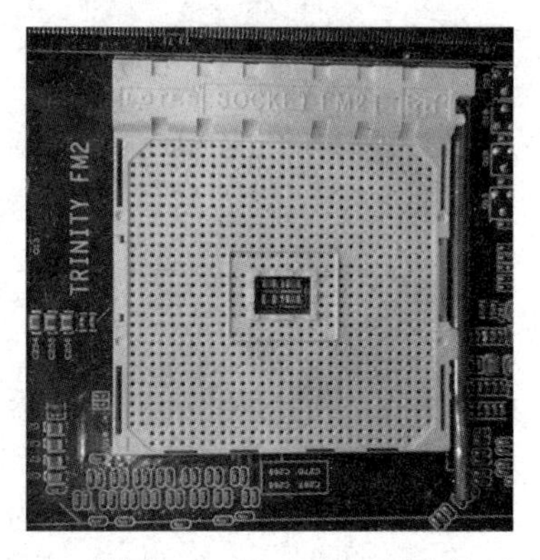

图 3.18　Socket FM2+插座

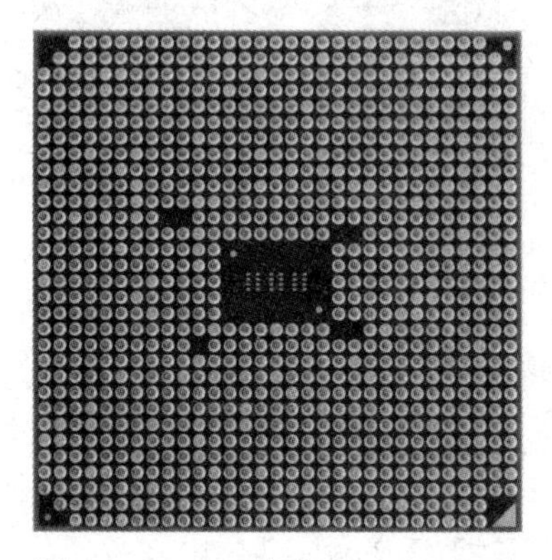

图 3.19　AMD 速龙 X4 750 CPU

3.2.4　CPU 的技术规格参数

CPU 的优劣是由有关性能指标来衡量的。要了解某款 CPU，需要阅读 CPU 的技术规格书。打开中关村在线（www.zol.com.cn）网站，选择 DIY 硬件中的 CPU，就列出了市场上主流的 CPU，如 Intel 酷睿 i7 11700，会显示该款 CPU 的技术参数，如表 3.1 所示。

表 3.1　Intel 酷睿 i7 11700 CPU 参数

重要参数		适用类型：台式机	CPU 主频：2.5GHz
		CPU 系列：酷睿 i7 11 代系列	最大睿频：4.9GHz
		插座类型：LGA 1200	核心数量：八核心
		封装大小：37.5mm×37.5mm	线程数：十六线程
详细参数	基本参数	适用类型	台式机
		CPU 系列	酷睿 i7 11 代系列
		制造工艺	14 纳米
		核心代号	Rocket Lake
		插座类型	LGA 1200
		包装形式	盒装
	性能参数	CPU 主频	2.5GHz
		动态加速频率	4.95GHz
		核心数量	八核心
		线程数量	十六线程
		一级缓存	48KB
		二级缓存	512KB
		三级缓存	16MB
		总线规格	DMI3 8GT/s
		热设计功耗（TDP）	65W
	内存参数	支持最大内存	128GB
		内存类型	DDR4 3200MHz
		内存描述	最大内存通道数：2 最大内存带宽：50GB/s ECC 内存支持：否
	显卡参数	集成显卡	Intel UHD Graphics 750
		显卡基本频率	350MHz
		显卡最大动态频率	1.3GHz
		显卡其他特性	显卡视频最大内存：64GB 执行单元：32 4K 支持：是，60Hz 图形输出最大分辨率：5120×3200 像素 DirectX 支持：12.1 OpenGL 支持：4.5 OpenCL 支持：3.0 Intel Quick Sync Video：是 Intel InTru 3D 技术：是 Intel 清晰视频核芯技术：是 Intel 清晰视频技术：是 显示支持数量：3 设备 ID：0x4C8A PCI Express 版本：4.0
	技术参数	睿频加速 Max 技术	支持，3.0
		睿频加速技术	支持，2.0
		超线程技术	支持
		虚拟化技术	Intel VT-x，Intel VT-d，Intel EPT
		指令集	SSE4.1/4.2，AVX2，64bit

续表

详细参数	技术参数	64 位处理器	是
		其他技术	英特尔深度学习提升：是 英特尔博锐平台资格：是 空闲状态：是 Enhanced Intel SpeedStep Technology：是 温度监视技术：是 英特尔身份保护技术：是 英特尔高斯神经加速器 2.0：是 英特尔 AES 新指令：是 安全密钥：是 英特尔 Trusted Execution Technology：是 英特尔操作系统守护：是 执行禁用位：是 英特尔 Boot Guard：是

由表 3.1 可以看到，CPU 有以下主要参数。

1．CPU 的基本参数

CPU 的基本参数包括 CPU 的适用类型、CPU 系列型号、核心类型、接口类型、针脚数目和制造工艺等。

（1）CPU 的适用类型。CPU 适用类型是指计算机类型，笔记本电脑、台式计算机、服务器所使用的 CPU 类型是不同的。

（2）CPU 系列。CPU 系列编号就是 CPU 的生产厂商为其进行的编号和命名。CPU 的生产厂商主要有 Intel（英特尔）、AMD（超威）、VIA（威盛）和龙芯（Loongson）。市场上主要销售的是 Intel 和 AMD 的产品。

① Intel CPU 编号。Intel 公司是全球最大的半导体芯片制造商，从 1968 年成立至今已经有 50 多年的历史。目前台式机市场上销售的 Intel CPU 有酷睿、奔腾、赛扬等系列 CPU，服务器使用 Intel CPU 至强系列处理器，笔记本及平板电脑用 Intel CPU 凌动系列处理器。

如图 3.20 所示为 Intel CPU，其处理器编号为“Intel Core I9-10900K”，其中“Intel”代表英特尔公司，“Core I9”代表 CPU 系列为酷睿 i9，“10900K”中的“10”代表该系列 CPU 是第十代产品，“900”“K”代表该 CPU 没有锁住倍频。

② AMD CPU 编号。AMD 公司成立于 1969 年，是全球第二大微处理器芯片供应商，多年来一直是 Intel 公司的强劲对手。AMD 公司为台式机开发了锐龙、锐龙 Pro、锐龙 Thread Gripper、A 系列、Pro A 系列、FX 等系列 CPU，为笔记本电脑开发了锐龙、锐龙 Pro、A 系列等系列 CPU，为服务器开发了霄龙、皓龙等系列 CPU。

如图 3.21 所示为 AMD CPU，其处理器编号为“AMD Ryzen 9 3900X”，其中“AMD”代表超威半导体公司；“Ryzen 9”代表锐龙 9 系列；“3900X”中的“3”代表该系列 CPU 是第三代产品；“900”代表 CPU 的 SKU，这个数字越大，频率也越高；“X”代表该 CPU 支持 XFR（自适应动态扩频）技术。

（3）核心代号。核心（Die）又称内核，是 CPU 最重要的组成部分。CPU 中心那块隆起的芯片就是核心，是由单晶硅以一定的生产工艺制造出来的，CPU 所有的计算、接受/存储命令、处理数据都由核心执行。各种 CPU 核心都具有固定的逻辑结构，一级缓存、二级缓存、执行单元、指令级单元和总线接口等逻辑单元都会有科学的布局。核心代号也可以看成是 CPU

的产品代号，即使是同一系列的 CPU 其核心代号也可能不同。Intel 的核心代号有 SkyLake-X、Kaby Lake-X、Kaby Lake 等，AMD 的核心代号有 Richland、Trinity、Zambezi 等。

图 3.20　Intel Core I9-10900K CPU　　图 3.21　AMD Ryzen9 3900X CPU

（4）插座类型。CPU 接口是 CPU 内核与主板之间的连接方式。

（5）针脚数目。CPU 针脚数目是指 CPU 的引出线，这与 CPU 接口类型中具有相同的数字。

（6）制造工艺。CPU 的制造工艺是用来表征组成芯片的电子线路或元件的细致程度，通常采用μm（微米）作为单位，也有使用 nm（纳米）作为单位的，1μm=1000 nm。

（7）工作电压。工作电压（Supply Voltage）是指 CPU 正常工作所需的电压。工作电压越低，说明 CPU 制造工艺越先进，CPU 运行时耗电功率就越小。早期 CPU 的工作电压一般为 5V，目前主流 CPU 的工作电压一般都低于 1.5V。

2. CPU 的性能参数

CPU 的性能参数包括 CPU 主频、系统总线频率、前端总线频率、倍频和 CPU 指令集等。

（1）CPU 主频。主频也叫 CPU 的时钟频率（CPU Clock Speed），是 CPU 内核运算时的工作频率（1 秒内发生的同步脉冲数）的简称，单位通常是 GHz。CPU 的时钟频率代表了 CPU 的实际运算速度，频率越高，在一个时钟周期内处理的指令数就越多，CPU 的运算速度也就越快，CPU 的性能也就越高。

（2）外频。外频又称外部时钟频率，是主板上晶体振荡电路为 CPU 提供的基准频率，单位是 MHz，是 CPU 与计算机其他部件（主要是主板）之间同步进行的速度。外频实际上也是整个计算机系统的基准频率。外频速度越高，CPU 与其他部件间的数据传输速度越快，整机的性能越好。目前主流 CPU 的外频基本上是 200MHz、266MHz 和 333MHz 等几种。

（3）倍频。倍频是 CPU 主频和外频间相差的倍数，倍频越高，时钟频率就越高。主频、外频和倍频三者之间的关系是：

CPU 的主频=外频×倍频

在外频不变的情况下，倍频越大，CPU 的实际频率就越高，运行速度就越快。

（4）动态加速频率：一般硬件的所谓动态加速频率说的就是睿频，指硬件可以更具性能需求自动加速到一个一个合适的主频，睿频是有上限的，不会一直加速下去。

（5）核心数量：内核即 CPU 的核心，早期的 CPU 只有一个核心，现在则有 2 个、3 个、4 个、6 个、8 个、…、16 个核心，以后随着技术的发展核心还会增多，这归功于 CPU 多核技术的发展。多核心是指基于单个半导体的一个 CPU 上拥有多个一样功能的处理器核心，即将多个物理处理器核心整合到一个内核上。

（6）线程数量：线程是指 CPU 运行时的程序的调度单位。多线程通过复制处理器上的结构状态，让同一个处理器上的多个线程同步执行并共享处理器的执行资源，为高速的运算核心准备更多的待处理数据，减少运算核心的闲置时间。线程数越多，CPU 的性能就越高。注意：多线程技术只用在 Intel CPU 产品中，目前线程数从 2 线程、4 线程到 24 线程、32 线程不等。

（7）CPU 缓存。CPU 的高速缓存（Cache）是内置在 CPU 中的一种临时存储器，它先于内存与 CPU 进行交换数据，速度极快，又被称为高速缓存。CPU 的缓存分为一级缓存（L1 Cache）、二级缓存（L2 Cache）和三级缓存（L3 Cache）三种。当 CPU 要读取一个数据时，首先从 L1 缓存中查找，没有找到再从 L2 缓存中查找，若还是没有则从 L3 或内存中查找。由此可见 L1 缓存是整个 CPU 缓存架构中最为重要的部分，大约 80%的数据量都可以在 L1 缓存中找到。

① 一级缓存。一级缓存（内部缓存）是指封装在 CPU 芯片内部的高速缓存，用来暂时存储 CPU 运算时的部分指令和数据。内部缓存的存取速度与 CPU 主频相同，容量单位一般为 KB，容量基本为 64～256KB。一级缓存越大，CPU 工作时与存取速度较慢的二级缓存和内存间交换数据的次数越少，相对来说，计算机的运算速度就越高。

② 二级缓存。二级缓存的容量分为 512KB、1MB、2MB、2MB×2、3MB、4MB、6MB、8MB 和 12MB 等多种。二级高速缓存主要存放计算机运行时操作系统的指令、程序数据和地址指针等。

二级缓存的容量是各生产商尽最大能力提高的对象，是衡量 CPU 性能的重要参数指标之一，因此在选购时一定要重点看这个参数。二级缓存的容量一般用作高端和低端 CPU 产品的分界标准，目前多为 1MB（低端）和 12MB（高端）。

③ 三级缓存。三级缓存的应用可以进一步降低内存延迟，同时提升大数据量计算时处理器的性能。

（8）总线规格：一般是指 CPU 总线（又叫前端总线（FSB））的规格。CPU 总线主要由 CPU 使用，用来与高速缓存、主存和北桥（或 MCH）之间传送信息。从 Intel 5 系列芯片组开始，前端总线被取消，北桥芯片的功能被整合进 CPU 中。

在桌面 CPU 或者笔记本标压 CPU 中，板载 IO 芯片（PCH）和 CPU 之间是使用 DMI 通信的，CPU 总线采用基于点对点的 DMI 连接方式，来连接 CPU 和南桥芯片，DMI2.0 单通道传输速率达到 5GT/s，DMI3.0 单通道传输速率达到 8GT/s。

在笔记本低压 CPU 中，板载 IO 芯片和 CPU 被封装在同一基板上 这个芯片和 CPU 之间使用 OPI 通信，OPI 单通道传输速率达到 4GT/s。

（9）热设计功耗（Thermal Design Power，TDP）：指 CPU 在满负荷时可能达到的最高散热热量。散热器必须保证在 TDP 最大的时候，CPU 的温度仍然在设计范围之内。

3．CPU 的内存参数

（1）支持最大内存：指 CPU 所能支持的最大内存容量，比如 128GB。

（2）内存类型：指 CPU 所能支持的内存类型，比如内存类型为 DDR4 2933，表示支持的内存为 DDR4，最高频率为 2933MHz，也就是说只要是 DDR4 并且频率低于 2933MHz 的内存都可以使用；若频率高于 2933 MHz 则只能适用到 2933 MHz。

（3）最大内存通道数：指 CPU 所能支持的双通道内存数量，比如数值为 2，表示支持 2 条双通道内存，也就是说可以插 4 根内存条。但要注意，计算机实际能使用的内存由主板和 CPU 共同决定，两者之中取最小值。

（4）最大内存带宽：指 CPU 所能支持的内存最大传输速度。

4．CPU 的显卡参数

（1）集成显卡：指集成在 CPU 内部的显卡，又叫“核心显卡”，是指 GPU 部分与 CPU

建立在同一内核芯片上，两者完全融合。如 Intel 酷睿 i3、i5、i7、i9 系列处理器以及 AMD APU 系列处理器中多数都集成了显卡。

（2）显卡基本频率：指集成显卡的基本工作频率，也是其默认工作频率，在集成显卡能满足需求的情况下会自动保持默认工作频率。

（3）显卡最大动态频率：指集成显卡的最大工作频率，在处理复杂画面的时候，集成显卡的频率会进行智能动态调整，比如基本频率为 850MHz 的集成显卡，最大工作频率可能达到 1.0GHz 甚至 1.3GHz。

5. CPU 的技术参数

（1）睿频加速技术。Intel 睿频加速技术是酷睿 i7 处理器和 i5 处理器的独有特性，该技术可以智能地加快处理器速度，从而为高负载任务提供最佳性能，即最大限度地提升性能以匹配工作负载。Intel 的睿频技术叫 TB（Turbo Boost），AMD 的睿频技术叫 TC（Turbo Core）。

（2）CPU 指令集。CPU 通过执行指令完成运算和控制系统。每种 CPU 在设计时都规定了其与硬件电路相配合的指令系统，即能执行的全部指令的集合。扩展指令集反映了 CPU 功能的强弱，是 CPU 的重要指标。

目前，Intel 和 AMD 的 PC CPU 扩展指令集是指在 x86 指令集的基础上，为了提高 CPU 性能开发的指令集。常见的扩展指令集有 Intel 的 MMX、SSE、SSE2、SSE3、SSE4、SSE5 和 AMD 的 3D Now！等，分别增强了 CPU 对多媒体信息、因特网数据流、视频信息和三维（3D）数据等的处理能力。

（3）超线程技术。超线程（Hyper-threading，HT）是 Intel 公司在 Pentium 4 处理器中新增的一项技术，就是利用特殊的硬件指令，把多线程处理器内部的两个逻辑内核模拟成两个物理芯片，从而使单个处理器就能“享用”线程级的并行计算的处理器技术。应用超线程技术的 CPU 可同时进行多任务的处理，当计算机系统应用超线程技术后，性能可以提高 25%以上。

（4）虚拟化技术。CPU 的虚拟化技术是一种硬件方案，支持虚拟化技术的 CPU 带有特别优化过的指令集来控制虚拟化过程，通过这些指令集，VMM（虚拟机监视程序）会很容易提高性能，相比软件的虚拟化实现方式会在很大程度上提高性能。

（5）EM64T 技术。Intel 的 EM64T 技术全名是 Extended Memory 64 Technology，即扩展 64bit 内存技术。

3.2.5 市场上主流 CPU 产品

目前，市场上主流的 CPU 产品被 Intel 和 AMD 公司所垄断，两公司的同级产品性能接近，各有千秋，但 AMD 的价格略低。那么应如何选择适合自己的 CPU 产品呢？下面首先介绍 Intel 公司和 AMD 公司的主要产品。

Intel 公司 CPU 产品

1. Intel 公司 CPU 产品

Intel 公司生产的 CPU 包括酷睿（Core）、奔腾、赛扬、至强可扩展、凌动等系列处理器，其中酷睿、奔腾、赛扬处理器面向台式机和笔记本电脑，酷睿代表高端产品，奔腾代表入门级产品，赛扬代表低端产品，至强可扩展面向服务器。

（1）酷睿系列 CPU：包含 X 系列、i 系列（包括 i9、I7、I5、I3）等 CPU，i 系列已发展到第十二代，主要应用在台式机和笔记本电脑上。酷睿处理器是目前市场上主流 CPU。

2009 年，Intel 公司开始发布 Core i 系列处理器，主要包括 Core i3、i5、i7 处理器，其中 i3 代表低端产品，i5 代表中端产品，i7 代表高端产品。2017 年 9 月 25 日，Intel 发布了家族代号为 Coffee Lake-S 的第八代处理器，2018 年第二季度发布了 i9-8950 处理器，从第八代开始增加 i9 处理器。2021 年第四季度发布第十二代桌面处理器

第八、九、十、十一、十二代智能 Intel Core 台式机和移动式处理器的编号采用字母数字的排列形式，即以品牌及其标识符开头，随后是代编号和产品系列名。四个数字序列中的第一个数字表示处理器的代编号，接下来的三位数是 SKU 编号。在适用的情况下，处理器名称末尾有一个代表处理器系列的字母后缀。

① 酷睿 X 系列 CPU 是一个独立的系列而且是台式机上的顶配。酷睿 X 系列中包含 4 核、6 核、8 核、10 核……一直到 18 核系列。

X 系列 CPU 包括：i9-10980XE 至尊版处理器（18 核）、i9-10940X（14 核）、i9-10920X（12 核）、I9-10900X（10 核）处理器。从 2020 年后，Intel 未继续推出 X 系列 CPU。

② Core i9 处理器。目前市场上台式机 i9 处理器主要型号有 12 代 i9-12900（空、E、F、T、TE、K、KF）处理器（16 核）；11 代 i9-11900（空、F、K、KF、T）处理器（8 核）；10 代 i9-10900（空、T、KF、K、F）及 i9-10850 处理器（10 核）；9 代 i9-9900（空、T、KF、K）处理器（8 核）等。笔记本电脑 i9 处理器主要型号有 12 代 i9-12900（H、HK）处理器（14 核）；11 代 i9-11900（H、HK、KB）和 i9-11950H 处理器（8 核）；10 代 i9-10980HK 和 i9-10885H 处理器（8 核）；9 代 i9-9980HK 和 i9-9880H 处理器（8 核）等。

③ Core i7 处理器。目前市场上台式机 i7 处理器主要型号有 12 代 i7-12700（空、F、T、K、KF）处理器（12 核）；11 代 i7-11700（空、F、K、KF、T）处理器（8 核）；10 代 i7-10700（空、T、F、KF、T）处理器（8 核）；9 代 9700（空、F 、T、KF、K）处理器（8 核）；8 代 i7-8700（空、K、T）及+8700 和 8086K 处理器（6 核）等。笔记本电脑 i7 处理器主要型号有 12 代 i7-12800H 处理器（14 核）、12700H 处理器（14 核）、12650H 处理器（10 核）；11 代 i7-11850H、11800H（8 核），i7-11390H（4 核），i7-1195G7（4 核）等处理器；10 代 i7-10875H（8 核）、i7-10870H（8 核）、i7-1060G7（4 核）等处理器；i7-9750（H、HF）（6 核）、i7-9850H（6 核）等处理器。

④ Core i5 处理器。目前市场上台式机 i5 处理器主要型号有 12 代 i5-12600（K、KF）（10 核）、i5-12500（空、T）（6 核）、i5-12400（空、F、T）（6 核）处理器；11 代 i5-11600（空、K、KF、T）、i5-11500（空、T）、i5-11400（空、T、F）处理器（6 核）；10 代 i5-10600（空、K、KF、T）、i5-10500（空、T）、i5-10400（空、T、F）及 10505 处理器（6 核）；9 代 i5-9600（空、T、KF、K）、i5-9500（空、F、T）、i5-9400（空、T、F）处理器（6 核）；8 代 i5-8400（空、T）、i5-8500（空、T）、i5-8600（空、T、K）及 i5+8400 和+8500 处理器（6 核）。

⑤ Core i3 处理器。目前市场上台式机 i3 处理器主要型号有 12 代 i3-12100（空、F、T）、i3-12300（空、T）处理器 ；10 代 i3-10325、10320、10300（空、T）、10305（空、T）、10105（空、F、T）、10100（空、F、T）处理器；9 代 i3-9350（KF、K）i3-9320、9300（空、T）、9100（空、T、F）处理器；8 代 i3-i8350K、i3-8300（空、T）、i3-8100（空、T）处理器。

（2）奔腾系列 CPU。奔腾（Pentium）是 Intel 公司的一个注册商标，作为其 x86 处理器品牌之一，于 1993 年推出。目前，奔腾这个品牌仍然继续使用，但市场定位被定位为比低端入门型的赛扬系列高一级，比横贯中高端主流型和高端旗舰型的酷睿系列低一级的中端入门型级别。

目前市场上奔腾处理器主要型号有 2 核 4 线程奔腾金牌 G7505、G7400（空、T、TE、E）、G6600、G6505（空、T）、G6500（空、T、Y）、G6405（空、T）、G6400（空、E、T、TE）、G5620、G5600（空、T）等处理器，以及 4 核产品包括银牌 N6005、N6000、J5040、N5030、J5005、N5000 等处理器。

（3）赛扬系列 CPU。赛扬（Celeron）也是 Intel 公司中央处理器的一个注册商标。赛

扬处理器是 Intel 旗下的经济型产品，于 1998 年推出，其定位是低端产品，比奔腾低一级。

（4）至强系列 CPU：Xeon（至强）主要供服务器及工作站使用，适用于云计算、实时分析处理以及大数据。目前有第三代至强可扩展，第二代至强可扩展，至强可扩展，至强 D、W、E 等多种系列处理器。

（5）安腾系列 CPU：安腾（Itanium）是 Intel 安腾架构（通常称为 IA-64）的 64 位处理器。该处理器的市场定位是企业级服务器与高性能运算系统，是一款功能强大的虚拟化与整合平台处理器。

（6）凌动系列 CPU：包括 X7、X5、X3 系列 CPU，主要应用于平板电脑、智能手机和低成本 PC。凌动处理器（Intel Atom）是 Intel 的一个超低电压处理器系列。

更详细的介绍可以参阅 http://www.intel.com.cn 网站的产品介绍。

AMD 公司 CPU 产品

2. AMD 公司 CPU 产品

美国 AMD（超威）半导体公司专门为计算机、通信和消费电子行业设计和制造各种创新的微处理器（CPU、GPU、APU、主板芯片组、电视卡芯片等），以及提供闪存和低功率处理器解决方案。

目前市场上 AMD 公司生产的处理器主要面向台式机、笔记本电脑、服务器，以及嵌入式产品。其中主流台式机 CPU 分为针对消费级市场和企业级用户的产品，针对消费级市场的处理器包括 AMD 锐龙 Threadripper 处理器、锐龙处理器等；针对企业级用户从 2017 年 6 月开始推出更加稳定、更加安全的处理器产品，主要包括锐龙 Pro 和速龙 Pro 处理器。

（1）消费级台式处理器。AMD 锐龙（Ryzen）处理器于 2017 年 3 月上市，目前市场上有 AMD 锐龙 Threadripper 处理器（发烧友）、Ryzen9（高端）、Ryzen7（高端）、Ryzen5（中端）、Ryzen3（低端）等系列。

① 锐龙 Threadripper 系列处理器：目前市场上的 AMD 锐龙 Threadripper 系列处理器有 3990X、3970X、3960X、2990WX、2970WX、2950X、2920X、1950X、1920X、1900X 等。

② Ryzen 9 系列：目前市场上的 AMD Ryzen9 系列处理器有 5950X、5900X 以及 3950X、3900X、3800X、3700X、3600X、3600 等。

③ Ryzen7 系列：目前市场上的 AMD Ryzen7 系列处理器有 5850X3D、5850X、5700G、5700GE、4700G、4700GE 等。

④ Ryzen5 系列：目前市场上的 AMD Ryzen5 系列处理器 5600G、5600GE 、4600G4600GE 等。

⑤ Ryzen 3 系列：目前市场上的 AMD Ryzen3 系列处理器有 5300G、5300GE、4300G、4300GE 等。

（2）企业级用户台式处理器主打商业市场。AMD 锐龙 Pro 相比普通锐龙产品，不仅保留了 SenseMI 等锐龙独有的技术，还增加了 AMD GuardMI 技术、AES 128 位加密引擎、Windows 10 企业版安全支持和 fTPM/TPM 2.0 等重要功能，为企业级用户提供更加完善的保护及安全措施。

① AMD 锐龙（Ryzen）Pro 处理器。2017 年 6 月 Ryzen Pro 处理器开始上市，采用 AMD AM4 统一插座结构，目前市场有 Ryzen Threadripper Pro、Ryzen 9Pro、Ryzen 7Pro、Ryzen 5Pro、Ryzen 3Pro 等系列。

② AMD 速龙（Athlen）Pro 处理器。AMD 速龙 Pro 台式机处理器采用 AMD AM4 统一插座结构，型号为 Athlon Gold Pro 3150G、3150GE 等处理器。

关于 AMD 处理器更详细的介绍请参阅 http://www.amd.com/cn 网站的产品介绍。

3. 国产 CPU 处理器

国产 CPU 企业以飞腾、鲲鹏、海光、龙芯、兆芯、申威等为代表的厂商正全力打造“中国芯”。其中，兆芯和海光是基于复杂指令集的 X86 架构的处理器，飞腾、鲲鹏是基于精简指令集的 ARM 架构的处理器，龙芯是基于精简指令集的 MIPS 架构处理器，神威是基于精简指令集的 Alpha 架构处理器。

（1）飞腾处理器。飞腾 CPU 处理器由国防科技大学研究制造，该大学是聚焦国家战略需求和重大项目的 CPU 国家队，形成了覆盖桌面、服务器和嵌入式等领域的完整产品线。桌面 CPU：2019 年，飞腾发布 FT-2000/4，整体性能与 Intel Core I5 系列相当。FT-2000/4 处理器集成了 4 个 FTC663 处理器核，16nm 工艺，主频 2.6~3.0GHz。服务器 CPU：2019 年 5 月，基于 FT-2000+/64 的服务器产品群在福州数字中国峰会上发布。FT-2000+/64 处理器集成了 64 个 FTC662 处理器内核，16nm 工艺，主频 2.0~2.3GHz，主要应用于高性能服务器领域，性能与 Intel Xeon E5-2695V3 系列相当，如图 3.22 所示。

（2）鲲鹏处理器。鲲鹏是华为计算产业的主力芯片之一。鲲鹏处理器基于 ARM V8 架构，旗舰产品鲲鹏 920 与鲲鹏 920s，分别用于服务器和 PC。2019 年 1 月，华为宣布推出鲲鹏 920，采用 7nm 制造工艺，支持 64 内核，主频可达 2.6GHz，集成 8 通道 DDR4，支持 PCIe4.0 及 CCIX 接口，可提供 640Gb/s 总带宽。

（3）海光处理器。海光信息技术有限公司是国内高性能计算机龙头中科曙光的参股子公司。2016 年，海光信息同 AMD 达成合作，共同合资成立子公司，引入 X86 架构授权。基于 AMD 提供的 Zen1 架构，海光开发出 8 核心桌面版 CPU Dhyana、32 核心服务器版 CPU Dhyana Plus。

（4）龙芯处理器。龙芯是我国最早研制的高性能通用 CPU 系列。目前，龙芯共有三个产品系列定位。龙芯 3 号 CPU 面向桌面/服务器类应用，对标 Intel 酷睿/至强系列，包括龙芯 3A5000（如图 3.23 所示）、龙芯 3A4000、3A3000 等系列；龙芯 2 号 CPU 面向工控和终端类应用，对标 Intel Atom 平台系列；龙芯 1 号 CPU 面向特定应用与需求，用于北斗卫星、石油勘探、智能设备（门锁、水表、电表）等方面。

图 3.22　FT-2000+/64 处理器

图 3.23　龙芯 3A5000 处理器

（5）兆芯处理器。兆芯系列处理器由上海兆芯集成电路有限公司推出，由上海市国资委下属企业和台湾威盛电子合资成立。该处理器基于 X86 架构。2019 年 6 月，兆芯在上海正式发布新一代 16nm X86 处理器产品：开先 KX-6000 和开胜 KH-30000，支持双通道 DDR4-3200 内存，采用 SoC 设计，包含 CPU、GPU 和芯片组。

（6）申威处理器。申威处理器由上海高性能集成电路中心研制，基于 DEC 公司的 Alpha 架构。申威现已形成高性能计算 CPU、服务器/桌面 CPU、嵌入式 CPU 三个系列产品线。申威 421（4 核通用 CPU）、1621（16 核，主要面向云计算、大数据领域）。

3.3　任务实施：选购 CPU

前面介绍了 CPU 的基本知识、结构和性能指标，对目前市场上的主流 CPU 型号做了详细介绍。但市场上的 CPU 型号多种多样，选择范围越来越大，而且在每个档次上都有不同的选择，该如何选择一款合适的 CPU 呢？下面介绍一些在选购 CPU 时可能会用到的小知识和小技巧。

1. 根据 CPU 性能参数，把握按需选购的原则

CPU 是决定计算机性能的主要部件之一，在价格上也有很大差别。选购 CPU 不仅要知道市场行情，了解双/四/六/八/十/十二/十六/十八核心 CPU、自动超频等热点，更要把握按需选购的原则。

首先，不要盲目追求主频。目前，主流 CPU 工作频率已经很高，多核处理器的出现也使市场得到迅速划分，主频低不等于计算机性能差。

其次，正确划分用户群，对不同消费群体选购 CPU 有不同的建议。

（1）初级用户通常是学生和计算机初学者，他们买计算机的主要用途就是学习、处理基本文档、上网和听音乐、看电影等，因此对 CPU 的要求不是很高，也没有必要购买价格很高的 CPU。

（2）中级用户一般是对计算机知识有了一定的了解，对计算机的操作、使用相当熟悉的用户，也是最大的用户群体。高校中对技术比较感兴趣的学生，或者对计算机游戏特别痴迷的朋友，或者在工作中需要处理一些较为复杂、要求较高的工作，如视频采集、媒体影音处理等的白领阶层都应该属于这一群体。

（3）专业图形处理工作者、超级游戏玩家和超级 DIY 爱好者都应该属于高级用户，但是并不是说这类用户都应该使用最新、最快、最贵的 CPU。

CPU 天梯图可以查到各种型号 CPU 的性能排名，并且越往上的 CPU 性能越强悍，因此 CPU 排行榜图可以给我们在购买 CPU 时带来一些很好的参考。

2. 品牌与选择原则

AMD 公司的 CPU 在三维制作、游戏应用和视频处理方面比同档次的 Intel CPU 有优势，而 Intel 公司的 CPU 在商业应用、多媒体应用和平面设计方面更有优势。总体而言，Intel 的 CPU 性能比较稳定，而 AMD 的 CPU 价格比较便宜。

除 Intel 和 AMD 公司生产的处理器外，国内计算整机企业多采用飞腾、鲲鹏、海光、龙芯、兆芯、申威等厂商的国产处理器。

3. 质量保证

只要是在国内购买的盒装正品 CPU，不但提供了原装优质散热风扇，通常提供 3 年的质保；散装一般提供 1 年质保。

4. 验证真伪

（1）Intel CPU。Intel 生产的 CPU，验证真伪的方式主要有以下几点。

- 验证产品系列号：正品 CPU 的产品系列号通常打印在包装盒的产品标签上，并且与盒内保修卡中的序列号一致。
- 查看封口标签：正品 CPU 包装盒的封口标签仅在包装的一侧，标签为透明色，字体为白色，颜色深且清晰。
- 通过微信验证：在微信公众号“英特尔客户支持”或添加微信号“IntelCustomerSupport”，然后通过自助服务里的“盒装处理器验证”或“扫描验证处理器”，扫描序列号条形码进行验证。

- 通过网站验证：访问 Intel 的产品验证网站进行验证，网址为 http://prcappzone.intel.com/cbt/Intel。

（2）AMD CPU。AMD 生产的 CPU，验证真伪的方式主要有以下几点。

- 验证产品系列号：正品 CPU 的产品系列号通常打印在包装盒的原装封条上，并且与 CPU 参数面激光刻入的序列号一致。
- 通过电话验证：通过拨打官方电话 400-898-5643 进行人工验证。
- 通过网站验证：访问 AMD 的产品验证网站进行验证，网址为 https://www.amd.com/zh-hans/support/kb/faq/sn-lookup。

3.4 技能训练

3.4.1 识别 CPU

1．实训目的

通过本次练习，使学生能够正确识别市场上的主流 CPU。

2．实训准备

准备不同品牌的 CPU 让学生识别等。

3．实训任务

通过网络、走访 IT 市场并利用 CPU 测试软件，了解不同档次的不同品牌的 CPU 的技术指标。

4．实训步骤

通过网络、走访 IT 市场并使用 CPU，在表 3.2 中填入各主流 CPU 的技术规格。

表 3.2　各种主流 CPU 的技术规格

姓名		班级		学号	
CPU 品牌及型号					
规格名称	技术参数				
制造工艺					
核心					
接口					
外频					
前端总线频率					
一级缓存					
二级缓存					
支持指令集					
功耗					
核心电压					
节能技术					
大约价格					

3.4.2 测试 CPU

1. 实训目的

通过本次练习，使学生能够掌握 CPU-Z 或 AID64 软件的使用。

2. 实训准备

（1）一台可正常运行的计算机。

（2）CPU-Z 软件。

（3）AID64 软件。

3. 实训任务

使用 CPU-Z 软件或 AID64 软件对 CPU 进行测试。

4. 实训步骤

步骤 1：搭建测试硬件平台。

步骤 2：搭建测试软件平台。

步骤 3：安装并运行 CPU-Z 软件或 AID64 软件。

步骤 4：逐一尝试使用 CPU-Z 软件或 AID64 软件测试 CPU 的各项性能指标。

习　题

一、选择题

1. 下面 CPU 指令集中（　　）是多媒体扩展指令集。

A. SIMD　　B. MMX　　C. 3D Now!　　D. SSE

2. 下列厂商中，（　　）是赛扬（Celeron）CPU 的生产厂商。

A. AMD　　B. Intel　　C. SiS　　D. VIA

3. CPU 分为非 Intel 和 Intel 及其兼容产品，非 Intel 产品的主要代表厂商是（　　）。

A. AMD 公司　　B. Motorola 公司　　C. 威盛公司　　D. IDT 公司

4. CPU 的主频由外频与倍频决定，在外频一定的情况下，通过（　　）提高 CPU 的运行速度，称为超频。

A. 外频　　B. 速度　　C. 主频　　D. 缓存

5. CPU 的接口种类很多，现在大多数 CPU 的接口为（　　）接口。

A. 针脚式　　B. 引脚式　　C. 卡式　　D. 触点式

二、填空题

1. CPU 的主频=________×________。

2. 目前 CPU 的接口主要有________和________两大类。

3. CPU 采用的扩展指令集有 Intel 公司的________、________和 AMD 公司的________等几种。

4. 按照 CPU 处理信息的字长，可以把它分为________、________、________、________及________微处理器。

5. 在 CPU 中，用来暂时存放数据、指令等各种信息的部件是________。

6．CPU 的主要性能指标有________、________、________等（列举其中三个）。

7．给 CPU 加上散热片和风扇的主要目的是________。

三、简答题

1．什么是 CPU 的主频和外频？它们之间的关系如何？

2．什么是前端总线频率（FSB）？它与外频有何联系？

3．CPU 中的高速缓存有什么作用？

4．CPU 的主要性能指标有哪些？

5．什么是 CPU 双核心技术？它与超线程技术有何不同？

6．Core i7 四核心 CPU 与 Core 2 Quad 四核心 CPU 有何不同？

7．选购 CPU 时应注意哪些事项？

四、实训题

1．到市场上或上网了解当前台式计算机所用的主流 CPU 的型号、价格等情况。

2．到市场上或上网了解当前笔记本电脑所用的主流 CPU 的型号、价格等情况。

3．观察并熟悉 Intel 公司、AMD 公司所生产的各型号 CPU 的结构（包括 Socket 架构和 Slot 架构）、标志、品牌、型号、外形及防错接特征。

4．到市场上或上网了解当前国产处理器的型号、性能等情况，

任务4 认识和选购内存

知识目标

- 了解内存的分类；
- 熟悉内存的主要性能指标；
- 熟悉 DDR3/4 内存参数；

技能目标

- 能识别 DDR2/3/4 内存的编号；
- 能选购合适的内存；
- 能够使用测试软件对内存进行测试。

4.1 任务描述

内存储器（简称内存）是 CPU 可直接进行访问的存储器。内存作为计算机硬件的必要组成部分之一，其地位越来越重要，其容量与性能也已成为衡量计算机整体性能的一个决定性因素。微型计算机的内存由于采用大规模及超大规模集成电路工艺制造，所以具有密度大、体积小、重量轻、存取速度快等特点。

内存是计算机的核心部件之一，内存的质量决定了计算机能否充分发挥其工作性能，能否稳定地工作。那么，如何认识和选购合适的内存呢？

4.2 相关知识

4.2.1 存储器概述

计算机的工作过程就是在程序的控制下对数据信息进行加工处理的过程，因此，计算机中必须有存放程序和数据的元器件，这个元器件就是人们所说的存储器，它是计算机的重要组成部分。

1．计算机存储结构

根据存储器的存储容量、存取速度和存储成本等指标，计算机通常采用多级存储结构，如图 4.1 所示。

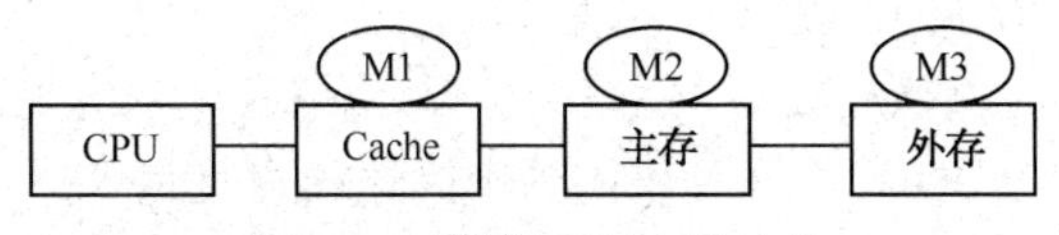

图 4.1 计算机多级存储结构

从图 4.1 中可以看出，计算机的存储采用三级结构，离 CPU 最近的采用 Cache 存储器，第二级采用动态随机存储器，第三级采用外存储器。

三级存储结构能有效地解决存储容量、存储成本和存储速度之间的矛盾，三者之间的关系如图 4.2 所示。

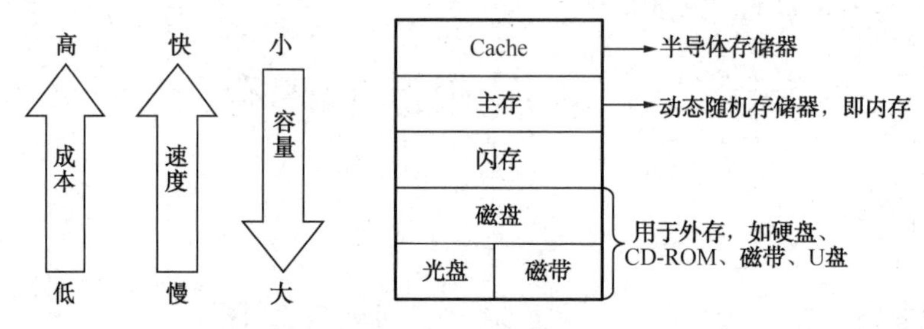

图 4.2　存储器分类及其相互关系

从图 4.2 中可以看出，磁盘、磁带、光盘和闪存的容量大、成本低，但存取速度慢，主要用于外存，又称辅助存储器。常见外存有硬盘、CD-ROM、磁带和 U 盘（属于半导体存储器）等，能长期保存信息，并且不依赖外来供电维持信息的保存状态。Cache 存储器属于半导体存储器，存取速度快，但容量相对较小，价格贵。主存采用动态随机存储器，其存取速度比 Cache 慢，但比外存储器快，俗称内存。内存储器由半导体芯片组成，依赖外来供电维持信息的保存状态。

2. 半导体存储器分类

半导体存储器是利用半导体作为存储单元的存储器，分为 ROM（Read Only Memory，只读存储器）和 RAM（Random Access Memory，随机存取存储器），而 RAM 又分为 DRAM（Dynamic RAM，动态随机存取存储器）和 SRAM（Static RAM，静态随机存取存储器）。其中，SRAM 主要用于 Cache，DRAM 主要用于主存，而 ROM 用于非频繁存取的场所。

4.2.2　内存的分类

内存通常被叫作 RAM，在计算机系统中具有非常重要的作用，是 CPU 与硬盘之间数据交换的桥梁，是数据传输过程中的一个寄存纽带。内存的主要功能是存放数据、执行指令及结果，并根据需要写入或读出数据。

1. 按内存的工作原理分类

内存泛指计算机系统中存放数据和指令的半导体存储单元，包括 RAM、ROM 和 Cache 等。因为 RAM（随机存储器）是其中最主要的存储器，整个计算机系统的存储容量主要由它的容量决定，所以人们习惯将 RAM 直接称为内存，而后两种则仍称为 ROM 和 Cache。

RAM 以内存条的形式插在主板上，内存条上焊有不同类型的内存芯片。根据其制造原理不同，内存分为静态和动态两种。

（1）静态 RAM（SRAM）。SRAM 存储单元的基本结构是一个双稳态电路，由于读、写的转换被写电路控制，所以只要写电路不工作，电路有电，开关就保持现状，不需要刷新，因此 SRAM 又叫静态 RAM。计算机的外部高速缓存就是 SRAM。

（2）动态 RAM（DRAM）。DRAM 就是通常所说的内存，它是针对静态 RAM 来说的。SRAM 中存储的数据，只要不断电就不会丢失，也不需要进行刷新；而 DRAM 中存储的数据是需要不断地进行刷新的。所谓刷新，就是给 DRAM 的存储单元充电。在存储单元刷新的过程中，程序不能访问它们，在本次访问后，下次访问前，存储单元又必须进行刷新。

另外，内存还被应用于显卡、声卡及 CMOS 等设备中，用于充当设备缓存或保存固定的程序及数据。

2. 按内存的技术标准分类

根据内存条的不同技术标准（如数据传输率、存取时间、潜伏期、制造技术、操作程序等），DRAM 内存从最早的 FPM、EDO、SDRAM、DDR、DDR2、DDR3、DDR4 发展到今天的 DDR5。目前市场上流通的为 DDR3、DDR4 和 DDR5 内存。

（1）DDR3 SDRAM 内存条。第三代双倍数据率同步动态随机存取内存。DDR3 内存条引脚数 240、工作电压为 1.5V、内存主频 1066MHz～2800MHz。常见的容量有 2GB、4GB、8GB 等。三通道内存技术始于 DDR3，内存带宽得到了巨大的提升。

（2）DDR4 SDRAM 内存。第四代双倍数据率同步动态随机存取内存。DDR4 内存条外观变化明显，其金手指并非平直到底，而是中间略凸，两边微有弯曲。DDR4 针脚数 288，工作电压为 1.2V，内存主频 2133MHz～32000MHz；DDR4 内存采取 16bit 预取机制，单块 DRAM 密度（Gbit）为 2Gb、4Gb、8Gb、16Gb，DDR4 内存单条容量最大可以达到 128GB。如图 4.3 所示。

图 4.3　DDR4 SDRAM 内存条

（3）DDR5 SDRAM 内存。第五代双倍数据率同步动态随机存取内存，DDR5 于 2021 年上市。DDR5 内存条针脚数 288（和 DDR4 针脚数相同，但相互不兼容）。DDR5 内存频率从 4800MHz～6400MHz，工作电压 1.1V，DDR5 模块采用板载电源管理集成电路（PMIC），单块 DRAM 密度（Gbit）为 8Gb、16Gb、24Gb、32Gb、48Gb、64Gb，DDR5 内存单条容量最大可以达到 256GB。如图 4.4 为 DDR5 内存条。

图 4.4　DDR5 SDRAM 内存条

DDR3、DDR4 和 DDR5 内存区别

4.2.3 内存的单位和主要性能指标

1. 内存的单位

存储器是具有“记忆”功能的设备，它用具有两种稳定状态的物理器件来表示二进制

数码“0”和“1”，这种器件称为记忆元件或记忆单元。记忆元件可以是磁芯、半导体触发器、MOS 电路或电容器等。

（1）位（bit），二进制数的最基本单位，也是存储器存储信息的最小单位，如十进制数的 11 在计算机中就用 1011 来表示，1011 中的一个 0 或 1 就是一个位。

（2）字节（Byte）。8 位二进制数称为一个字节（B），内存容量就是指具有多少字节，字节是计算机中最常用的单位。1B=8bit。

（3）内存的单位换算。常用的内存单位及其换算如下。

千字节（KB，Kilo Byte）：1KB=1024B。

兆字节（MB，Mega Byte）：1MB=1024KB。

吉字节（GB，Giga Byte）：1GB=1024MB。

太字节（TB，Tera Byte）：1TB=1024GB。

2. 内存的主要性能指标

（1）容量。容量是选购内存时优先考虑的性能指标，通常以 GB 为单位，单条内存容量越大越好。目前，市场上主流的内存容量分为单条（容量为 4GB、8GB、16GB、32GB）和套装（容量为 2×4GB、2×8GB、4×2GB、4×4GB、4×8GB、4×16GB）两种。

主板上通常都至少提供两个内存插槽，因此，如果同时在计算机中安装多条内存，计算机中内存的总容量是所有内存容量之和。

（2）时钟频率（f）和时钟周期（T_{ck}）。时钟频率代表了 DRAM 能稳定运行的最大频率，也就是通常所说的内存主频。内存时钟频率是以 MHz 为单位来计量的。频率越高在一定程度上代表着内存所能达到的传输速度越快。内存的时钟周期由时钟频率决定，$T_{ck}=1/f$，例如，对于外频为 100MHz 的系统来说，一个系统时钟周期为 10ns。

DDR3 内存的工作频率为 1333MHz～2800MHz。DDR4 内存的工作频率为 1600MHz～3200MHz。DDR5 内存的工作 4800MHz～6400MHz。

（3）数据宽度和带宽。内存的数据宽度是指内存同时传输数据的位数，以 bit 为单位。内存带宽是指内存的数据传输速率，是指单位时间内通过内存的数据量，通常以 GB/s 表示。计算内存带宽的公式为：

内存最大带宽（MB/s）=［最大时钟频率（MHz）×每个时钟周期内交换的数据包个数×总线宽度（bit）］/8。

如果是 DDR2 内存，则为 4；如果是 DDR3 内存，则为 8；如果是 DDR4 内存，则为 16；如果是 DDR5 内存，则为 32；再除以 8，是将位换算成字节。

在选购时要注意内存的总线频率要与 CPU 的前端总线频率相匹配。

（4）延迟。延迟也称存取时间，是指从 CPU 发出指令要在内存中存取数据，到从内存中取到数据并传到 CPU 之中，是需要一段时间的，这就是内存的延迟时间。延迟是内存的重要性能指标。

（5）工作电压。内存能稳定工作时的电压叫作工作电压，必须对内存不间断地进行供电，才能保证其正常工作。DDR 均采用 2.5V 工作电压，DDR2 采用 1.8V 工作电压，DDR3 采用 1.5V 工作电压，DDR4 采用 1.2V 工作电压，DDR5 采用 1.1V 工作电压。

（6）内存的“线”数。内存的“线”数是指内存条与主板插接时的接触点数，这些接触点就是“金手指”。目前，DDR2/3 采用 240 线、DDR4 采用 288 线。

（7）多通道。多通道技术目前包括双通道、三通道、四通道和六通道，可以看作双通道内存技术的后续技术发展。

4.2.4 常见的 DDR3/4/5 SDRAM 内存标志

各种内存都有各自的编号，在内存芯片上的编号提供了内存关键参数的相关信息，主要包括以下几种。

（1）芯片的容量。也称芯片的密度，当我们见到一个内存模组，在不知道容量的时候，可以通过芯片的容量来计算出模组的容量，计算方式就是用芯片的数量乘以芯片的容量。单位是 bit 或 b，除以 8 就可以换算为字节的容量。

（2）芯片的位宽。可以说是芯片的结构，知道了芯片的位宽后，乘以芯片的数量就可以得出内存模组的总位宽，并以此能判断模组的物理 Bank 数量。如 8 颗 8bit 的芯片组成的模组，就是单物理 Bank 模组；如果是 16 颗 8bit 芯片，就是双物理 Bank。对于内存子系统而言，增加一个物理 Bank，就会增加可供管理的页面数量，有利于提高内存管理效率。

（3）芯片的逻辑 Bank 数量。逻辑 Bank 数量可以帮助用户判断页面数量，进而设置相应的交错策略。

（4）芯片的工作速度。这是最重要的信息，有的厂商还附带规定了相关的 CL、tRCD、tRP 时序参数，这无疑对我们了解芯片的能力是非常有用的，它可以免除我们查看 SPD 中的时序信息的麻烦。（理论上，SPD 中的时序信息要与所使用的内存芯片的参数相一致。）

除此之外，还会有封装类型、刷新设置、接口、电压等方面的信息。下面就来介绍一下常见的内存厂商的产品及其标志的意义。

虽然内存条的品牌较多，如 Kingston（金士顿）、Leadram（超胜）、Samsung（三星）、Apacer（宇瞻）、Kingmax（胜创）等。但内存芯片的制造商只有几家，所以许多不同品牌的内存条上焊接着相同型号的内存芯片，常见的内存芯片制造商有：韩国三星（Samsung）、美国美光（Micron）、海力士（Hynix）、南亚（Nanya）、合肥长鑫等。

（1）三星内存芯片。目前使用三星的内存芯片来生产内存条的厂商非常多，在市场上有很高的占有率。三星公司半导体网站为 https://www.samsung.com/semiconductor/cn/。三星 DDR4 内存编码规则为 K 4 A XX XX X X X - X X XX，各字段含义如表 4.1 所示。

表 4.1 三星 DDR4 内存编码规则

字　段	含　义	
第一字段（第 1 位）	芯片品牌	K：三星内存芯片
第二字段（第 2 位）	芯片类型	4：DRAM
第三字段（第 3 位）	芯片类型（DRAM Type）	A：DDR4 SDRAM
第四字段（第 4、5 位）	容量（Density）	4G：4Gb；8G：8Gb；AG：16Gb；BG：32Gb
第五字段（第 6、7 位）	芯片结构（位宽）（Bit Organization）	04：×4；08：×8；16：×16
第六字段（第 8 位）	逻辑 Bank 数量（#of Internal Banks）	5：16Banks

续表

字 段	含 义	
第七字段（第 9 位）	接口类型与电压（Interface）	6：SSTL（1.5V、1.5V）；W：POD（1.2V，1.2V）
第八字段（第 10 位）	内存芯片的修正版本（Revision）	M、A、B、C、D、E、F、G 分别代表第 1、2、3、4、5、6、7、8 版
第九字段（第 11 位）	内存芯片的封装方式（Package Type）	B：FBGA（Flip chip）；M：FBGA（DDP）；2：FBGA（2H HSV）；3：FBGA（2H 3DS）；4：FBGA（4H TSV）；5：FBGA（4H 3DS）
第十字段（第 12 位）	工作温度与能耗（Temp &Power）	C：商业温度（0℃～85℃）和正常能耗；I：工业温度（-40℃～95℃）和正常能耗
第十一字段（第 13、14 位）	内存芯片的速度标志（Speed）	PB：DDR4-2133（1066MHz@cl=15，TRCD=15，tRP=15）；RC：DDR4-2400（1200MHz@cl=17，TRCD=17，tRP=17）；TD：DDR4-2666（1333MHz@cl=19，TRCD=19，tRP=19）；RB：DDR4-2133（1066MHz@cl=17，TRCD=15，tRP=15）；TC：DDR4-2400（1200MHz@cl=19，TRCD=17，tRP=17）；WD：DDR4-2666（1333MHz@cl=22，TRCD=19，tRP=19）VF：DDR4-2933（1466MHz@cl=21，TRCD=21，tRP=21）；WE：DDR4-3200（1600MHz@cl=22，TRCD=22，tRP=22）；YF：DDR4-2933（1466MHz@cl=24，TRCD=21，tRP=21）；AE：DDR4-3200（1600MHz@cl=26，TRCD=22，tRP=22）

（2）Nanya（南亚科技）内存编号。Nanya 内存编号将 DDR SDRAM 与 DDR2/3/4 SDRAM 统一起来，比较简明。在芯片结构方面，规则与美光的一样，也没有逻辑 Bank 数量的编码。

Nanya（南亚科技）内存编号格式为 NT 5C B 64M 16 A O-DI I，各字段含义如表 4.2 所示。

表 4.2 南亚科技 DDR3/4/5 内存编码规则

字 段	含 义	
第一字段(第 1-2 位)	芯片品牌	NT：南亚科技（Nanya Technology）
第二字段(第 3-4 位)	内存类型（Product Family）	5T：DDR2 SDRAM；5C：DDR3 SDRAM；5A：DDR4 SDRAM；5F：DDR5 SDRAM
第三字段（第 5 位）	接口类型与电压（Interface & Power）	M：LVTTL（1.8V、1.8V）；U：SSTL-18（1.8V、1.8V）；B：SSTL-15（1.5V、1.5V）；A：SSTL-18（2.0V、2.0V）；C：SSTL-135（1.35V、1.35V）；D：POD-12（1.2V、1.2V）；E：POD-135（1.35V、1.35V）；F：POD-11（1.1V、1.1）
第四字段（第 6～11 位）	内存颗粒容量（深度（Depth），位宽（Width））	256Mb：16M16=32M8=64M4；512Mb：32M16=64M8=128M4；1Gb：64M16= 128M8=256M4；2Gb：128M16=256M8=512M4；4Gb：256M16= 512M8=1024M4；8Gb：512M16=1024M8=2048M4；16Gb=1024M16=2048M8

续表

字 段	含 义	
第五字段（第 12 位）	内存芯片的修正版本（Device Version）	A：1 version；B：2 version；C：3 version； D：4 version；E：5 version
第六字段（第 13 位）	内存芯片的封装材料（Package Code）	DDR3：N= 78-Ball BGA；P=96-Ball BGA； Q=78-Ball TFBGA；R=96-Ball TFBGA； DDR4：1=78-Ball BGA；2=96-Ball BGA； 3=78-Ball TFBGA；4=96-Ball TFBGA； DDR5：5=78-Ball TFBGA；6=102-Ball TFBGA
第七字段（第 14～15 位）	速度（Speed）	DDR3: …DH=1600-10- 10-10；DI=1600-11-11-11； EK=1866-13- 13-13 ； FL ： DDR3-2133-14-14-14；… DDR4: FMX=2133-15- 15-15；GZ=2400-17-17-17； HR=2666-19- 19-19； IX=2933-20-20-20； JR=3200-22- 22-22；… DDR5: N2=4800-40-40-40；N3=4800-42-42-42…
第八字段（第 16 位）	等级（Grade）	N/A=商业级；I=工业级-40～95C；T=准工业级 -40～95C； A=汽车级 3 -40～95C；H=汽车级 2-40～105C

其他品牌如 Micron、Hynix、Mosel Vitelic、Infineon 的内存编号也各不相同，限于篇幅，在这里不再详细介绍，请参看各公司网站。

4.2.5　笔记本电脑内存

由于笔记本电脑整合性高，设计精密，对于内存的要求也比较高，必须符合小巧的特点，需采用优质的元件和先进的工艺。笔记本电脑内存拥有体积小、容量大、速度快、耗电低、散热好等特性。出于追求体积小巧的考虑，大部分笔记本电脑最多只有两个内存插槽。

目前，笔记本电脑市场主流是 DDR3、DDR4 和 DDR5，大多采用 260 线的 DIMM 插槽。如图 4.5 所示为威刚科技 16GB DDR4 2400 笔记本电脑内存。

图 4.5　威刚科技 16GB DDR4 2400 笔记本电脑内存

如何选购内存条

4.3 任务实施：选购内存条

内存作为计算机的三大部件之一，一直是人们关注的焦点。从一定程度上讲，计算机的性能瓶颈并不在于CPU或者其他部件，而在于内存的容量与速率。随着半导体技术集成工艺的发展，各种内存新技术层出不穷，内存条的容量越来越大，速率越来越快，而价格越来越低。面对种类繁多、质量不等的内存条，选购时应注意以下几个方面。

1．其他硬件的支持

由于不同的主板所采用的芯片组不同，因此，不同的主板所支持的内存类型与内存的最大容量不同。除此之外，主板支持的最大内存容量还受主板上内存插槽数量的限制。另外，CPU的支持对内存也很重要，如在组建多通道内存时，一定要选择支持多通道技术的主板和CPU。因此，在选购内存之前，首先应考虑主板、CPU等其他硬件的支持。

2．确定内存的容量

选择内存的容量要留有足够的余地，如果内存容量太小，会降低系统的运行速率。就目前的软件使用情况看，内存一般应该配置在8GB以上。如果要运行规模大的图形软件，可以使用16GB，甚至32GB的内存。对于支持双通道内存的主板要配两个内存条。另外，为便于以后扩充内存，尽量使用单条容量大的内存。

3．注重内存的品牌

最好选择比较熟悉、口碑好的内存品牌。2021年市场上主要内存品牌有金士顿（Kingston）、芝奇（G.SKILL）、威刚（A-DATA）、美商海盗船（Corsair）、宇瞻（Apacer）、英睿达（Crucial）、影驰（GALAXY）、十铨TEAM、金邦科技（GEIL）、海力士（Hynix）、金泰克（tigo）、骇客（HyperX）、创见（Transcend）、胜创（Kingmax）、记忆（Ramaxel）等。这些内存产品的工艺略有不同，因此在性能上多少有些差异。

4．其他方面

确定内存条的类型、容量和品牌后，在购买内存条时还要注意以下几点。

（1）注意内存条做工。正品芯片的表面一般都很有质感，要么有光泽或荧光感，要么是亚光的。而Remark（打磨）的内存条，需要打磨或腐蚀芯片表现，一般都会在芯片的外观表现出来。如果芯片表面色泽不纯，甚至比较粗糙、发毛，这个芯片的表面就一定受到了磨损。

（2）仔细观察电路板。PCB做工要求板面光洁，布线清晰明了；元器件焊接整齐划一，绝对不允许有错位；焊点有光泽、均匀、饱满；金手指光亮，不能有发白或发黑的现象；电路板上应该印有厂商的标志；电路板边缘整齐而无毛边。常见的劣质内存条经常芯片上的标志模糊或混乱，电路板粗糙，金手指色泽晦暗，电容歪歪扭扭，焊点不整齐。

（3）注意售后服务。要注意询问商家一些必需的问题，例如产品的品质、使用时的注意事项、售后服务事项，特别是质保期限。许多名牌内存都为用户提供一年包换、三年保修的售后服务。

（4）网上验证真伪。根据产品标签，到公司网站进行验证。

4.4 技能训练

4.4.1 识别内存

1. 实训目的

通过本次练习，使学生能够正确识别市场上的主流内存。

2. 实训准备

准备不同品牌的内存让学生识别等。

3. 实训任务

通过太平洋电脑（https://pcedu.pconline.com.cn）、中关村在线（http://www.zol.com.cn/）或走访 IT 市场并利用内存测试软件，了解不同档次、不同品牌的内存的技术指标。在表 4.3 中列出了不同档次的部分典型产品代表。

表 4.3　不同品牌的内存

品　　牌	型　　号
金士顿	DDR5 金士顿 KF552C40BBK2-32 DDR5 金士顿 KF560C40BBK2-32 DDR4 金士顿（Kingston）FURY 16GB　KF436C17BBK2/16 DDR4 金士顿 KVR26N19D8/16 DDR4 金士顿 KVR26N19S8/8
威刚	威刚 XPG Z1 DDR4 2400 16GB 套（8GB×2） 威刚 XPG DDR4 3200 8GB 威刚 万紫千红 DDR4 2400 16GB

4. 实训步骤

通过网络、走访 IT 市场并使用内存，在表 4.4 中填入以上各款内存的技术规格。

表 4.4　各款内存的技术规格

姓名		班级		学号	
型号					
主要参数					
适用类型					
内存类型					
内存主频					
内存总容量					
内存容量描述					
芯片分布					
针脚数目					

续表

性能参数	
颗粒封装	
延迟描述	
内存电压	
ECC 校验	

4.4.2 测试内存

1．实训目的

通过本次练习，使学生能够掌握使用 MemTest 软件对内存进行测试。

2．实训准备

（1）一台运行正常的计算机。

（2）MemTest 软件。

3．实训任务

使用 MemTest 软件对内存进行测试。

4．实训步骤

步骤 1：搭建测试硬件平台。

步骤 2：搭建测试软件平台。

步骤 3：安装并运行 MemTest 软件。

步骤 4：逐一尝试使用 MemTest 软件测试内存的各项性能指标。

习　　题

一、选择题

1．ROM 的含义是（　　）。

A．软盘驱动器　B．随机存储器　C．硬盘驱动器具　D．只读存储器

2．下列存储器中，属于高速缓存的是（　　）。

A．EPROM　B．Cache　C．DRAM　D．CD-ROM

3．计算机的内存用来存放（　　）。

A．当前正在运行的程序和所需的数据　B．暂时需要读出的程序和数据

C．目前不需要的程序和数据　D．暂时需要写入的程序和数据

4．属于静态存储器的是（　　）。

A．SDRAM　B．DRAM　C．EPROM　D．SRAM

5．存储器的容量一般用字节来表示，1MB 的含义是（　　）。

A．1000 K 字节　B．1024 K 字节　C．1000 个汉字　D．1024 个汉字

6．下列对 ROM 和 RAM 的论述正确的是（　　）。

A．计算机对 ROM 既能读也能写　B．RAM 中所存的内容会因为断电而丢失

C．ROM 的存取速度比 RAM 快　　　　D．RAM 可以存放永久性的系统程序

二、填空题

1．内存针脚数必须与主板上内存插槽口的针数相匹配，一般槽口有________针、________针和________针三种。

2．RAM 一般又可分为两大类型：________和________。

3．内存的数据带宽的计算公式是：数据带宽=________×________。

4．内存的工作频率表示的是内存的传输数据的频率，一般使用________为计量单位。

三、简答题

1．在计算机中内存的主要作用是什么？

2．内存的主要技术指标有哪些？

3．在内存条上的 SPD 芯片有什么作用？什么是 CL 参数？

4．目前常用的内存条接口有哪些类型？

5．试比较 SDRAM、DDR SDRAM、RDRAM 三种内存条的特点？

6．选购内存时应注意哪些事项？

四、实训题

1．目前市场上流行哪几种类型的内存条？其单条容量、工作速度、特点和价格等如何？

2．比较 DDR、DDR2、DDR3、DDR4 和 DDR5 有何区别。

任务5 认识与选购硬盘驱动器

知识目标

- 了解硬盘驱动器的分类；
- 熟悉硬盘的结构；
- 理解硬盘的工作原理；
- 熟悉硬盘的性能指标；
- 熟悉主流硬盘的品牌及型号。

技能目标

- 能够通过硬盘的编号识别硬盘性能指标；
- 能够选购合适的硬盘。

5.1 任务描述

硬盘驱动器，简称硬盘（Hard Disk Drive，HDD），是微型计算机中最重要的外部存储器，具有存储容量大、数据传输速度较快和安全系数高等优点。计算机运行所必需的操作系统、应用程序与大量的数据等都可保存在硬盘中。

硬盘是计算机的主要存储设备，硬盘的质量直接决定了计算机工作的稳定性及计算机中数据的安全性。那么，如何选购合适的硬盘呢？

5.2 相关知识

硬盘作为主要的外部存储设备，随着其设计技术的不断更新，不断朝着容量更大、体积更小、速度更快、性能更可靠、价格更便宜的方向发展。目前市场上的台式机硬盘几乎都是3.5英寸，如图5.1所示为一款希捷Barracuda 3TB硬盘的外观。

图5.1　硬盘的外观结构

5.2.1 硬盘驱动器的分类

1. 按物理尺寸分类

硬盘可分为主要用在台式机和服务器上的 3.5 英寸型和 5.25 英寸型（已经被淘汰），主要用于笔记本电脑的 2.5 英寸型，面向迷你笔记本电脑和便携音乐播放机的 1.8 英寸型等四类，如图 5.2 所示。

（a）3.5 英寸

（b）2.5 英寸

（c）1.8 英寸

图 5.2 各种常见尺寸的硬盘

2. 按接口类型分类

目前，市面上流行的硬盘，其接口类型大致可分为 PATA（IDE）、SCSI 和 SATA 三种。

（1）PATA 接口。PATA 的全称是 Paralle ATA，即并行 ATA 硬盘接口规范，曾经是市面上最常用的硬盘接口规范，即通常所说的 Ultra ATA/133，使用 80 线数据电缆，数据传输速率达到 133MB/s。目前已经被 SATA 接口取代。

（2）SCSI 接口。SCSI（Small Computer System Interface，小型计算机系统接口）接口被广泛应用在硬盘、光驱、ZIP、MO、磁带机、光盘刻录机设备上，在家用计算机上使用较少，主要用在网络服务器、工作站和高档计算机上。如图 5.3 所示是一款 SCSI 接口的硬盘。

（3）SATA（串行 ATA，全称 Serial ATA）接口。2000 年 Intel 公司发布 SATA 接口技术，现在 SATA 硬盘已经取代了传统的 PATA 硬盘，成为市场的主流，如图 5.4 所示。

图 5.3 SCSI 接口的硬盘

图 5.4 SATA 接口的硬盘

SATA 接口采用串行数据传输方式，具有数据传输可靠、结构简单、支持热插拔等优点。目前在 SATA 标准中只需要 4 线电缆就可完成所有工作（第 1 针供电，第 2 针接地，第 3 针数据发送端，第 4 针数据接收端），极大地减少了接口的针脚，并减少了机箱内占用的空间，十分有利于计算机的散热，并且 SATA 采用低电压设计，有效地降低了功耗。这种接口，采用点对点传输协议，故没有主从之分，并且每个驱动器独享数据带宽，也不再受限于单通道只能连接两块硬盘。

目前，主要使用的 SATA 接口包含 2.0 和 3.0 两种标准接口：SATA 2.0 标准接口的数据传输速率可达到 300MB/s，SATA 3.0 标准接口可达到 600MB/s。

3．按存储技术分类

传统的硬盘采用 IBM 的温彻斯特（Winchester）技术；而新型的硬盘采用半导体存储技术，即固态硬盘（Solid-State Disk，SSD）。三星电子、TDK、Sandisk、PQI、A-data 等公司通过 Flash 芯片制造了 32GB、64GB、128GB、256GB、512GB、1TB、2TB 等容量，采用 IDE、SATA 接口的固态硬盘，这类产品主要用在笔记本电脑、平板电脑等设备中。随着固态硬盘价格的降低，台式机和服务器也可以配备固态硬盘。固态硬盘的外观如图 5.5 所示。

5.2.2 传统硬盘介绍

1．传统硬盘的结构

硬盘的零部件不多，机械部分有盘片、磁头（臂）、马达、基座和外壳；电路部分由主控芯片、缓存芯片和马达控制芯片等组成。

（1）硬盘的外部结构。目前，市场上主要硬盘产品的内部盘片直径有 3.5 英寸、2.5 英寸、1.8 英寸（后两种常用于笔记本电脑及部分袖珍精密仪器中，3.5 英寸硬盘常用于台式机）。常用的 3.5 英寸硬盘正面都贴有硬盘的标签，标签上一般都标注着与硬盘相关的信息，如产品型号、产地、出厂日期、产品序列号等。在硬盘的一端有电源接口插座和数据线接口插座，而硬盘的背面则是控制电路板等。如图 5.6 所示为一款 3.5 英寸硬盘正面和背面的外部结构，主要由电源接口、数据接口和控制电路板等构成。

① 电源接口。电源接口与主机电源相连，为硬盘工作提供电力保证。SATA 硬盘使用 15 插针接口。

图 5.5 固态硬盘

图 5.6 硬盘的外部结构

② 数据接口。数据接口是硬盘数据和主板控制器之间进行数据传输交换的纽带，使用时用一根数据电缆将其与主板硬盘接口相连接。

③ 控制电路板。一般裸露在硬盘下表面，以利于散热。

④ 固定盖板。硬盘的外壳与底板结合成一个密封的整体，正面的外壳保证了硬盘盘片和结构的稳定运行。在固定面板上贴有产品标签，上面印着产品型号、产品序列号、产地、生产日期等信息。

（2）硬盘的内部结构。硬盘的内部结构比较复杂，主要有主轴电机、盘片、磁头和传动臂等部件组成。在硬盘中通常将磁性物质附着在盘片上，并将盘片安装在主轴电机上。当硬盘开始工作时，主轴电机将带动盘片一起转动，在盘片表面的磁头将在电路和传动臂的控制下进行移动，并将指定位置的数据读取出来，或将数据存储到指定的位置。

小提示：硬盘盘片的上、下各有一个磁头，磁头与盘片有极其微小的间距。如果磁头碰到了高速旋转的盘片，会破坏盘片中存储的数据，磁头也会损坏。

2．传统硬盘的性能参数

硬盘的性能参数，或称性能指标，决定了整块硬盘所具备的功能及性能的高低。在选购硬盘的过程中，需对这些性能参数有所了解。

（1）容量（Volume）。作为计算机系统的数据存储器，容量是硬盘最主要的参数，容量越大越好。硬盘的容量以 MB、GB、TB 为单位，1GB=1024MB，但硬盘厂商在标称硬盘容量时通常取 1GB=1000MB，因此，在 BIOS 中或在格式化硬盘时看到的容量会比厂商的标称值小。

（2）转速（Rotational speed 或 Spindle speed）是指硬盘盘片每分钟转动的圈数，单位为 rpm，有时也用 r/min 表示。转速是决定硬盘内部数据传输速率的决定性因素之一，同时，也是区别硬盘档次的主要标志。目前，市场上 SATA 硬盘的主轴转速为 5400～10000rpm，主流硬盘的转速为 7200rpm。

（3）数据传输率（Data Transfer Rate）是指硬盘读写数据的速度，单位为 Mb/s。硬盘数据传输率又包括了内部数据传输率和外部数据传输率。

① 内部数据传输率（Internal Transfer Rate），也称为持续传输率（Sustained Transfer Rate），是指磁介质到硬盘缓存间的最大数据传输率，主要依赖于硬盘的旋转速度。例如，WD2000JB 硬盘的最大内部数据传输率为 71.2Mb/s。

② 外部数据传输率（External Transfer Rate），也称为突发数据传输率（Burst Data Transfer Rate）或接口数据传输率，它标称的是系统总线与硬盘缓冲区之间的数据传输率，与硬盘接口类型和硬盘缓存的大小有关。目前，采用 SATA3.0 接口的硬盘最高传输速率可以达到 6Gb/s。

由于硬盘的内部数据传输率要小于外部数据传输率，所以，内部数据传输率的高低才是衡量硬盘性能的真正标准，如图 5.7 所示。

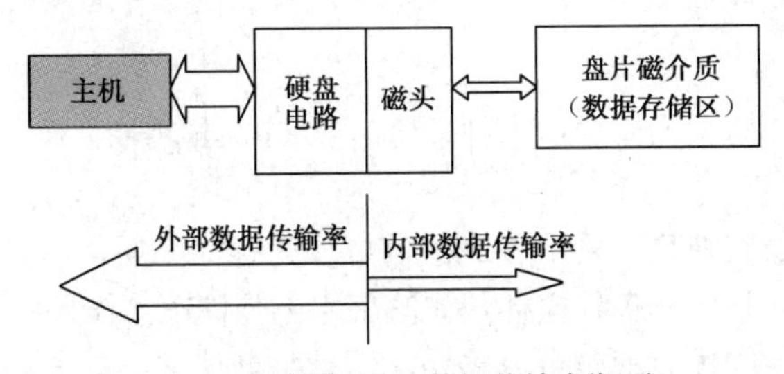

图 5.7　硬盘内/外部数据传输率瓶颈

（4）高速缓存。与主板上的高速缓存（Cache）一样，缓存是硬盘与外部总线交换数据的场所，当磁头从硬盘盘片上将磁记录转化为电信号时，硬盘会临时将数据保存到数据缓存内，当数据缓存内的暂存数据传输完毕后，硬盘会清空缓存，然后再进行下一次的填充与清空。这个填充、清空和再填充的周期与主机系统总线周期一致。现在硬盘数据缓存一般以 SDRAM 为主。目前，硬盘的高速缓存一般为 16～128MB，主流 SATA 硬盘的数据缓存为 32MB 和 64MB。缓存大的硬盘在存取零散文件时具有很大的优势。

（5）硬盘单碟容量。单碟容量是指硬盘单个盘片的存储容量，由单位记录密度（每平方英寸）决定，通过提高单碟容量，可以缩短寻道时间和等待时间，降低硬盘的成本。单盘容量越大，单位成本越低，平均访问时间也越短。目前，市面上大多数硬盘的单碟容量为 100GB、200GB、250GB、512GB，而更高的容量则已达到了 1TB。

（6）磁头数（Heads）。硬盘的磁头数与硬盘体内的盘片数目有关。由于每个盘片均有 2 个磁面，每面都应有 1 个磁头，因此，磁头数一般为盘片数的 2 倍。每面磁道数与每磁道所含的扇区数与硬盘的种类及容量有关。

（7）柱面。硬盘通常由重叠的一组盘片（盘片最多为 14 片，一般为 1～10 片）构成，每个盘面都被划分为数目相等的磁道，并从外缘以“0”开始编号，具有相同编号的磁道形成一个圆柱，称为硬盘的柱面。硬盘的柱面数与一个盘面上的磁道数是相等的。由于每个盘面都有自己的磁头，因此，盘面数等于总的磁头数。

（8）每磁道扇区数（Sector）。把硬盘的磁道进一步划分为扇区，每个扇区是 512KB。格式化后，硬盘的容量由 3 个参数决定，即硬盘容量=磁头数×柱面数×扇区数×512（KB）。

（9）交错因子。交错因子就是每两个连续逻辑扇区之间所间隔的物理扇区数。交错因子是硬盘低级格式化时，需要给定的一个主要参数，取值范围为 1∶1 到 5∶1，具体数值视硬盘类型而定。交错因子对硬盘的存取速度有很大影响。虽然硬盘的物理扇区在磁道上是连续排列的，但进行格式化后的逻辑扇区却是交叉排列的，也就是说，连续的物理扇区对应不连续的逻辑扇区。

（10）MTBF。MTBF 即连续无故障工作时间，它指硬盘从开始使用到第一次出现故障的最长时间，单位是小时。该指标关系到硬盘的使用寿命，一般硬盘的 MTBF 至少在 30000 小时或 40000 小时。如果按每天工作 10 小时计算，其硬盘寿命可达 8 年之久。

5.2.3 固态硬盘介绍

固态硬盘（Solid State Disk 或 IDE Flash Disk）由控制单元和存储单元（Flash 芯片）组成，简单地说就是用固态电子存储芯片阵列而制成的硬盘。固态硬盘的接口规范和定义、功能及使用方法与普通硬盘相同，在产品外形和尺寸上也与普通硬盘一致。

1．分类

固态硬盘的存储介质分为两种：一种采用闪存（Flash 芯片）作为存储介质，另一种采用 DRAM 作为存储介质。

（1）基于闪存的固态硬盘。采用 Flash 芯片作为存储介质，就是我们通常所说的固态硬盘。它的外观可以被制作成多种模样，如笔记本电脑硬盘、微硬盘、存储卡、U 盘等样式。这种固态硬盘最大的优点就是可以移动，而且数据保护不受电源控制，能适应于各种环境，但是使用年限不高，适合于个人用户使用。

（2）基于 DRAM 的固态硬盘。采用 DRAM 作为存储介质，目前应用范围较窄。这种固态硬盘仿效传统硬盘的设计，可被绝大部分操作系统的文件系统工具进行卷设置和管理，并提供工业标准的 PCI 和 FC 接口用于连接主机或服务器。应用方式可分为 SSD 硬盘和 SSD 硬盘阵列两种。它是一种高性能的存储器，而且使用寿命很长，需要独立电源来保护数据安全。DRAM 固态硬盘属于比较非主流的设备。

2. 基本结构

基于闪存的固态硬盘是固态硬盘的主要类别，其内部构造十分简单，其主体就是一块 PCB 板，而这块 PCB 板上最基本的配件就是主控芯片、缓存芯片和用于存储数据的闪存芯片。

（1）主控芯片。市面上比较常见的固态硬盘主控芯片有 LSI SandForce、Indilinx、JMicron、Marvell、Phison、Goldendisk、Samsung、Intel 等。主控芯片是固态硬盘的大脑，其作用一是合理调配数据在各个闪存芯片上的负荷，二是承担整个数据的中转，连接闪存芯片和外部 SATA 接口。不同的主控芯片之间能力相差非常大，在数据处理能力和算法、对闪存芯片的读取写入控制上会有非常大的不同，会直接导致固态硬盘产品在性能上差距高达数十倍。

（2）缓存芯片。主控芯片旁边是缓存芯片，固态硬盘和传统硬盘一样需要高速的缓存芯片辅助主控芯片进行数据处理。这里需要注意的是，有一些廉价固态硬盘方案为了节省成本，省去了这块缓存芯片，这样对使用时的性能会有一定的影响。

（3）闪存芯片。NAND Flash 闪存芯片根据内部架构又分为 SLC（单层单元）、MLC（多层单元）和 TLC（三层单元）NAND 闪存。闪存颗粒是由多层闪存芯片构成的方形体。闪存芯片颗粒直接影响着固态硬盘的存取速率、使用寿命、生产成本等。

3. 传输协议与接口

了解固态硬盘接口

目前固态硬盘支持两种传输协议：AHCI 协议和 NVMe 协议。

（1）AHCI（Advanced Host Controller Interface）协议。全称为串行 ATA 高级主控接口/高级主机控制器接口，是在 Intel 的指导下，由多家公司联合研发的接口标准，它允许存储驱动程序启用高级串行 ATA 功能。

目前常见的使用该协议的接口有 SATA 接口、mSATA 接口、M.2 接口。

① SATA 接口。从 2001 年推出 SATA 1.0 直到 SATA3.0 接口。目前 SATA 接口包含 2.0 和 3.0 两种接口标准，大多用于代替机械硬盘，台式机和笔记本电脑升级主要用到这类接口。

② mSATA 接口。mSATA 接口的固态硬盘一般是指超小型的 SSD 模块，不同于传统 2.5 英寸的固态硬盘产品。目前 mSATA 接口已经全面被 M.2 接口所取代，如图 5.9 所示。

③ M.2 接口。M.2 接口又称 NGFF 接口，是目前笔记本电脑固态硬盘中使用最多的接口类型，其宽度尺寸仅为 22mm，单面布置 NAND 颗粒的厚度为 2.75mm，双面的厚度为 3.85mm。M.2 接口相对 mSATA 来说体积进一步减小，更加节省空间。相比 SATA3.0 接口，M.2 接口还可以使用 PCIE3.0 来传输数据，传输速率大大提高。

M.2 接口主要有三种标准长度，分别为 42mm、60mm、80mm，目前消费级常见的以 42mm 和 80mm 为主，如图 5.9 所示。

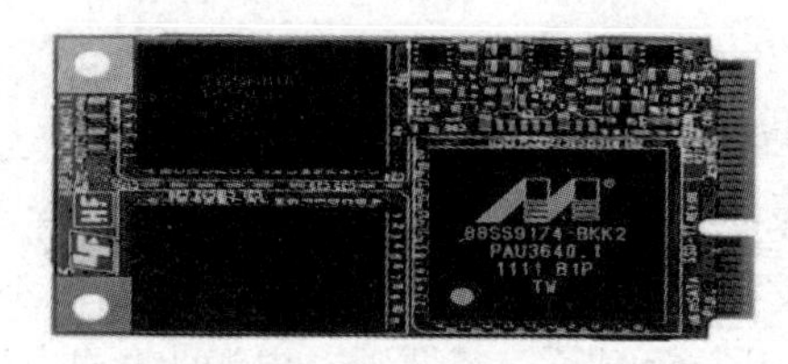

图 5.8　mSATA 接口固态硬盘

图 5.9　M.2 接口固态硬盘

（2）NVMe（Non-Volatile Memory express）协议。NVMe 是一种建立在 M.2 接口上的协议，是专门为闪存类存储设计的。目前常见的使用该协议的接口有 M.2 接口和 PCIE 接口。

① M.2 接口。M.2 接口定制了两种接口类型：Socket 2 和 Socket 3，前者支持 SATA、PCI-E x2 接口的 SSD、WWAN 及其他非存储设备。Socket 3 专为高性能存储设计，可支持 PCI-E x4 接口，体积更小的同时带宽高达 32Gb/s。上面说的 AHCI 协议 M.2 接口均为 Socket 2，而下面我们提到的 NVMe 协议 M.2 接口固态均为 Socket 3 接口。

这个类型的固态硬盘的优点是集聚了 M.2 接口高速、占据空间小和 NVMe 协议低延迟等优势；缺点是价格较高，发热量相对较大。另外，一些老主板或新入门主板没有 M.2 接口，兼容范围相对不如 SATA。

② PCI-E 接口。PCI-E 实际上是通道协议，在物理表现上就是主板上那些 PCI-E 接口，如图 5.10 所示。这些通道协议属于总线协议，能够直接连接 CPU，因而几乎没有延迟，是 NVMe 协议标准的绝佳伴侣。这种接口的固态硬盘堪称性能怪兽，散热好，是高端玩家标配产品；缺点是占据空间大，价格昂贵。

虽然目前固态硬盘接口比较多，不过主流的依然是支持 SATA3.0 和 M.2 两种接口的固态硬盘，前者价格便宜，并且基本兼容所有新老平台计算机，缺点是速度已经达到 SATA 接口速度的上限；而 M.2 接口目前主要有两种协议，速度最快的是 NVMe 协议 M.2 固态硬盘，具有体积小、速度快等特点，是今后比较看好的固态硬盘接口类型。

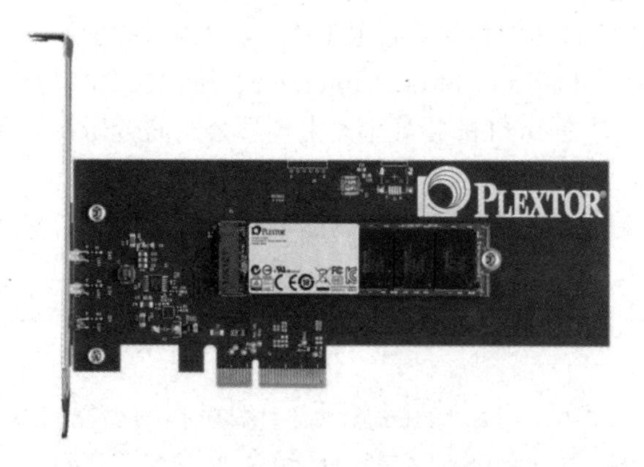

图 5.10　PCI-E 接口固态硬盘

4．固态硬盘的特性

和传统硬盘相比，固态硬盘具有以下特性。

（1）读写速度快。采用闪存作为存储介质，读取速度相对机械硬盘更快。固态硬盘不用磁头，寻道时间几乎为 0，持续读写速度达到 500MB/s，远远超过机械硬盘的 100MB/s 的速度。

（2）物理特性，低功耗、无噪声、抗震动、低热量、体积小、重量轻、工作温度范围大。固态硬盘没有机械马达和风扇，工作时噪声值为 0 分贝。

（3）容价比低。这里指的是容量和价格的比，相比机械硬盘，固态硬盘的容价比的确低得没话说。如今 1TB 机械硬盘 350 元，而 1TB 固态硬盘一般 650 元甚至更高。

（4）寿命限制。固态硬盘闪存具有擦写次数限制的问题。闪存完全擦写一次叫作 1 次 P/E，因此闪存的寿命就以 P/E 作为单位。34nm 的闪存芯片寿命约为 5000 次 P/E，而 25nm 的寿命约为 3000 次 P/E。

5.2.4 固态混合型硬盘

固态混合型硬盘（SSHD）将 SSD 和 HDD 的优势结合成一种价格合理、性能强劲的混合硬盘。现在 SSHD 可用于台式机，以台式机硬盘的巨大容量获得集成固态硬盘的速度和效力，特性如下：高达 4TB 的大存储容量，固态速度可实现高速、高响应的系统性能，创新使用固态内存交付实惠的性能和容量，NAND 闪存和硬盘技术更好地协作以交付更好的可靠性。目前，市场上固态混合型硬盘的主流品牌有希捷和东芝。

5.2.5 笔记本电脑硬盘

笔记本电脑硬盘是专为像笔记本电脑这样的移动设备而设计的，具有体积小、功耗低、防震等特点。

（1）尺寸。笔记本电脑所使用的硬盘尺寸一般是 2.5 英寸，2.5 英寸硬盘只使用一个或两个磁盘进行工作。

（2）厚度。标准的笔记本电脑硬盘有 7mm、9.5mm、12.5mm、17.5mm 四种厚度。

（3）转速。笔记本电脑硬盘现在最快转速为 10000rpm。

（4）接口类型。目前，在笔记本电脑硬盘中也开始广泛应用 Serial ATA 接口技术，采用该接口仅用 4 只针脚便能完成所有工作。

（5）容量技术。笔记本电脑的硬盘普遍采用了磁阻磁头（MR）技术或扩展磁阻磁头（MRX）技术。

（6）特点。笔记本电脑硬盘和台式机硬盘从产品结构和工作原理看，并没有本质的区别，笔记本电脑硬盘最大的特点就是体积小巧，目前标准产品的直径仅为 2.5 英寸（还有 1.8 英寸甚至更小的），厚度也远低于 3.5 英寸硬盘，一般厚度范围为 8.5～12.5mm，重量在 100 克左右，堪称小巧玲珑。

5.2.6 市场主流硬盘介绍

硬盘市场曾经是“群雄逐鹿”的格局，然而随着迈拓收购了昆腾，希捷又收购了迈拓，IBM 的硬盘业务出售给日立环球，日立环球又被西部数据收购，希捷收购了三星的硬盘业务，硬盘产业的市场格局已然只剩下希捷和西部数据“两雄争霸”。

1. 希捷硬盘

希捷（Seagate）公司是全球硬盘领域最大的生产商，设计和制造市场上最通用、最可靠的高容量硬盘。

（1）桌面硬盘。目前市场上为 PC 和游戏使用的希捷桌面硬盘有 BarraCuda（酷鱼）、BarraCuda Pro 和 FireCuda 固态混合型三个系列。

BarraCuda 系列硬盘外形为 3.5 英寸，容量有 8TB、6TB、4TB、3TB、2TB、1TB、500GB 等，缓存为 16MB、32MB、64MB、128MB、256MB，接口为 SATA3.0，传输速率为 6Gb/s，质保 2 年。

BarraCuda Pro 系列硬盘外形为 3.5 英寸，适用于高性能台式机、创意专业人士台式机等，容量有 14TB、12TB、10T、8TB、6TB、4TB、2TB 等，缓存为 128MB、256MB，接口为 SATA3.0，传输速率为 6Gb/s，质保 5 年。

FireCuda 固态混合型硬盘外形为 3.5 英寸，适用于高性能台式机、创意专业人士台式机、工作站等，容量有 2TB、1TB，接口为 SATA3.0，传输速率为 6Gb/s，质保 5 年。

（2）笔记本电脑硬盘。希捷笔记本电脑硬盘有 BarraCuda 系列（容量有 5TB、4TB、3TB、2TB、1TB、500GB 等，质保 2 年）和 FireCuda 系列（容量有 2TB、1TB、500GB，质保 5 年）的 2.5 英寸硬盘。

（3）固态硬盘（BarraCuda SSD）：用于升级台式机或笔记本电脑，以优化性能、容量和速度，2.5 英寸硬盘，容量有 2TB、1TB、960GB、500GB、250GB 等，接口为 SATA3.0，传输速率为 6Gb/s，质保 5 年。

（4）其他型号硬盘。

- 网络附加存储（NAS）硬盘：3.5 英寸 IronWolf 系列（14TB、12TB、10T、8TB、6TB、4TB、3TB、2TB、1TB 等，接口为 SATA3.0，传输速率为 6Gb/s）和 IronWolf Pro 系列（14TB、12TB、10T、8TB、6TB、4TB、2TB 等，接口为 SATA3.0，传输速率为 6Gb/s）硬盘。
- 监控硬盘：生产智能安全、牢固的硬盘，3.5 英寸 SkyHawk 系列（14TB、12TB、10T、8TB、6TB、4TB、2TB、1TB 等，接口为 SATA3.0，传输速率为 6Gb/s，缓存为 256MB、64MB）和 SkyHawkAI 系列（14TB、12TB、10T、8TB、6TB、4TB 等，接口为 SATA3.0，传输速率为 6Gb/s，缓存为 256MB）硬盘。

有关希捷硬盘的详细介绍可参考希捷官网 https://www.seagate.com/cn/zh/。

2. 西部数据硬盘

西部数据（Western Digital）生产的硬盘分为日常装机存储的蓝盘、高性能游戏设计专用的黑盘、网络附加存储（NAS）的红盘和监控用的紫盘。

（1）台式机硬盘。在台式机市场，西部数据硬盘主要有三个系列。

- WD Blue 系列（蓝版，民用高性价比）：3.5 英寸，容量有 1TB、2TB、3TB、4TB、5TB、6TB 等规格，接口为 SATA，传输速率为 6Gb/s，转速为 7200RPM，缓存为 64MB、128MB、256MB，质保 5 年。
- WD Black：西数黑盘为高端计算提供了最高性能。3.5 英寸，容量有 500GB、1TB、2TB、4TB、6TB 等规格，接口为 SATA3.0，传输速率为 6Gb/s，缓存为 256MB、128MB、64MB，转速为 7200RPM，质保 5 年。
- WD Blue 固态混合硬盘容量 4TB，接口为 SATA 6 Gb/s，尺寸规格 3.5 英寸。

（2）笔记本硬盘。

- WD Blue移动硬盘：专为笔记本电脑和移动应用设计，2.5英寸，容量有320GB、500GB、750GB、1TB、2TB等规格，接口为SATA3.0，传输速率为6Gb/s，缓存为128MB、64MB、16MB、8MB，转速为5400RPM，质保5年。
- WD Black移动硬盘：2.5英寸，容量有250GB、320GB、500GB、1TB等规格，7200 RPM等级转速、高达32MB的高速缓存和SATA 6Gb/s接口于一体，为笔记本电脑提供最高的计算动力，质保5年。

（3）WD Gold企业级存储设备：WD Gold硬盘可针对任何存储环境提供可靠的性能，具有高达550TB/年的工作负载率，是3.5英寸硬盘中最高的。WD Gold硬盘拥有长达250万小时的MTBF，提供超高的可靠性和耐用性，可在苛刻的存储环境中全年（24×365）不间断运行，并享有质保5年作为支持。容量有1TB、2TB、4TB、6TB、8TB、10TB、12TB等规格，接口为SATA3.0，传输速率为6Gb/s，缓存为256MB、128MB等，转速7200RPM。

（4）WD Red NAS硬盘。WD Red NAS硬盘专为1至8个盘位的NAS系统设计，拥有3.5英寸和2.5英寸两种尺寸规格，容量有2TB、3TB、4TB、5TB、6TB、8TB、10TB等规格，接口为SATA 6GB/s，转速为5400RPM，高速缓存为64MB、128MB、256MB，质保3年。

（5）WD Purple：西数紫盘专为温度很高的24/7监控系统的极端要求设计，如使用可多达64个高清摄像头的个人、家庭办公环境或小型企业监控系统。3.5英寸，容量有6TB、8TB、10TB、12TB等，接口为SATA 6GB/s，转速为5400RPM，高速缓存为64MB、128MB、256MB，质保3年。

（6）固态硬盘存储：包含以下4个系列固态硬盘。

- WD Black NVMe SSD：容量有250GB、500GB、1TB等规格，接口为PCIE Gen3 8Gb/s，最多4通道，尺寸规格为M.2 2280。
- WD Black PCIE SSD：采用纤薄的单面M.2设计，非常适合用于塔式机箱及小型、高性能PC，容量有512GB、256GB，接口为PCIE Gen3 8Gb/s，尺寸规格为M.2 2280。
- WD Blue 3D NAND SATA SSD：专为高性能计算需求打造，提供高容量、增强的可靠性和快如闪电般的速度。容量有2TB、1TB、500GB、250GB等规格，接口为SATA 6Gb/s，尺寸规格有2.5英寸（7mm）和M.2 2280两种。
- WD Green PC SSD：适用于大多数笔记本电脑和台式机，容量有480GB、240GB、120GB等规格，接口为SATA 6 Gb/s，尺寸规格有2.5英寸（7mm）和M.2 2280两种。

西部数据没有混合固态硬盘产品。有兴趣的读者可以登录西部数据的网站进行查询，网址为http://www.wdc.com/cn/。

5.3 任务实施

5.3.1 选购机械硬盘

购买机械硬盘和其他设备要坚持“高性价比”和“好用够用”相结合的原则。选购硬盘主要考虑以下要素。

（1）硬盘容量。硬盘的容量是选购硬盘的首要因素。从市场行情看，随着硬盘容量的增加，每单位容量的费用就越低。目前，PC 硬盘的容量有 1TB、2TB、4TB、6TB 甚至更高，主流容量为 1TB、2TB。除了看整盘容量，尽量购买单碟容量大的硬盘，单碟容量大的硬盘比单碟容量小的硬盘性能高。

（2）品牌。目前市场上主流硬盘的品牌有希捷和西部数据等。在选购硬盘时，应从正规渠道购买盒装硬盘产品，以确保质量。

（3）看硬盘接口。根据选定的主板决定选用何种接口的硬盘。目前市场上台式机只有 SATA 接口的内置硬盘，而 SATA 接口的硬盘是市场的主流，传输速率可以达到 6Gb/s。

（4）看稳定性。随着硬盘容量的增大，转速的加快，硬盘稳定性的问题日益突出。在选购硬盘之前要多参考一些权威机构的测试数据，多做市场调查，最好不要选择那些返修率高的品牌。另外，硬盘表面温度越低，硬盘的散热性和数据读写稳定性就越好。

（5）看缓存大小。在选购时应尽量选择缓存大的硬盘。目前硬盘缓存容量有 32MB、64MB、128MB、256MB 几种规格。对于相同容量的硬盘而言，缓存增加一档，价格增加几十元。

（6）看转速。选购硬盘的第二个因素就是看转速。硬盘的转速越快，其数据传输速度越快，硬盘的整体性能也随之提高。目前市场上台式机硬盘转速基本上都是 7200RPM。

（7）看售后服务。目前，各个厂商对于硬盘的售后服务和质量保证做得都不错，尤其是各品牌的盒装正品，为消费者提供 2～3 年甚至 5 年的质保，并且提供数据恢复服务。建议选购提供 3 年以上质保的正品。

（8）区分行货和水货。目前市场上硬盘存在水货和行货两种。水货不是假货，而是没有相应的售后服务的产品。辨别假货的方法是先看硬盘的代理商贴在自己代理的硬盘产品上的防伪标签，再看硬盘盘体和代理保修单上的硬盘编号是否一致。

5.3.2 选购固态硬盘

选购固态硬盘应考虑以下因素。

（1）硬盘接口：由于目前固态硬盘比较常见的接口为 M2、PCI-E 和 SATA，所以在购买固态硬盘之前要先搞清楚你的计算机主板有没有对应的 M2 接口或者多余的 PCI-E 接口，如果没有，可以选择 SATA 接口的固态硬盘。

（2）硬盘容量：不建议考虑容量低于 256GB 的固态硬盘，实际上目前 500GB 的固态硬盘是一个不错的选择，其在价格和容量之间提供了较好的平衡。当然如果条件允许，1TB 的固态硬盘也是很不错的选择。

（3）SATA 接口固态硬盘：SATA 接口固态硬盘价格低，但是性能差不少，适合追求性价比的用户。追求性能的用户不建议选择 SATA 接口固态硬盘，建议选择支持 NVMe 的固态硬盘。

（4）任何固态硬盘都比机械硬盘好，即使是最差的固态硬盘也比机械硬盘的性能强几倍。但是机械硬盘的容量具有优势，对于有容量需求的，可以装备机械硬盘作为仓库盘。

5.3.3 识别机械硬盘

1. 实训目的

通过本次练习，使学生能够正确识别市场上的主流机械硬盘。

2. 实训准备

准备不同品牌的机械硬盘让学生识别等。

3. 实训任务

通过网络、走访 IT 市场并利用测试软件，了解不同档次不同品牌的硬盘的技术指标。在表 5.1 中列出了不同档次的部分典型产品代表。

表 5.1 不同品牌的硬盘

品　牌	型　号
西部数据	WD10EZEX、WD10EALX、WD6400AAKS、WD30EZRX、WD7500AZRX、WD20EARS、WD2002FAEX、WD7501AALS、WD5000AAKB
希捷	ST1000DM003、ST2000DM001、ST3000DM001、ST1000DX001、ST33000651AS、ST32000641AS、ST3000DM001、ST750DM003、ST500DM002

4. 实训步骤

通过网络、走访 IT 市场并使用硬盘，在表 5.2 中填入以上各款硬盘的技术规格。

表 5.2 各种硬盘的参数

<table>
<tr><td>姓名</td><td></td><td>班级</td><td></td><td>学号</td><td></td></tr>
<tr><td>型号</td><td colspan="5"></td></tr>
<tr><td colspan="6">基本参数</td></tr>
<tr><td>容量</td><td colspan="5"></td></tr>
<tr><td>接口标准</td><td colspan="5"></td></tr>
<tr><td>盘体尺寸</td><td colspan="5"></td></tr>
<tr><td colspan="6">性能参数</td></tr>
<tr><td>转速</td><td colspan="5"></td></tr>
<tr><td>缓存容量</td><td colspan="5"></td></tr>
<tr><td>平均寻道时间</td><td colspan="5"></td></tr>
<tr><td>传输标准</td><td colspan="5"></td></tr>
<tr><td>单碟容量</td><td colspan="5"></td></tr>
<tr><td>NCQ</td><td colspan="5"></td></tr>
</table>

5.3.4 测试硬盘

1. 实训目的

通过本次练习，使学生能够掌握 Sisoft Sandra 软件的使用。

2．实训准备

（1）一台运行正常的计算机。

（2）Sisoft Sandra 软件。

3．实训任务

使用 Sisoft Sandra 软件对硬盘进行测试。

4．实训步骤

步骤 1：搭建测试硬件平台。

步骤 2：搭建测试软件平台。

步骤 3：安装并运行 Sisoft Sandra 软件。

步骤 4：逐一尝试使用 Sisoft Sandra 软件测试硬盘的各项性能指标。

习 题

一、选择题

1．硬盘的数据传输率是衡量硬盘速度的一个重要参数，它是指计算机从硬盘中准确找到相应数据并传送到内存的速率，它分为内部和外部传输率，其内部传输率是指（　　）的最大数据传输率。

A．硬盘的高速缓存到内存　　B．CPU 到 Cache

C．内存到 CPU　　D．硬盘的磁头到硬盘的高速缓存

2．在计算机系统中（　　）的存储容量最大。

A．内存　　B．软盘　　C．硬盘　　D．光盘

3．用硬盘 Cache 的目的是（　　）。

A．增加硬盘容量　　B．提高硬盘读写信息的速度

C．实现动态信息存储　　D．实现静态信息存储

4．选购硬盘时，主要参考的性能指标有（　　）等几种。

A．容量　　B．转速　　C．缓存大小　　D．接口类型

5．以下不属于硬盘生产厂商的是（　　）。

A．希捷　　B．日立　　C．三星　　D．索尼

6．下列对硬盘传输率影响最小的是（　　）

A．寻道时间　　B．寻址时间　　C．转速　　D．容量

二、填空题

1．硬盘接口可划分为________、________和________三种类型。

2．硬盘数据传输率衡量的是硬盘读写数据的速度，一般用________作为计算单位。它又可分为________和________。

3．如果一个硬盘的容量是 120GB，而单碟容量是 80GB，那么这个硬盘有________张盘片，________个磁头。

4．SATA 接口总线的数据传输方式为________。

5．硬盘是由若干硬盘片组成的盘片组，所有盘面的同一个磁道纵向形成的同心圆柱，称为________。

6．硬盘的几个主要性能指标有________、________、________等（列举其中三个）。

7．固态硬盘主要用在________、________、________等领域（列举其中三个）。

三、简答题

1．硬盘的外部结构由哪几部分组成？

2．硬盘的内部结构由哪几部分组成？

3．硬盘是如何工作的？

4．IDE 硬盘的传输接口种类有几种？

5．ATA/133 接口和使用的数据线有什么特点？

6．串行 ATA 接口和使用的数据线有什么特点？

7．什么是硬盘的外部数据传输率？什么是硬盘的内部数据传输率？

8．传统硬盘有哪些主要性能指标？

9．简述柱面、磁道、扇区的含义及它们与硬盘容量的关系。

10．选购硬盘时，需要考虑哪些因素？

11．笔记本电脑硬盘和台式机硬盘相比，有哪些特性？

12．固态硬盘和传统硬盘相比有哪些特性？

13．什么是固态混合硬盘？市场上哪几个主要厂商生产固态混合硬盘？

四、实训题

1．目前市场上主要有哪些知名品牌的硬盘？它们的容量、转速、接口类型等性能如何？

2．观察、熟悉各型硬盘的内、外部结构。

任务6 认识与选购光存储和移动存储设备

知识目标

- 理解光存储的基本原理；
- 熟悉光存储设备的性能指标；
- 理解光存储设备的工作原理；
- 熟悉光盘的种类。
- 熟悉常见的U盘、移动硬盘和闪存卡。

技能目标

- 能够选购合适的光存储设备；
- 能够选购合适的光盘；
- 能够选购合适的U盘；
- 能够选购合适的移动硬盘；
- 能够选购合适的闪存卡；
- 能够选购合适的读卡器。

6.1 任务描述

光存储和移动存储设备是计算机存储系统的必要补充，尤其是在安装操作系统和应用软件，以及将硬盘中的数据备份到其他存储设备中时，就需要借助光存储或者移动存储设备。那么如何选购合适的光存储和移动存储设备呢？如何识别市场上主流的光驱、刻录机、U盘、移动硬盘并且进行测试呢？

6.2 相关知识

了解市场光驱的分类

6.2.1 光驱的分类

1. 按光盘存储技术的不同分类

光驱是计算机用来读写光盘内容的机器，也是在台式机和笔记本电脑中比较常见的一个部件。随着多媒体的应用越来越广泛，使得光驱在计算机诸多配件中已经成为标准配置。目前，光驱可分为CD-ROM驱动器、DVD光驱（DVD-ROM）、康宝（Combo）和刻录机等。

刻录机可以分为两种：一种是CD刻录，另一种是DVD刻录。使用刻录机可以刻录音像光盘、数据光盘、启动盘等，方便储存数据和携带。CD容量是700MB，DVD容量是4.5GB。刻录机可以分四种：CD刻录（包含CD-RW刻录）、DVD刻录（包含DVD-RW刻录）、HD DVD刻录、Blue-ray Disc（BD）刻录机。

目前市场上的主流产品有DVD刻录机、蓝光刻录机、DVD光驱、蓝光光驱、蓝光Combo、Combo等。

（1）Combo。康宝，英文Combo的音译，原意为结合物、联合体，既具有DVD光驱读取 DVD 的功能，又具有 CD 刻录机刻录 CD 的功能，即能读取 DVD 的 CD 刻录机，因此取名为 Combo。

（2）蓝光 Combo。能够读取支持单层 25GB 和双层 50GB 的蓝光盘片。

（3）蓝光光驱。蓝光光驱是指能读取蓝光光盘的光驱，向下兼容 DVD、VCD、CD 等格式。

（4）DVD 光驱。DVD 光驱是一种可以读取 DVD 光盘的光驱，除了兼容 DVD-ROM、DVD-VIDEO、DVD-R、CD-ROM 等常见的格式外，对于 CD-R/RW、CD-I、VIDEO-CD、CD-G 等都能很好地支持。

（5）蓝光刻录机。蓝光刻录机是指基于蓝光 DVD 技术标准的刻录机。蓝光光盘的一个最大优势是容量大，单面单层的容量就高达 23.3GB/25GB/27GB。和现有 CD 或 DVD 相同的是，蓝光光盘的直径是 120mm，厚度也是 1.2mm。

（6）DVD 刻录机。DVD+RW 刻录机除刻录 DVD 外，也可刻录 CD-R 和 CD-RW，现有的容量为每面 4.7GB。

2．按光存储设备的安装方式分类

按安装方式及结构特点来划分，光存储设备还可以分为以下两种。

（1）内置式：内置式光驱是目前大多用户普遍采用的安装形式，这种光驱可以安装在计算机机箱内 5 英寸的固定架上，通过内部连线连接到主板上，如图 6.1 所示。

（2）外置式：外置式光驱自身带有保护外壳，可以放在计算机机箱外面，通过 USB 接口与计算机相连接使用，而不必安装到计算机机箱里去，如图 6.2 所示。

图 6.1　内置式光驱

图 6.2　外置式光驱

3．按光存储设备的速度分类

根据光存储设备的速度，可分为 56 速读、52 速写、24 速擦写等不同速度的存储器。

4．按光存储设备的接口分类

根据光存储设备的接口，分为 IDE 接口（如图 6.3 所示，已经被淘汰）、SATA 接口（如图 6.4 所示）和 USB 接口光驱。

图 6.3　IDE 接口光驱

图 6.4　SATA 接口光驱

6.2.2 光存储设备的性能指标

（1）数据传输率。数据传输率是指光驱在1s内所能读写的数据量，单位为KB/s或MB/s，它是衡量光驱性能的最基本指标。该值越大，光驱的数据传输率越高。

最初CD-ROM数据传输率只有150KB/s，定义为倍速（1X），在此之后出现的CD-ROM的速度与倍速是一个倍数关系，如40倍速CD-ROM的数据传输率为6000KB/s（150×40）。随着光驱传输速率越来越快，出现了40X、48X、52X、56X的CD-ROM光驱。DVD-ROM的1X为1358KB/s，DVD-ROM的最高倍速为16X。

CD-RW刻录机速度表示为写/复写/读。例如，某款标志为52×32×52的CD-RW刻录机表示该款刻录机为52倍速CD-R刻写、32倍速复写速度和52倍速CD-ROM读取能力。

DVD-RW刻录机速度表示为DVD+/-R写入/DVD+RW复写/DVD-RW复写/DVD+/-R DL写入/DVD-RAM写入。例如，某款DVD刻录机为18X DVD+/-R写入、8X DVD+RW复写、6X DVD-RW复写、10X DVD+/-R DL写入和12X DVD-RAM写入。

Combo驱动器的速度一般表示为CD-R写入/CD-RW重写/CD读取/DVD-ROM 读取，例如，某款Combo标志为52×24×52×16，表示这款Combo驱动器具有52倍速的CD-R写入速度、24倍速的CD-RW重写速度、52倍速的CD读取速度、16倍速的 DVD-ROM 读取速度。写入速度和重写速度通常与刻录盘片有关，而读取速度是指将Combo驱动器当作CD-ROM驱动器或DVD-ROM驱动器读取数据时的速度。

（2）平均访问时间（Average Access Time）。平均访问时间又称为“平均寻道时间”，是指光驱的激光头从原来的位置移动到指定的数据扇区，并把该扇区上的第一块数据读入高速缓存所花费的时间，其值一般为80～90ms。

（3）CPU占用时间（CPU Loading）。CPU占用时间是指光驱在保持一定的转速和数据传输率时所占用CPU的时间。这是衡量光驱性能的一个重要指标，光驱的CPU占用时间越少，系统整体性能的发挥就越好。

（4）缓存容量。缓存主要用于存放临时从光盘中读出的数据，然后发送给计算机系统进行处理。这样就可以确保计算机系统能够一直接收到稳定的数据流量。缓存容量越大，读取数据的性能就越高。目前，普通DVD-ROM光驱大多采用512KB的缓存，而刻录机一般采用2～8MB的缓存。

（5）接口类型。目前市场上的光驱接口类型主要有SATA和USB。

（6）纠错能力。光驱纠错能力是指光盘驱动器对一些质量不好的光盘的数据读取能力。目前，各个品牌的产品都差不多，建议购买品牌产品，这样在售后服务上有保证。

（7）区域代码。区域代码是DVD光驱的特有专利，在DVD光驱的面板上或说明书上一般都有明显的标记或说明。大家选购时要注意购买标有中国区域代码的产品。

（8）刻录方式。这项指标仅适用于刻录机。刻录方式分为四种：整盘、轨道、多段、增量包。整盘刻录无法再添加数据；轨道刻录每次刻录一个轨道，CD-R最多支持刻写99条轨道，但要浪费几十MB容量；多段刻录与轨道刻录一样，也可以随时向CD-R中追加数据，每添加一次数据，会浪费数MB容量。

6.2.3 光盘

光盘又称为 CD（Compact Disc，压缩盘），是一种用来存储光信息数据的载体。它是通过冲压设备压制或激光烧刻，从而在其上产生一系列凹槽来记录信息的一种存储媒体。光盘具有容量大、保存时间长、工作稳定可靠、便于携带、价格低廉等优点。

1. 光盘的类型

光盘按照读/写类型分为三种类型：一种是只读型光盘，它们由生产厂家预先写入信息，用户只能读出不能写入；第二种是只写一次性光盘，可以由用户写入信息，但只能写一次，可多次读出；第三种是可擦写型光盘，可以重复读写，类似磁盘。

每种类型的光盘按所使用的激光不同，目前又分为 CD、DVD（红光 DVD）、BD（蓝光 DVD）、HD（高清晰度 DVD）。

2. 光盘的容量及记录原理

（1）光盘的容量。光盘容量的单位与磁盘容量的单位是不同的，磁盘容量的单位与计算机内存的容量单位相同，都是 1Byte=8bit。但光盘容量的单位则不同，它以 14bit 为编码单位，即 1Byte=14bit，并且，字节与字节之间还有 3bit 的间隔，故光盘实际的数据为 1Byte=（14+3）bit=17bit。另外，唱片光盘是以时间（分钟）为单位的，如一张 CD 唱片可播放 74 分钟，一张电影 DVD 单面光盘可播放 133 分钟等。

（2）光盘的记录原理。光盘是通过其表面上的凹槽来反映信息的，在盘片上用平坦表面表示“0”，用凹坑端部表示“1”。

3. 光盘的结构

（1）CD-ROM 盘片。CD-ROM 盘片直径一般为 120mm，可以保存大约 635MB 的数据，这些数据被记录在高低不同的凹凸起伏槽上，这是 CD-ROM 盘片同硬盘等介质保存数据不同的地方。CD-ROM 盘片中心有一个直径为 15mm 的孔，其外有一个 13.5mm 宽的环状区是不保存任何数据的，再向外 38mm 宽的环状区才是真正存放数据的地方。盘的最外侧还有一圈 1mm 的无数据区。盘片的厚度一般为 1.2mm，重量为 14～18g。

CD-ROM 盘片的径向截面共有三层：聚碳酸酯做的透明衬底（片基）、铝反射层和保护层，如图 6.5 所示。CD-ROM 盘片是单面盘，一面专门用来印刷商标，而另一面用来存储数据。激光束必须穿过透明衬底才能到达凹坑，读出数据，因此，在存放数据的那一面，表面上的任何污损都会影响数据的读出性能。

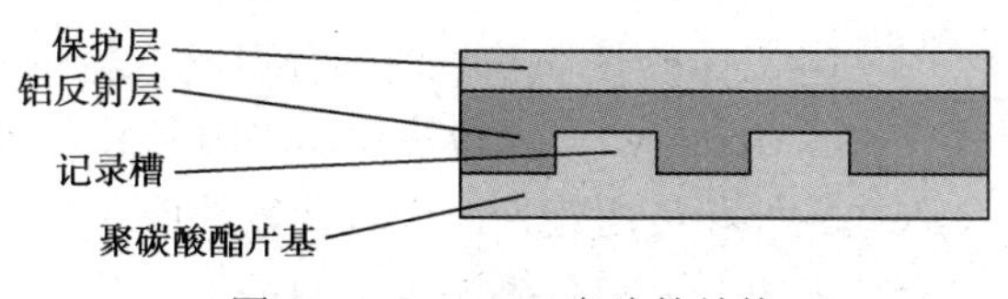

图 6.5　CD-ROM 盘片的结构

在 CD-ROM 盘面上用凹槽（记录槽）来反映信息，当激光束照射到凹槽的边界时，反射光束强弱发生变化，读出的数据为 1；当激光束照射到槽底的平坦部分时，反射光强弱没有发生变化，读出的数据为 0。

（2）CD-R 盘片。用高功率 CD-R 光盘的燃料层，使其发生化学变化，在盘片上产生凹坑，没有照射的地方仍为平面。这种化学变化是无法恢复的，所以 CD-R 盘片只能写入一次，不能重复写入。

（3）CD-RW 盘片。CD-RW 盘片内部镀了一层 2×10^{-6}～5×10^{-6}cm 的薄膜，薄膜的材质多为银、铟、硒或碲混合物的结晶层。这个结晶层的特点是能呈现出结晶与非结晶的状态，激光照射可使这两种状态相互转换，而这两种状态也在盘片上呈现出平面与凹坑的效果。

4．DVD、BD、HD DVD 的比较

DVD、BD、HD DVD 各有特点，竞争十分激烈。从目前市场来看，BD 具有优势，很有可能取代 DVD 和 HD DVD，成为市场的主流。

（1）激光束的比较。DVD 使用波长为 650nm 的红光激光束，而 BD、HD DVD 都使用波长为 405nm 的蓝紫光激光束。

（2）烧录技术的比较。目前主流的 DVD 光存储采用的是 NA（Numerical Aperture，数值孔径）值为 0.6 的聚焦镜头。DVD 的焦点直径为 1.32μm，BD 的焦点直径为 0.58μm。

（3）容量的比较。单面单层容量 DVD 为 4.7GB、HD DVD 为 15GB、BD 为 25GB。单面双层容量 DVD 为 8.4GB、HD DVD 为 30GB、BD 为 50GB。

（4）音频、视频技术的比较。DVD 只支持 640×480 像素的普通电视分辨率，而 HD DVD 和 BD 都支持 1920×1080 像素的高清电视标准，它们支持的音频、视频压缩格式如表 6.1 所示。

表 6.1　DVD、BD、HD DVD 支持的音频、视频压缩格式

	DVD	HD DVD	BD
支持的音频格式	Dolby Digital、DTS	Dolby Digital、Dolby Digital Plus、DTS、Linear PCM、Dolby TrueHD	Dolby Digital、DTS、Linear PCM
支持的视频格式	MPEG-1、MPEG-2	VC-1、MPEG-2、MPEG-4 AVC	VC-1、MPEG-2、MPEG-4 AVC

6.2.4　USB 闪存盘

USB 闪存盘就是采用 Flash Memory（闪存）作为存储器的移动存储设备，即通常所说的 U 盘，如图 6.6 所示。它采用半导体作为存储介质，主要用于存储较大的数据文件和在计算机之间方便地交换文件。

图 6.6　U 盘

1．U 盘的结构

U 盘由硬件和软件两部分组成。硬件主要有 Flash 存储芯片（Flash Memory）、控制芯片、USB 接口、PCB 板等。软件包括嵌入式软件和应用软件。嵌入式软件嵌入在控制芯片中，是 U 盘核心技术所在，它直接决定了 U 盘是否支持 USB 2.0 标准等。U 盘的品质首先取决于控制芯片中嵌入式软件的功能。

2．U 盘的优点

U 盘应用广泛，特别适合随身携带，是移动办公及文件交换理想的存储产品。U 盘在使用过程中有以下优点。

- U 盘不需要驱动器，在 Windows XP 及以上操作系统无须安装驱动程序，也不需外接电源。
- 容量大，目前最大可达 1TB。市场上流通的 U 盘容量有 1TB、512GB、256GB、128GB、64GB、32GB、16GB 等。
- 体积很小，重量极轻，市场上销售产品的重量都在 15～30g。
- USB 接口使用方便，兼容性好，即插即用，支持热插拔。
- 存取速度快，多数采用 USB 2.0 或 USB 3.0 标准。
- 可靠性好，可反复擦写 100 万次，数据至少可保持 10 年。
- 抗震、防潮、耐高低温，携带方便。
- 带写保护功能，可以防止文件被意外抹掉或受病毒感染。

6.2.5 USB 移动硬盘

移动硬盘（Mobile Hard disk）顾名思义是以硬盘（机械硬盘或固态硬盘）为存储介质，加上特制的配套硬盘盒构成的一个便携的大容量存储系统，用于计算机之间交换大容量数据，是强调便携性的存储产品。

1．移动硬盘盒的结构

移动硬盘包括硬盘、电路板和外壳三部分，通过一个 IDE 或 SATA 接口到通用接口（USB、IEEE 1394 接口）的转换，实现用通用接口来传输数据的目的。

（1）硬盘。硬盘是移动硬盘的存储介质。目前移动硬盘所采用的机械硬盘类型主要有三种：3.5 英寸台式机硬盘、2.5 英寸笔记本电脑硬盘和 1.8 英寸微型硬盘。也可以采用固态硬盘，移动固态硬盘体积更小。

（2）电路板（包括控制芯片及数据和电源接口）：控制芯片控制移动硬盘的读/写性能，常见数据接口有 USB 和 IEEE1394 两种。

（3）外壳。移动硬盘外壳的作用就是固定硬盘，减少外部震动对硬盘的直接影响，保护硬盘。

2．USB 移动硬盘的特点

USB 移动硬盘的优点主要如下。

（1）容量大。移动硬盘容量就是硬盘的容量，目前市场上的移动硬盘能提供 320GB、500GB、600GB、640GB、900GB、1000GB（1TB）、1.5TB、2TB、2.5TB、3TB、3.5TB、4TB 等容量，最高可达 12TB 的容量，一定程度上满足了用户的需求。随着技术的发展，移动硬盘容量将越来越大，体积也会越来越小，非常适合携带大型的图库、数据库、软件库等。

（2）外观时尚，体积小，重量轻，一般采用 2.5 英寸机械硬盘。采用固态硬盘的移动硬盘体积更小。

（3）兼容性好，即插即用，使用方便。现在的 PC、笔记本电脑等基本都配备了 USB 功能，主板通常可以提供 2~8 个 USB 接口，一些显示器也会提供 USB 转接器。USB 设备在大多数版本的 Windows 操作系统中都可以不需要安装驱动程序，具有真正的“即插即用”特性，使用起来灵活方便。

（4）速度快。USB 2.0 标准接口传输速率为 480Mb/s，，USB 3.0 在保持与 USB 2.0 的兼容性的同时，最大传输速率高达 5.0Gb/s，而 IEEE 1394 接口的传输速率是 400Mb/s，Type-C 接口传输速率最高可达 10Gb/s。

（5）安全可靠性好。

6.3 任务实施

6.3.1 选购 DVD 只读光驱

在所有计算机配件中，光存储设备是易耗品，使用中经常出现读盘困难、需要清洗等现象。目前，随着移动存储设备的发展，光驱正在退出台式机的标准配置。面对市场上众多品牌、不同型号的光存储设备，用户应从以下几方面着手选择。

因为 CD 光驱不能兼容高性能 DVD，所以，CD 光驱正逐步被淘汰，DVD 光驱已成为市场的主流，购买 DVD 只读光驱时可考虑以下几个因素。

（1）速率不是全部。除速率外，缓存大小和平均寻道时间对光驱的总体性能也有着举足轻重的影响。因此，在价格差别不大的情况下，尽量选择高速缓存较大的产品。

（2）稳定性。在当今速度与纠错（指新出厂产品的纠错力）差距并不大的情况下，稳定性的表现显得尤为可贵。普通用户在选购光驱时，不可能逐一从硬件结构方面分析产品的优劣，所以，选购光驱时不可只图新品，应尽量购买推向市场时间较长，口碑一直不错的产品，这样的光驱往往稳定性较好。

（3）接口。采用 SCSI 接口的 DVD 光驱，与采用 IDE 接口的 DVD 光驱相比，具有更好的稳定性和数据传输率，且其 CPU 的占用率比较低。但是，它必须通过 SCSI 卡才能连接，安装、使用很不方便。而采用 IDE 接口的 DVD 光驱可谓即插即用。因此，目前一般用户都选用 IDE 接口或 SATA 接口的光驱。USB 接口一般都用于外置光驱。

（4）静音。光驱噪声是计算机工作时的噪声源之一。光盘的盘片总处于高速旋转中，这就不可避免地会产生很大的震动，另一方面目前市面上的光盘盘片质量参差不齐，质量差的盘片在高速旋转过程中也会带来震动。而震动会影响激光头的聚焦，从而影响读取数据的正确性。所以光驱的生产厂商采用了各种各样的技术以尽量减少震动。

（5）品牌。一般来说，名牌的背后以可靠的质量为后盾，目前国内 DVD 光驱市场知名的品牌有索尼（SONY）、先锋（PIONEE）、三星（SAMSUNG）、明基（BenQ）、TPOS、华硕（ASUS）、LG、飞利浦（PHILIPS）、惠普（HP）和台电（TELECT）等。

6.3.2 选购刻录机

选购刻录机时，需要考虑以下几个因素。

（1）工作稳定性和发热量。由于用刻录机刻盘耗时相对较长，要求刻录机有较高的稳定性。另外，还要考虑刻录机的发热量，如果刻录机在短时间内发热量过大，容易缩短激光头的使用寿命，使正在刻录中的光盘受热变形，导致刻录失败甚至盘片炸裂。

（2）缓存容量。缓存容量的大小是选购刻录机的一个重要指标。因为刻录时数据先写入缓存，刻录软件再从缓存调用刻录数据，刻录的同时后续数据再读入缓存，以保持写入数据能良好组织并连续传输，如果后续数据没及时写入，传输中断将导致刻录失败。因此，当价格差别并不明显时，建议优先选择缓存容量大的产品。

（3）刻录速度。刻录速率越高，刻录时间越短。同时应考虑刻录机支持的盘片刻录速度。

（4）品牌。目前国内刻录机市场知名的品牌有先锋（PIONEE）、索尼（SONY）、三星（SAMSUNG）、明基（BenQ）、华硕（ASUS）、浦科特（PLEXTOR）、飞利浦（PHILIPS）、惠普（HP）、台电（TELECT）和建兴/LITEON 等。

6.3.3 选购 U 盘

1. 存储安全方面

目前市场上的 U 盘最主要的功能就是移动资料的存储，因此存储安全和读写速度就是选购时要特别注意的两大问题。在存储安全方面，首先要看产品的物理防护，有些产品为了美观好看，采用了金属材质作为外壳，但在好看的同时却降低了 U 盘的抗震性能；相比之下，采用工程塑料或者橡胶材质的能提供更好的抗震防摔能力。

2. 选择有知名度的 U 盘

目前，市场上知名的 U 盘品牌包括金士顿、闪迪、东芝、三星、惠普、台电、爱国者、朗科、索尼、易捷等。

3. 接口方面

现在，主流的接口有 USB 2.0 和 USB 3.0 接口，USB2.0 接口的 U 盘读写速度可以达到 480Mb/s，而 USB3.0 接口理论上能达到 5.0Gb/s 的读写速度，是 USB 2.0 接口的 10 倍。

4. ECC 数字纠错技术

由于闪存本身的特性，在进行读写时发生错误不可能完全避免，但 ECC 数字纠错技术的引入，使得 U 盘的文件复制时经常发生的数据变成乱码、压缩包损坏等各种意外情况大大减少。

5. 固件升级版

所谓“固件升级版”就是通过修改 U 盘的 BIOS 信息，使其在计算机中显示的容量翻一番，其实是欺骗消费者。

6.3.4 选购 USB 移动硬盘

1. 硬盘搭配选择

目前的移动硬盘（机械硬盘）主要分 1.8 英寸和 2.5 英寸两种。不过从价格、普及程度、便携能力等各方面衡量，当然是 2.5 英寸的产品最为成熟，最值得购买。

2. 品质与性能并重，品牌移动硬盘更省心

整套出售的移动硬盘的特点就是品质保障系数较高，而且不同厂商往往给自己的产品都加入了像软硬件加密等附加功能，以提升硬盘的实用性及应用范畴，且该类产品可以享

受整套产品质保的服务。目前市场知名品牌包括三星、希捷、西部数据、日立、联想、纽曼、忆捷、爱国者、东芝等。

3．省钱用户，移动硬盘也能 DIY

第二类产品其实也就是一种 DIY 的典型。买一块主流性能、价位的笔记本电脑硬盘，然后再配上一个大厂硬盘盒，装配随即完成。

6.4 技能训练

6.4.1 识别光驱

1．实训目的

通过本次练习，使学生能够正确识别市场上的主流 DVD 光驱。

2．实训准备

准备不同品牌的光驱让学生识别等。

3．实训任务

通过网络、走访 IT 市场并利用测试软件，了解不同档次不同品牌的光驱的技术指标。在表 6.2 中列出了不同档次的部分典型产品代表。

表 6.2 不同品牌的光驱

品　牌	型　号
先锋	先锋 DVD-230D 极炫锋、先锋 DVD-130D 黑炫风、先锋 DVD-228D、先锋 DVD-227E、先锋 DVD-130E 银炫锋
台电	台电女娲健康系列双 18X DVD-ROM（黑鹰骑士）、台电 TL-16XDVDROM-SK
LG	LG BP06LU10、LG GDR-H20N、LG DH16NS30、LG DH16NS20
三星	三星 TS-H353B、三星金将军 DVD-ROM 黑金版（TS-H352C/CHXH）
华硕	华硕 BR-04B2T、华硕 DVD-E818A3T、华硕 DVD-E818A4 静音王
索尼	索尼 DDU-1681S、索尼 DDU-1681S
明基	明基 DD185S、明基 BR1001
建兴	建兴 iHOS104、建兴 IHDP118-26、建兴 SOHD-16P9S

4．实训步骤

通过网络、走访 IT 市场，在表 6.3 中填入以上各款光驱的技术规格。

表 6.3 各种光驱的参数

姓名		班级		学号	
型号					
基本参数					
内/外置					
光驱类型					
接口类型					

续表

性能参数	
DVD-ROM 最大读取倍速	
CD-ROM 读取倍速	
缓存容量	
传输标准	
平均寻道时间	
可支持光盘格式	

6.4.2 识别刻录机

1. 实训目的

通过本次练习，使学生能够正确识别市场上的主流刻录机。

2. 实训准备

准备不同品牌的刻录机让学生识别等。

3. 实训任务

通过网络、走访 IT 市场并利用测试软件，了解不同档次不同品牌的刻录机的技术指标。在表 6.4 中列出了不同档次的部分典型产品代表。

表 6.4 不同品牌的刻录机

品 牌	型 号
先锋	先锋 BDR-XS05C、先锋 BDR-S08XLB、先锋 BDR-S07XLB、先锋 BDC-207BK、先锋 BDR-S03XLB、先锋 DVR-217CH、先锋 218VXL
LG	LG CH08LS20、LG GH22NS50、LG BH08LS20
三星	三星 SE-S224Q（22X 光雕刻录机）、三星 TS-H662A
华硕	华硕 BW-12B1ST、华硕 SBC-04D1S-U 超薄蓝光王、华硕 DRW-22B2S、华硕 DRW-24B1ST、华硕蓝光王 BR-04B2T
索尼	索尼 BWU-300S、索尼 AD-7200S、索尼 AD-7240S、索尼 AD-7200A
明基	明基 BW1001、明基 DW220P、明基 DW220P
建兴	建兴 iHES208、建兴 iHAS324
浦科特	浦科特 PX-716UFL、浦科特 PX-B320SA
飞利浦	飞利浦 2410SD 全能银色豪华版、飞利浦 SPD2204BD/97

4. 实训步骤

通过网络、走访 IT 市场，在表 6.5 中填入以上各款刻录机的技术规格。

表 6.5 各种刻录机的参数

姓名		班级		学号	
型号					

续表

基本参数	
内/外置	
刻录机类型	
接口类型	
……	
性能参数	
缓存容量	
传输标准	
可支持光盘格式	
刻读技术	
……	

6.4.3 测试光驱

1. 实训目的

通过本次练习，使学生能够掌握 ScanCD 软件的使用。

2. 实训准备

（1）一台运行正常的计算机。

（2）ScanCD 软件。

3. 实训任务

使用 ScanCD 软件对光驱进行测试。

4. 实训步骤

步骤 1：搭建测试硬件平台。

步骤 2：搭建测试软件平台。

步骤 3：安装并运行 ScanCD 软件。

步骤 4：逐一尝试使用 ScanCD 软件测试光驱的各项性能指标。

6.4.4 测试光盘

1. 实训目的

通过本次练习，使学生能够掌握 ScanCD 的使用。

2. 实训准备

（1）一台运行正常的计算机。

（2）ScanCD 软件。

3. 实训任务

使用 ScanCD 软件对光盘进行测试。

4. 实训步骤

步骤 1：搭建测试硬件平台。

步骤2：搭建测试软件平台。

步骤3：安装并运行ScanCD软件。

步骤4：逐一尝试使用ScanCD软件测试光盘的各项性能指标。

习　题

一、选择题

1．在微型计算机中，单倍速CD-ROM的数据传输率为150KB/s，双倍速CD-ROM的数据传输率为（　　）。

A．300KB/s　　B．150KB/s　　C．250KB/s　　D．75KB/s

2．目前市场上出售的DVD刻录机的刻录速度通常为（　　）。

A．8倍速　　B．40倍速　　C．4倍速　　D．52倍速

3．40倍速的光驱，它的最大传输率为（　　）。

A．6000KB/s　　B．4000KB/s　　C．7000KB/s　　D．以上答案都不对

4．以下关于BD康宝的说法，（　　）是错误的。

A．可以读取DVD　　B．可以刻录DVD　　C．可以读取BD　　D．可以刻录BD

二、简答题

1．光盘驱动器有哪些分类？

2．光盘驱动器有哪些主要的性能指标？

3．简述光驱的工作原理。

4．光盘的结构如何？

5．CD光盘有哪几种类型？

6．刻录机的刻录模式有几种？

7．使用刻录机时要注意哪些事项？

8．如何选购CD、DVD只读光驱？

9．如何选购刻录机？

10．如何选购DVD刻录盘？

11．USB闪存盘由哪几部分组成？各部分分别起到什么样的作用？

12．使用USB闪存盘时应注意哪些问题？

三、实训题

1．目前市场上有哪些知名品牌的DVD光驱？它们的转速、接口类型、价格等性能如何？

2．目前市场上有哪些知名品牌的DVD-RW光驱？它们的转速、接口类型、价格等性能如何？

3．目前市场上有哪些知名品牌的Combo光驱？它们的转速、接口类型、价格等性能如何？

4．目前市场上有哪些知名品牌的BD Combo光驱？它们的转速、接口类型、价格等性能如何？

5．目前市场上有哪些知名品牌的BD刻录机？它们的转速、接口类型、价格等性能如何？

6．课外实训：通过市场调研、网上查询了解目前市面上常见的光盘的类别、品牌、价格等。

7．查阅有关电脑商情报刊，上网查看硬件资讯，到当地电脑配件市场考察U盘、移动硬盘的型号、价格等信息，并调查目前当地市场上有哪些品牌的U盘、移动硬盘？

8．查阅有关资料，了解USB接口和IEEE 1394接口方面的知识。

任务7 认识与选购显示卡和显示器

知识目标

- 了解显示卡的分类；
- 熟悉显示卡的结构；
- 理解显示卡的工作原理；
- 熟悉显示卡的主要相关术语；
- 理解 LCD 显示器的工作原理；
- 熟悉 LCD 显示器的性能指标。

技能目标

- 能够选购合适的显示卡；
- 能够选购合适的显示器；
- 能够对显示卡和显示器进行测试。

7.1 任务描述

显示器和显示卡是计算机中的主要输出设备，显示卡和显示器质量的好坏直接决定了计算机输出和显示图像的效果。那么，如何选购合适的显示卡和显示器呢？

7.2 相关知识

如何选购显卡

7.2.1 显示卡

显示卡简称显卡，如图 7.1 所示，一般是一块独立的电路板，插在主板上，根据 CPU 提供的指令和数据对程序运行过程中的结果进行相应的处理，并转换成显示器能接受的图形显示信号后送给显示器，最后由显示器形成人眼所能识别的图像在屏幕上显示出来。因此，显卡的性能好坏直接决定着计算机的显示效果。

图 7.1 显卡

1. 显卡的分类

（1）按显卡独立性分类。分为主板集成显示芯片的集成显卡和独立显卡。独立显卡是以独立的板卡形式存在的，需要插在主板的总线插槽上。集成显卡是将显示芯片集成在主板芯片组中。

（2）按图形功能分类。分为纯二维（2D）显卡、纯三维（3D）显卡、二维+三维（2D+3D）显卡。

（3）按显示芯片分类。目前，主流芯片厂商有 3 家：Intel、nVIDIA、AMD。

（4）按显卡的应用领域分类。一类是普通家庭用户、游戏发烧友和商业用户，另一类是专业图形工作者，因此，显卡也就分为普通显卡和专业显卡。

2. 显卡的结构和工作原理

（1）显卡的结构。显卡主要由显示芯片、显示内存（显存）、显卡 BIOS、总线接口、I/O 接口及其他外围元器件构成。

① 显示芯片。显示芯片又叫 GPU（Graphic Processing Unit，图形处理单元或图形处理器）。在每块显卡上都有一个大散热片或散热风扇，它的下面就是显示芯片。显示芯片是显卡的核心芯片，它的性能直接决定了显卡的性能，它的主要任务是把通过总线传输过来的显示数据在 GPU 中进行构建、渲染等工作，最后通过显卡的输出接口显示在屏幕上。

② 显存。显存是显卡上的关键部件之一，其性能和容量直接影响显卡的最终性能表现。如果说显示芯片决定了显卡所能提供的功能和基本性能，而显卡性能的发挥则很大程度上取决于显存。

③ 显卡 BIOS。显卡 BIOS 固化在显卡所带的一个专用存储器里，BIOS 中存储了显卡的硬件控制程序和相关信息，可以说显卡 BIOS 是显卡的“神经中枢”。

④ 总线接口，也就是金手指，是连接显卡和主板的通道。总线接口的发展经历了 ISA、EISA、VESA、PCI、AGP 及 PCI-Express 标准。目前在市场上销售的显卡总线接口主要是 PCI-Express 2.0/3.0。PCI-E 2.0 标准制定于 2007 年，速率可达 5GT/s，x16 通道带宽可达 8GB/s；PCI-E 3.0 带宽可达 10GB/s。

⑤ I/O 接口。计算机所处理的信息最终都要输出到显示器上才能被人们发现。显卡的 I/O 接口就是显示器与显卡之间的桥梁，它负责向显示器输出图像信号。目前，显卡的输出接口主要有 VGA 接口、DVI 接口、HDMI 接口、DP（Display Port）接口，如图 7.2 所示。

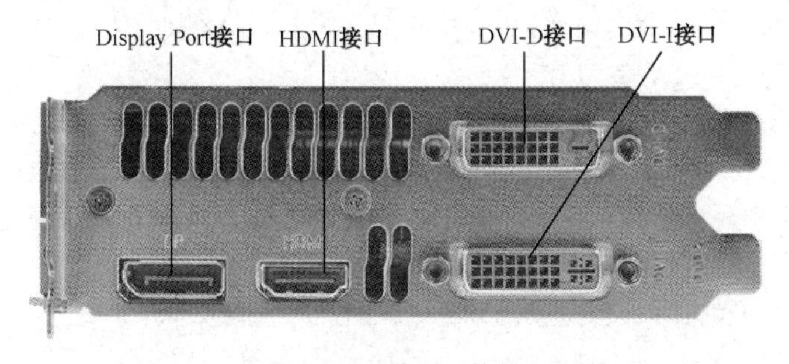

图 7.2　显卡 I/O 接口

（2）显卡的工作原理。显卡的工作原理比较复杂，这里只做些简单的说明。显卡的工作过程大致如下。

① 由 CPU 向图形处理器发出指令。

② 显卡将图形处理完成后，将数据传输到显存。

③ 显存进行数据读取，而后将其送到 RAMDAC。

④ RAMDAC 将数字信号转化为模拟信号。

⑤ 通过显卡上的 VGA 接口输出至显示器。如果采用 DVI 接口的显卡，那么将 GPU 处理的图形数据按照 TMDS 协议编码后，从显存中通过 DVI 接口直接送至显示器。

3. 显示芯片

目前，市场上显示芯片生产厂家主要有 Intel、nVIDIA、AMD 三个厂商。

（1）Intel 公司的显示芯片。Intel 不但是世界上最大的 CPU 生产商，也是世界上最大的集成显卡显示芯片销售商。目前，Intel 的显示芯片全部用于集成显卡，集成在主板北桥芯片上，与装载了 Intel 芯片组的主板搭配使用。但 Intel 既没有单个的图形处理芯片，也不做显卡。Intel 的集成显示芯片市场占有率达 75%以上。

（2）nVIDIA（英伟达）公司的显示芯片。nVIDIA 是目前最大的独立显卡显示芯片生产销售商，最出名的是为游戏而设计的 GeForce 系列和为专业工作站而设计的 Quadro 系列显示芯片。

① GeForce 系列显示芯片。GeForce 是一个英文产品商标，GeForce 系列显示芯片共经历了 GeForce、GeForce1、GeForce2、……GeForce9 和 10、16、20、30 系列，目前市场主流产品是 GeForce16 系列显卡、20 系列显卡和 30 系列显卡。

GeForce RTX 30 系列产品包括 GeForce RTX 3090、3080、3070 等产品；

GeForce RTX 20 系列产品包括 GeForce RTX 2070、2080、2080Ti 等产品；

GeForce RTX 160 系列产品包括 GeForce RTX 1660Ti、1660Super、1660、1650 Super、1650 等产品。

GeForce 从 10 系列产品开始，采用“GeForce+定位+型号”的命名方式。其中，定位名称从高到低排列如下。

- RTX：新一代显卡中高端的象征，集新一代着色器、实时光线追踪技术和 AI 增强图形特性于一身。
- GTX：高端产品，针对游戏玩家的顶级 GPU。
- GTS / GT：中端产品，其中 GT 为频率提升版本。
- GS：相比 GT，管线和显存位宽有所缩减。

型号数值越大的产品性能越好，例如同属“GTX”系列的 1070 要比 1060、1050 等产品性能好。

② Quadro 系列显示芯片。Quadro 是 nVIDIA 公司的专业显示芯片，专为专业工作站（包括台式工作站和移动工作站）而设计打造，为各行各业的专业应用程序提供强大的处理能力。从媒体和娱乐到制造业、科学与医学成像及能源，Quadro 解决方案能够实现无与伦比的性能和可靠性，是全球专业人士的首选图形处理器。

有兴趣的读者可以登录英伟达（nVIDIA）的网站进行查询，网址为 https://www.nvidia.com/zh-cn/。

（3）AMD 公司的显示芯片。2006 年 7 月，AMD 收购当时世界第二大的独立显卡显示芯片厂商——ATI。ATI 品牌一直保留到 2010 年 8 月。AMD 公司最出名的显示芯片产品是为游戏而设计的 Radeon 系列和为专业工作站而设计的 Radeon Pro WX 系列、FirePro 系列。

① Radeon 系列目前主流显示芯片为 RX6000 系列显卡（包括 6900 XT、6800XT、6800 等）、RX5000 系列（包括 5700XT、5700、5600XT、5500XT 等）、RX Vega 系列（包括 56、64 等）、RX500 系列（包括 590、580、570、560、550）、RX400 系列（包括 480、470、460）以及 Radeon R9 Fury 系列。

② Radeon Pro 系列目前主流显示芯片为台式工作站的 Radeon Pro WX 系列（包括 WX3200、WX4100、WX5100、WX7100、WX8200、WX9100 等）。

有兴趣的读者可以登录超威半导体（AMD）的网站进行查询，网址为 https://www.amd.com/zh-hans。

4. 显卡的产品规格

显卡的性能主要由显示芯片和显存的性能决定，主要包括以下产品规格。

（1）显卡核心。

显卡核心主要包括芯片厂商、芯片型号、制造工艺和核心频率 4 个参数。

① 制造工艺：与 CPU 的制造工艺一样。目前，主流芯片的制造工艺已达到了 10nm。

② 核心频率：显示核心的工作频率。显卡的核心频率就如同计算机的 CPU 运行速率一样，它代表的是显卡处理图像的频率高低，即显卡的核心频率越高，它处理图像的速度和效率也就更高。但是核心频率不是唯一的性能指标。

芯片厂商和芯片型号前面已经介绍了。

（2）显存规格。衡量显卡显存性能的指标有显存频率、显存位宽、显存带宽和显存容量等。

① 显存频率。显存频率是指默认情况下，该显存在显卡上工作时的频率，以 MHz（兆赫兹）为单位。显存频率随着显存的类型、性能的不同而不同，现在主流显存类型都是 GDDR 类型，从过去的 GDDR1 到 GDDR5、GDDR6，性能逐步提升，频率也逐步提高。GDDR5 显存是目前中高端显卡采用最为广泛的显存类型，显存频率主要有 1600MHz、1800MHz、3800MHz、4000MHz、5000MHz，甚至更高。

② 显存位宽。目前显存位宽有 128bit、256bit、320bit 和 512bit、768bit，甚至 1024bit、2048bit。显存位宽越高，性能越好，价格也就越高。

③ 显存带宽。显存带宽是指显示芯片与显存之间的数据传输速率，以 B/s 为单位。显存带宽是决定显卡性能和速度最重要的因素之一。显存带宽=显存频率×显存位宽/8。

④ 显存容量。显存容量是显卡上本地显存的容量，也是选择显卡的关键参数之一。目前显存容量为 1GB 到 12GB 不等，专业显卡可达到 24GB。

（3）散热方式。随着显卡核心频率和显存频率的不断提升，显卡芯片的发热量也在增加，因而显卡都会采用必要的散热方式。

① 被动式散热：在显示芯片上安装一个散热片，常用在工作频率较低的显卡上。

② 主动式散热：在散热片上再安装散热风扇，是显卡的主要散热方式。

③ 水冷式散热：散热效果好，没有噪音。

（4）显卡的其他参数。显卡的参数有很多，主要的参数如下。

① 最大分辨率。分辨率是指显卡在显示器上所能描绘的像素点的数量。用“横向像素点数×纵向像素点数”表示，目前显卡可支持的最大分辨率可达到 7680×4320（8K）、5120×3200、4096×2160（4K）、3840×2160（4K）、2560×1600 及以下。分辨率越高时，图

像像素越多，图形越细腻。

显卡能输出的最大显示分辨率并不代表自己的计算机就能达到这么高的分辨率，还必须有足够强大的显示器配套才可以实现，也就是说，还需要显示器的最大分辨率与显卡的最大分辨率相匹配。

② 3D API：显卡与应用程序的直接接口，3D API 能让编程人员所设计的 3D 软件调用其 API 内的程序，从而让 API 自动与硬件的驱动程序沟通，启动 3D 芯片内强大的 3D 图形处理功能，从而大幅度地提高了 3D 程序的设计效率。

目前 PC 中主要应用的 3D API 有 DirectX 和 OpenGL。DirectX 目前已经成为游戏应用的主流，市售的绝大部分主流游戏均基于 DirectX 开发，例如《帝国时代 3》《孤岛惊魂》《使命召唤 2》《Half Life2》等流行的游戏。而 OpenGL 目前则主要应用于专业的图形工作站和一些游戏，例如《Quake3》《Half Life》《荣誉勋章》《反恐精英》等。

③ 流处理单元：流处理器单元是统一架构 GPU 内通用标量着色器的称谓，即着色单元。流处理单元直接影响显卡的处理能力，同架构的显卡，流处理单元个数越多则处理能力越强。

④ 双卡 SLI 和混合交火：双卡交火是 ATI 的一款多重 GPU 技术，它通过把两块 Voodoo 卡用 SLI 线在物理上连接起来，工作的时候一块 Voodoo 卡负责渲染屏幕奇数行扫描，另一块负责渲染屏幕偶数行扫描，从而达到将两块显卡“连接”在一起获得“双倍”的性能。SLI 和 CrossFire（交火）分别是 Nvidia 和 ATI 两个厂商的双卡或多卡互连工作组模式，其本质是差不多的，只是叫法不同。

7.2.2 液晶显示器

显示器又叫监视器，是作为计算机的“脸面”呈现在人们面前的，是计算机最主要的输出设备之一，是人与计算机交流的主要桥梁。显示器可以分为阴极射线管（CRT）显示器和液晶显示器（Liquid Crystal Display，LCD）。目前 CRT 显示器已经完全被液晶显示器取代，限于篇幅，在这里不再介绍 CRT 显示器。

LCD 用于电视机及计算机的屏幕显示，它是利用液晶在通电时能够发光的原理显示图像的，如图 7.3 所示。

图 7.3 液晶显示器

1. LCD 的特点

与传统的 CRT 显示器相比，LCD 有如下特点。

（1）低辐射：LCD 的辐射大大低于 CRT 显示器。

（2）体积小、轻便：LCD 占用空间小，携带轻便，有利于消费者购买和移动。

（3）失真小、无闪烁：液晶成像的原理决定了其没有任何闪烁。

（4）色彩还原度不足：LCD 面板的色彩还原度与 CRT 之间有着较大的差别。

（5）响应速度慢：响应速度是指 LCD 各像素点对输入信号反应的速度，即像素点由亮转暗或由暗转亮所需的时间。通常情况下，响应速度是衡量 LCD 好坏的重要指标之一。

（6）分辨率不可限：LCD 一般会有一个标称的“最佳分辨率”。实际上，它不仅仅是最佳分辨率，往往也是 LCD 的最大分辨率。

2. LCD 的外部结构

LCD 的外部结构由外壳、液晶面板、控制面板、电源开关、信号电缆和电源线等组成，如图 7.4 所示。

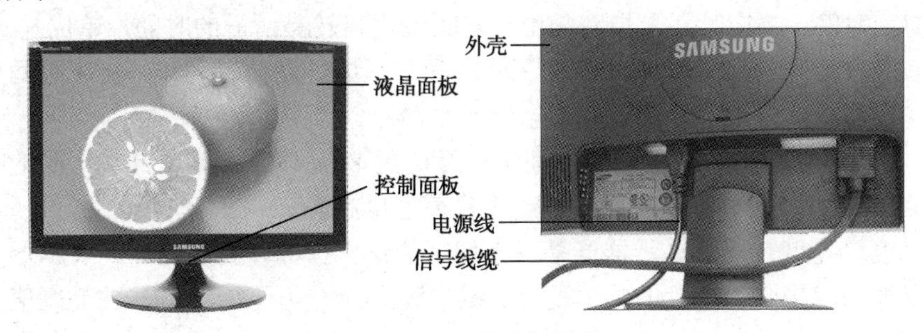

图 7.4　LCD 的外部结构

3. LCD 的主要参数

虽然 LCD 和 CRT 显示器有不少性能指标从名称上看很相似，但其含义和重要性是不同的。

（1）显示屏尺寸。液晶显示器的尺寸是指液晶显示器屏幕对角线的长度，单位为英寸。通常包括 20 英寸以下、20～22 英寸、23～26 英寸、27～30 英寸、30 英寸以上等大小。

（2）屏幕比例。是指显示器屏幕画面纵向和横向的比例，包括普屏 4:3、宽屏 16:9/16:10、超宽屏 21:9/32:9 等几种。

（3）面板类型。目前市场上的面板类型主要有 IPS 面板、VA 面板、PLS 面板、ADS 面板、TN 面板等几种。

① TN 面板全称为 Twisted Nematic（扭曲向列型）面板，主要用于入门级和中端的液晶显示器。TN 面板的特点是液晶分子偏转速度快，因此在响应时间上容易提高。不过它在色彩的表现上不如 IPS 型和 VA 型面板。TN 面板属于软屏，用手轻轻划会出现类似水纹的痕迹。但由于可视角度的不足目前 TN 面板的显示器正在逐渐退出主流市场。

② IPS 面板可视角度大、响应速度快、色彩还原准确。和其他类型的面板相比，IPS 面板的屏幕较为“硬”，用手轻轻划一下不容易出现水纹样变形，因此又有硬屏之称。

（4）接口。液晶显示器的接口主要有 HDMI、DisplayPort（DP）、D-Sub（VGA）、DVI、MHL、Thunderbolt 等几种，其中 HDMI、DisplayPort（DP）、D-Sub（VGA）、DVI 也前面已经介绍过，不再重复，但在实际应用中 DisplayPort（DP）>HDMI>DVI>D-Sub（VGA）。

① MHL（Mobile High-Definition Link，移动终端高清影音标准接口），是一种连接便携式消费电子装置的影音标准接口，MHL 仅使用一条信号电缆，通过标准 HDMI 输入接口即可呈现于高清电视上。MHL 有 5 个管脚，其中 2 个管脚专门用来传输音频和视频信号的，另外 2 个是电源和接地，还有 1 个管脚是专门用来进行控制的。MHL 接口将 HDMI 接口、USB 接口、充电接口三口合一，有效减少了设备上的接口数目。

② Thunderbolt 采用了专用接口。该接口的物理外观和 Mini DP 接口相同，适用于各种轻型、小型设备，兼容 DisplayPort 接口的显示设备，Mini DP 接口的显示器以及 Mini DP 至 HDMI/DVI/VGA 等接口的转接头都可以在 Thunderbolt 接口上正常使用，可传输 1080p 乃至超高清视频和最多八声道音频。

（5）最佳分辨率。对于液晶显示器而言只有一个最佳分辨率，往往也是液晶显示器的最大分辨率。LCD 只有在真实分辨率下才能表现出最佳效果。

目前，市场上的显示器支持的分辨率为 5120×2880、3840×2160（4K）、3440×1440、2560×1600、2560×1440、2560×1080、1920×1080、1920×1200。

（6）响应时间。响应时间是指液晶由亮转暗或由暗转亮所需的时间，单位是 ms。响应时间由 Rising（上升时间）和 Falling（下降时间）组成，是两者之和。响应时间数值越小说明响应速度越快，对动态画面的延时影响也就越小。

目前，市场上的主流 LCD 响应时间都已经达到 8ms 以下，某些高端产品的响应时间甚至为 5ms、4ms、2ms、1ms 等。数字越小代表速度越快。

（7）亮度。亮度是反映显示器屏幕发光程度的重要指标，亮度越高，显示器对周围环境的抗干扰能力就越强。亮度的单位是 cd/m^2（坎德拉/平方米），LCD 的亮度值一般都在 250～400cd/m^2 范围。

（8）刷新率：是指电子束对屏幕上的图像重复扫描的次数。刷新率越高，所显示的图像（画面）稳定性就越好。刷新率高低将直接决定其价格，但是由于刷新率与分辨率两者相互制约，因此只有在高分辨率下达到高刷新率的显示器才能称其为性能优秀。目前市场上 LCD 的刷新率主要有 200Hz 及以上、165Hz、144Hz、120Hz、75Hz 等。

7.3 任务实施

7.3.1 选购显卡

目前市场上显卡的种类繁多，各种价位和档次都存在，大家可能会为如何选择一款适合自己的显卡而发愁。下面就来介绍一下选购显卡的原则和技巧。

1．显卡的选购原则

（1）根据自己的需求进行选择。在选购显卡之前，首先要明确自己需要用显卡做什么。如果只是做一些简单的操作或者处理一些简单的图片，那么对显卡的要求不是很高；如果要进行大型的 3D 图形制作，那么就需要选择一款性能比较高的显卡来提高自己的制作效率了；如果是大型 3D 游戏的玩家，那么选择一款性能出色并且速度较快的显卡十分必要。

（2）根据显卡的芯片类型来判断显卡档次。显示芯片是显卡最重要的部分，基本决定了显卡的性能和档次，因此通过芯片的类型就可以判断显卡的档次。

（3）搭配原则。一个好的显卡要想发挥出应有的性能，光靠其本身的处理能力显然是不够的，还必须与 CPU、主板提供的显卡插槽标准及显示器相配套。

（4）估算显存容量。在 2D 应用中，显存容量应大于最大分辨率与色彩位数的乘积再除以 8。如果只是进行一些平面图形的处理和应用，8MB 显存就足够了。

3D 应用还要考虑纹理缓存部分。显卡在进行 3D 运算时，显存主要分为帧缓存和纹理缓存。帧缓存与分辨率、色深、刷新频率有关，不同的应用程序对帧缓存的需求变化不大。而纹理缓存与应用程序所用的纹理有关，一般场景越复杂、纹理使用越多，纹理缓存的需求就越大。因此如果需要运行 3D 游戏，则应使用至少 128MB 的显存。

2．显卡的选购技巧

前面介绍了显卡的各项性能指标以及显卡的选择原则，下面介绍一些选购显卡的小技巧，以帮助大家更好地选择一款适合自己的显卡。

（1）明确自己的需求。不同的用户对显卡的需求不同，有人主要用于上网、玩游戏、听音乐、看电影，有人用于视频处理、图像处理、编程，而有的人则用于玩大型游戏等。其中玩游戏、视频处理及图像处理与显卡功能关系较大。计算机的用途不同，决定了大家购买显卡的种类和品牌，所以，应根据自己的需要来选择适合的显卡。

（2）注重查看显存芯片型号。决定显卡性能的最主要因素是显示芯片，因此首先应该对目前主流的显示主芯片有所了解，并且按其技术特性进行选购。目前主流的显示芯片在前边介绍过，不再重复。

（3）显存容量的选择。大容量显存对高分辨率、高画质设定游戏来说是非常必要的，但并不是任何时候都是显存容量越大越好，要根据自己的配置来选择合适的显存容量。

（4）注重显卡的品牌。由于采用的显存颗粒及其他元器件不同，即使采用相同的显示芯片，有时不同品牌显卡的价格也会相差百元以上。在选购显卡时，推荐选购有一定品牌知名度的产品。目前市场上显卡占用率从高到低排序为：七彩虹（Colorful）、影驰（GALAXY）、索泰、蓝宝石（SAPPHIRE）、华硕（ASUS）、迪兰、NVIDIA、微星（MSI）、技嘉、铭瑄（MAXSUN）、丽台（Leadtek）、耕昇（GAINWARD）、映众、XFX 讯景、AMD、昂达（ONDATA）、盈通（YESTON）等。这些品牌的显卡不仅有较高的性价比，而且售后服务也比较好。

7.3.2 选购液晶显示器

1．LCD 的选购

现在液晶显示器已经成为大多数用户购买计算机的首选，但液晶显示器和一般的显示器不同，它是采用 LCD 作显示屏而不是用 CRT 来显示的。因此选购液晶显示器时，需要按以下步骤进行检查。

（1）外观检查。外观检查包括坏点检查、接口检查、可视范围（视角范围）检查等。

（2）电性能检查。电性能可通过调节亮度及对比度来检查。液晶显示器的亮度应达到 200NIT，最好是 250NIT。对比度就是图像由暗到亮的层次。液晶显示器的对比度要比一般显示器高 50%。应达到 150 : 1，甚至达到 400 : 1。购买时，把亮度、对比度由暗到亮慢慢地调节，不应该出现突变的现象。

（3）带宽的大小。带宽是指显示器接收到外部信号后反应到屏幕上的速度，也就是从打开显示器电源到图像清楚地呈现在屏幕上的时间，它反映了显示器的解像能力，该时间越短越好。购买时可同时打开几台显示器来比较。因为该时间越短，在显示移动画面时，就不会出现拖尾（画面后面有短暂的阴影）的现象。现在市面上的液晶显示器的反应速度一般为 25～50ms。带宽越宽，惯性越小，允许通过的信号频率越高，信号失真越小。

（4）显示效果。购买时还要注意显示器显示文本边缘及轮廓的能力。在购买时可输入一段文字，通过改变字体的大小和制作几个立体字来看文本边缘的显示能力。再在文字后面加上背景图像，来查看整个图像的轮廓是否清晰，有无毛疵。另外还要能够通过显示器自身的菜单功能来调节相位。如果相位调节不好，就会出现像电视机收视画面不良的阴影。如果该显示器不能通过菜单来调节相位，最好不要购买。

（5）测试坏点。坏点数目的多少是衡量液晶显示屏品质高低的重要指标之一。液晶显示屏的坏点又称点缺陷，是指显示屏幕上颜色不发生变化的点。坏点有三种：亮点、暗点、花点。

① 亮点：在黑屏的情况下呈现的 R、G、B（红、绿、蓝）色彩的点叫作亮点。亮点的出现分为以下两种情况。

一是在黑屏的情况下，单纯呈现 R 或 G 或 B 色彩的点。

二是在切换至 RGB 显示模式下，只有在 R 或 G 或 B 中的一种显示模式下有白色点，同时在另外两种模式下均有其他色点的情况，这种情况是在同一像素中存在两个亮点。

② 暗点：在白屏的情况下出现非单纯 R、G、B 色彩的点叫作暗点。暗点的出现也分为以下两种情况。

一是在切换至 RGB 显示模式下，在同一位置只有在 R 或 G 或 B 一种显示下有黑点的情况，这种情况表明此像素中有一个暗点。

二是在切换至 RGB 显示模式下，在同一位置在 R 或 G 或 B 中的两种显示下都有黑点的情况，这种情况表明此像素中有两个暗点。

一般来说，暗点对液晶显示器品质的影响相对较小，因此，液晶品质评判标准中对有无亮点，亮点所在位置的规定更严格。一般在销售产品时会承诺无亮点。

③ 坏点：在白屏情况下为纯黑色的点或在黑屏情况下为纯白色的点。在切换至 RGB 显示模式时，此点始终在同一位置上，并且始终为纯黑色或纯白色。这种情况说明该像素的 R、G、B 三个子像素点均已损坏，此类点称为坏点。

生产出来的液晶显示器成品，如果无任何坏点就是 AA 级；有三个坏点以下，其中亮点不超过一个，且亮点不在屏幕中央区的称为 A 级产品；有三个坏点以上，其中亮点不超过二个，且亮点不在屏幕中央区的为 B 级产品。

（6）品牌。在确定产品的品质能够满足自己的需求之后，剩下的关键一点就是仔细看一下厂商提供的保修合同。目前市场上知名显示器品牌，包括 AOC、飞利浦、HKC、戴尔、明基、三星、优派、华硕、航嘉、联想、LG、Acer 宏碁、惠普等。

2．LCD 的保养

LCD 只有保养得好，才能够长期无故障地为用户服务。应该明确的是，价格不菲的 LCD，只要遵循一些简单的保养步骤，就可以服务很长的时间。

（1）避免屏幕内部烧坏。不使用时一定要关闭显示器，或者降低显示器的显示亮度，否则时间长了，就会导致内部烧坏或者老化。这种损坏一旦发生就是永久性的，无法挽回。另外，如果长时间地连续显示一种固定的内容，也可能导致某些 LCD 过热，进而导致内部烧坏。

（2）注意保持湿度。一般室内湿度保持在 30%～80%，显示器都能正常工作，但一旦室内湿度高于 80%，显示器内部就会产生结露现象，其内部的电源变压器和其他线圈受潮后也易产生漏电，甚至有可能造成连线短路，而显示器的高压部位则极易产生放电现象，机内元器件容易生锈、腐蚀，严重时会使电路板发生短路。因此，LCD 显示器必须注意防潮，长时间不使用的显示器，可以定期通电工作一段时间，让显示器工作时产生的热量将机内的潮气驱赶出去。

（3）正确地清洁显示屏表面。如果发现显示屏表面有污迹，可用沾有少许水的软布轻轻地将其擦去，不要将水直接洒到显示屏表面上，水进入 LCD 会导致内部电路短路。

（4）避免冲击。LCD 屏幕十分脆弱，所以要避免强烈的冲击和震动，LCD 中含有很多玻璃的和灵敏的电气元件，掉落到地板上或者遭受其他类似的强烈打击会导致 LCD 屏幕及其他元件的损坏。还要注意不要对 LCD 表面施加压力。

（5）请勿私自动手。有一个规则就是永远不要拆卸 LCD。即使在关闭了很长时间以后，背景照明组件中的 CFL 换流器依旧可能带有大约 1000V 的高压，这种高压能够导致严重的人身伤害。所以永远也不要企图拆卸 LCD，以免遭遇高压电。未经许可的维修和变更会导致显示屏损坏，甚至永久不能工作。

7.4 技能训练

7.4.1 测试显卡的性能

1. 实训目的

通过本次练习，使学生能够使用常用的显卡测试软件，如 3DMark 11、鲁大师 5.15、FurMark1.20.0 等对显卡进行测试。

2. 实训准备

（1）测试用计算机。

（2）测试用软件。

3. 实训任务

使用常用的测试软件，如 3DMark11、鲁大师 5.15、FurMark1.20.0 等对显卡进行测试。

4. 实训步骤

步骤 1：搭建测试硬件平台。

步骤 2：搭建测试软件平台。

步骤 3：下载并安装 3DMark11 专用测试软件。由 Futuremark 公司推出的 3Dmark11 是最具权威性的 3D 显卡专业测试软件。

3Dmark 11 包含了深海（Deep Sea）和神庙（High Temple）两大测试场景，画面效果堪比 CG 电影，不为测试仅为欣赏其美轮美奂的画面效果，畅想未来游戏的图形发展趋势，3DMark 11 也不容错过。

3DMark 11 包含四个图形测试项目、一项物理测试和一组综合性测试，并重新提供了 Demo 演示模式。3DMark 11 分为基础版（Basic Edition）、高级版（Advanced Edition）和专业版（Professional Edition）三种版本。基础版免费，只能进行性能级（Performance）预设测试，包括四个图形测试场景、物理测试场景、综合测试场景、音频视觉演示（分辨率固定于 720p），可在线创建账户、查询和对比结果，有广告，可衡量游戏显卡 DX11 性能的高低。

步骤 4：下载并安装 FurMark1.20.0 专用测试软件。FurMark1.20.0 是一款非常优秀的

3D 射击类游戏，可以使用它对显卡进行测试。

7.4.2 测试液晶显示器

1．实训目的

通过本次练习，使学生能够使用常用的测试软件，如 Nokia Monitor Test 等对液晶显示器进行测试。

2．实训准备

（1）测试用计算机。

（2）测试用软件。Nokia Monitor Test 2.0 一款由 NOKIA 公司出品的专业显示器测试软件，功能很全面，包括了测试显示器的亮度、对比度、色彩纯度、聚焦、水波纹、抖动、可读性等重要显示效果和技术参数。

3．实训任务

使用常用的测试软件，如 Nokia Monitor Test 2.0 等对液晶显示器进行测试。

4．实训步骤

步骤 1：搜索并下载 Nokia Monitor Test 2.0 软件。

步骤 2：安装 Nokia Monitor Test 2.0 软件。

步骤 3：运行 Nokia Monitor Test 2.0 软件，并进行各种测试。

习　题

一、选择题

1．表明显示区域大小的参数称为显示器的（　　）。

A．屏幕尺寸　　B．亮度　　C．分辨率　　D．对比度

2．目前流行的显卡的接口类型是（　　）。

A．PCI　　B．PCI-E X1　　C．PCI-E X16　　D．ISA

3．通常所说的 1024×768、800×600 等分辨率实际上指的是（　　）。

A．显示器的大小尺寸　　B．显示器由上到下扫描的数线

C．屏幕上所能显示的字符个数　　D．屏幕上所有像素的数目

4．为了使眼睛在看显示器时不感到疲劳，显示器的刷新频率应该达到（　　）。

A．60Hz 以上　　B．50Hz 以上　　C．72 Hz 以上　D．85Hz 以上

5．在显示器中，组成图像的最小单位是（　　）。

A．像素　　B．点距　　C．分辨率　　D．栅距

6．显示器的屏幕尺寸是指（　　）的长度，一般以（　　）为单位。

A．显示器屏幕对角线，英寸　　B．显示器屏幕水平宽度，英寸

C．显示器屏幕垂直高度，英寸　　D．显示器屏幕对角线，寸

7．显示器的发展方向是（　　）。

A．大屏幕　　B．高清晰　　C．平板化　　D．信息化

8．计算机显示器图像的清晰度受（　　）因素的影响。

A．图像分辨率的设置　　B．显像管屏幕像素单元点距的尺寸

C．行输出级的功率　　D．开关电源的振荡频率

9．显卡的性能及功能主要取决于（　　）。

A．显示芯片　　B．显存　　C．内存　　D．显示器

二、填空题

1．全球最大的两个芯片 CPU 生产厂商是________和________，两个芯片组的生产厂商是________和________，两个显卡芯片生产厂商是________和________，其中________已经被 AMD 公司兼并。

2．人们习惯上叫的 64 位显卡、128 位显卡和 256 位显卡就是指其相应的________位宽。

3．显卡与主板的接口有________、________和________接口几种。目前最流行的是________接口。

4．分辨率是指显卡能在显示器上描绘点数的最大数量，通常以________表示。

5．刷新频率是指________，即屏幕上的图像每秒钟出现的次数，它的单位是________Hz。

6．液晶显示器的可视面积指的是________。

三、简答题

1．简述显卡的工作原理？

2．显卡内存大体上可以分为几类？

3．常见的显卡芯片有哪些品牌？

4．一般液晶显示器是由哪几部分组成的？每个部分的作用是什么？

5．什么是液晶显示器的坏点？

6．液晶显示器有哪些性能指标？

7．使用液晶显示器要注意哪些事项？

8．如何选购液晶显示器？

四、实训题

1．目前市场上有哪些知名品牌的液晶显示器？它们的价格等性能如何？

2．目前市场上有哪些知名品牌的显卡？它们的显存、接口类型、价格等性能如何？

3．观察、熟悉各种显卡的结构及与主机的连接。

4．课外实训：通过市场调研、上网查询了解目前市面上常见的显卡的结构、品牌、价格等。

任务8 认识与选购键盘和鼠标

知识目标

- 熟悉键盘的结构；
- 了解键盘的分类；
- 了解鼠标的分类。

技能目标

- 能够选购合适的键盘；
- 能够选购合适的鼠标。

8.1 任务描述

键盘和鼠标作为计算机最主要的输入设备，许多功能是其他输入设备不可替代的，它们的质量好坏影响到用户操作的方便性、舒适性。那么，用户如何选购合适的键盘和鼠标呢？

8.2 相关知识

8.2.1 键盘

键盘是最基本的、最常用的输入设备，用户的各种命令、程序和数据都可以通过键盘进行操作。

在 DOS 时代，使用键盘几乎可以完成所有的操作。在 Windows 环境下，鼠标应用越来越广泛，但在文字输入领域，键盘仍有着不可动摇的地位。作为重要的输入工具，为了顺应潮流，键盘向着多媒体、多功能和人体工程学方向不断发展，凭借其新奇、实用、舒适的特点，不断巩固其作为主要输入设备的地位。

1．键盘的结构

总的来说，键盘可分为外壳、按键和电路板三部分。平时只能看到外壳和所有按键，电路板在键盘的内部，用户无法看到。

（1）键盘的外壳。键盘的外壳主要用来支撑电路板和为操作者提供一个方便的工作环境。键盘外壳根据档次采用不同的塑料压制而成，部分优质键盘的底部采用较厚的钢板以增加键盘的质感和刚性，多数廉价键盘直接采用塑料底座的设计。有的键盘采用塑料暗钩的技术固定键盘面板和底座两部分，实现无金属螺钉化的设计，所以拆卸时要小心以免损坏。

（2）按键。键盘上的所有按键都是结构相同的按键开关。不管键盘的形式如何变化，但按键布局基本相同，共分为五个区域：主键盘区、数字键区（小键盘区）、功能键区、控制键区和状态指示区，如图 8.1 所示。

图 8.1　标准的 108 键键盘布局

（3）电路板。键盘电路板是整个键盘的控制核心，主要由逻辑电路和控制电路组成。逻辑电路排列成矩阵形状，每个按键都安装在矩阵的一个交叉点上。电路板上的控制电路由按键识别扫描电路、编码电路和接口电路组成，主要担任按键扫描识别、编码和传输工作，它将各个按键所表示的数字或字母转换成计算机可以识别的信号。

2. 键盘的分类

（1）按连接方式和接口不同分类。键盘的连接方式有线、无线和蓝牙三种。有线连接键盘的接口可分为 AT 接口、PS/2 接口、USB 接口。目前，AT 接口和 PS/2 接口键盘已经被淘汰，市场上流通的就是 USB 接口键盘。

（2）以按键的个数分类。根据按键的个数不同，常见的有 84 键、101 键、102 键和 104 键、108 键等几种键盘。

（3）按照应用可以分为台式机键盘、笔记本电脑键盘、工控机键盘三大类。

3. 键盘的内部结构及工作原理

根据键盘按键开关接触方式的不同，分为机械式键盘、塑料薄膜式键盘、静电电容式键盘、导电橡胶式键盘等四种。

（1）机械键盘（Mechanical Keyboard）。从结构来说，机械键盘的每个按键都有一个单独的开关来控制闭合，这个开关也被称为“轴”，依照微动开关的种类，机械键盘可分为传统的茶轴、青轴、白轴、黑轴、红轴，以及 Romer-G 和光轴。正是由于每个按键都由一个独立的微动开关组成，因此按键段落感较强，从而产生适于游戏娱乐的特殊手感，故而通常作为比较昂贵的高端游戏外设，如图 8.2 所示。机械键盘的使用寿命在 5000 万到 1 亿次，普通用户 10 年之间的键盘敲击次数在 20 万次左右。因此从理论上来说，一款好的机械键盘足够使用一辈子了。

图 8.2　机械式键盘

◆ 青轴：段落感最强、敲击时声音最大，机械感最强，是机械键盘的代表轴，需下压 2.4mm 才可触发，打字节奏感十足，但是声音较大，比较吵，压力克数平均为 60g。

◆ 黑轴：段落感最不明显，声音最小，与青轴形成鲜明对比，直上直下，下压 1.5mm 即可触发。无论你想得到急速或舒缓的输入，黑轴都能自如应对，打字游戏都适合。

◆ 茶轴：比起青轴，段落感要弱很多，而对比黑轴，又不是直上直下的感觉，下压 2mm 即可触发，属于比较奢侈的机械轴。茶轴是几种轴中成本最高的轴。

◆ 红轴：与黑轴相似，但压力克数比黑轴小，起点为 35g，终点为 60g（黑轴起点为 40g），手感比较轻盈，敲击时没有段落感，直上直下，触发键程也同为 2.0mm，敲击时更加轻松。

（2）塑料薄膜式键盘。这类键盘的按键结构通常由四层组成，即由橡胶垫面板、上电路、隔离层、下电路四部分组成。最上层是中心有凸起的橡胶垫，下面三层都是塑料薄膜，其中，上下两层塑料薄膜上用导电颜料印制出电路，并在按键位置正下方有一一对应的触点，中间的一层为隔离层，防止第一、第三层的印制线路意外接触导致短路，而在上下两层触点的位置打有直径约 5mm 的小孔。按下按键时，按键推动橡胶垫的凸起部分按下，而橡胶垫的凸起部分又压迫第一层的触点部分向下变形，透过第二层——隔离层的小孔，接触第三层的触点，从而输出编码。这种键盘无机械磨损，可靠性较高，同时成本也较低，目前在市场上的产品中占相当大的比重。

薄膜键盘外形美观、新颖，体积小、重量轻，密封性强，具有防潮、防尘、防油污、耐酸碱、抗震及使用寿命长等特点，被广泛应用于医疗仪器、计算机控制、数码机床、电子衡器、邮电通信、复印机、家用电器、电子游戏机等领域。

（3）静电电容式键盘（Capacitive Keyboard）。从触发原理来说，静电电容式键盘是利用电容容量的变化来判断按键的开和关，在按下按键后，开关中电容容量发生改变，从而实现触发，整个过程不需要开关的闭合。正是由于无物理接触点就可以实现敲击，因而磨损更小，使用寿命更长，更稳定、迅速、全键无冲突、更灵敏。通常用于大型医疗设备，也可作为比较昂贵的高端游戏外设。

8.2.2 鼠标

图 8.3 鼠标

鼠标是计算机的两大输入设备之一，是 1964 年由美国加州大学伯克利分校道格拉斯·恩格尔巴特（Douglas Englebart）博士发明的，如图 8.3 所示。它可以对当前屏幕上的游标进行定位，并通过按键和滚轮装置对游标所经过位置的屏幕元素进行操作。

1. 鼠标的分类

鼠标的分类方法很多，通常按照键数、接口形式和内部构造进行分类。

（1）按键数分类。可分为两键鼠标、三键鼠标、五键鼠标和新型的多键鼠标。两键鼠标和三键鼠标的左右按键功能完全一致，一般情况下，用不到三键鼠标的中间按键，但在使用某些特殊软件（如 AutoCAD 等）时，这个键也会起一些作用。五键鼠标多用于游戏，4 键前进，5 键后退，另外还可以设置快捷键。多键鼠标是新一代的多功能鼠标，如有的鼠标上带有滚轮，大大方便了上下翻页，有的还增加了拇指键等快速按键，进一步简化了操作程序。

（2）按连接方式和接口不同分类。鼠标与键盘类似，这里不再详述。

（3）按鼠标的外形是否符合人体工程学分类。按照人体工程学原理设计的鼠标，手掌搭放在鼠标上面能够得到充分的支撑，有效防止长时间使用鼠标所产生的疲劳感。鼠标的人体工学设计主要是造型设计，分为对称设计、右手设计和左手设计三种类型。常见的人体工程学鼠标的外观如图 8.4 所示。

图 8.4　人体工程学鼠标

（4）按有线无线分类。无线鼠标采用红外线、激光、蓝牙等技术进行连接。常见的无线鼠标如图 8.5 所示。目前的无线鼠标都需要电池来供电。

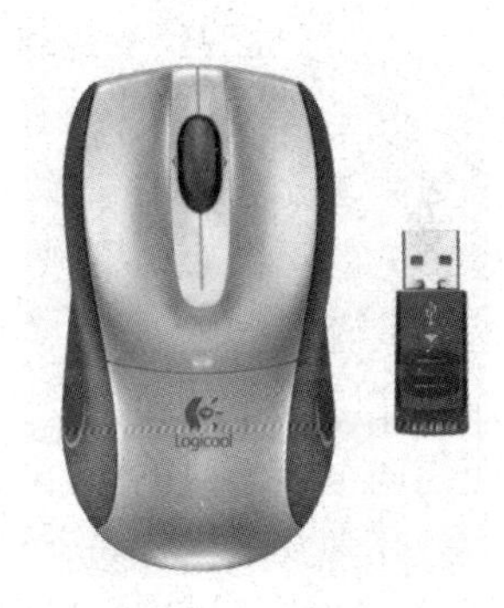

图 8.5　无线鼠标

（5）按其工作原理及其内部结构分类。鼠标的内部结构经历了从原始鼠标、机械鼠标、光电鼠标、光机鼠标、光学鼠标再到如今的触控鼠标。

① 光学式鼠标。光学式鼠标（如图 8.6 所示）的内部使用了一个很精密的光学传感器（Optical Sensor），也就是俗称的光眼。目前，高档的光学鼠标通常都采用安捷伦公司的光学传感器。光学传感器包含光学组件、CMOS 成像元件和专用图像分析处理芯片（DSP，数字信号微处理器）。光学组件由棱镜和透镜组成。当鼠标工作时，发光二极管会发出一束光线，一般情况下为红色（因为红色光源的 LED 技术面世最早，最成熟，价格也最低，组织零件生产和控制成本相对容易），经棱镜反射后照射在鼠标操作平台（通常是鼠标垫）上，被照亮区域通过鼠标底部的光学透镜聚焦并投影到 CMOS 上拍摄下来，随后以黑白图片形式送给 DSP，每隔一段时间，CMOS 会根据这些反射光做一次快速拍照，所拍摄到的照片传送到处理芯片后，芯片会从照片中找到定位的关键点，并对比前后两次快照中关键点的位移大小和方向的变化，分析测量出它们的运动轨迹，最后将分析结果以数字信号的方式传达给计算机的相关设备，最终在显示器上体现相应的鼠标运动。

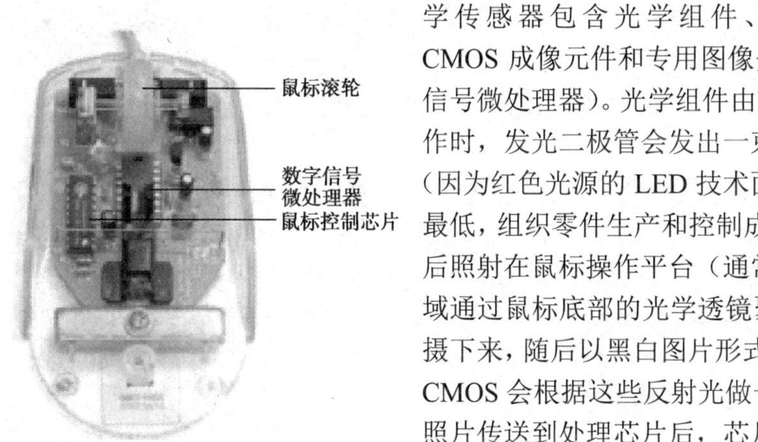

图 8.6　光学式鼠标

根据内部使用的光线种类不同，光学鼠标又可以分为红光鼠标、激光鼠标和蓝光鼠标。

- 普通光电鼠标采用红光侧面照射，棱镜正面捕捉图像变化，成本低，足以应付日常用途，对反射表面要求较高，所以使用时还是要配个合适的鼠标垫（偏深色、非单色、勿镜面较为理想），分辨率相对较低。

- 激光鼠标采用激光侧面照射，棱镜侧面接收，成本高，虽然激光鼠标分辨率相当的高，对反射表面要求低，也就是对激光鼠标垫的要求很低。
- 蓝光鼠标采用蓝光侧面照射，棱镜正面捕捉图像变化，成本低，适合日常用途。蓝光鼠标看起来比较醒目，实际上蓝色 LED 对眼睛并不友好，反而没有红色更耐看。蓝光鼠标对反射表面的适应性比传统的红色似乎要好一些，但并不明显，其分辨率较低。

② 触控鼠标。一种新型鼠标，采用触觉控制，就像智能手机的触摸屏一样。触控鼠标一般都为多点触摸亦称多点触控、多重触控、多点感应、多重感应等，该系统是采用人机交互技术与硬件设备共同实现的技术。

以 Magic Mouse 鼠标为例，该鼠标采用电容感应原理设计，通过鼠标表面亚克力板内的电容膜来识别用户手指在鼠标表面的运动轨迹，通过 MCU 处理后，传输给计算机以完成操作。

2. 鼠标的技术参数

光学机械式鼠标，一般简称“光机鼠标”。光机鼠标是在纯机械式鼠标基础上进行改良，通过引入光学技术来提高鼠标的定位精度的。光机式鼠标中的分辨率 dpi（dot per inch）为每英寸的点数。如果称一个鼠标能达到 800dpi，则表示鼠标每移动 1 英寸就传回 800 次坐标。或者再通俗一点，如果在桌面上画一条 1 英寸的线，那么一个 800dpi 的鼠标就可以在这条线上取 800 个点，每个点都是其定位点。所以这个指标包含了精确度和最小需要移动距离两个方面的概念。光机式鼠标的 dpi 值与转轴精度和光栅盘的栅格精度有关。

光学式鼠标有两个基本指标：分辨率（简称 cpi）和扫描频率（也称采样频率）。

（1）光学鼠标指标中的分辨率（count per inch，cpi）为每英寸的测量次数。由于光学式鼠标和光机式鼠标工作方式的差异，用物理滚动所形成的点数作为光学式鼠标移动的计数方式不够严谨，于是就出现了 cpi 这个说法。当鼠标在桌面移动 1 英寸的时候，屏幕上的表现为 400cpi 的鼠标会比 800cpi 的鼠标少移动一倍的像素数，也就是说 400cpi 鼠标的指针要移动得更缓慢一些。

（2）光学式鼠标指标中的扫描频率。扫描频率指每秒钟鼠标光学传感器中的 CMOS 将接收到的光反射信号转换为电信号的次数，转换次数决定了鼠标在高速移动的时候屏幕指针是否会由于无法判别光反射信号而乱飘。注意，采样速率和扫描频率不是同一个概念，鼠标采样速率可以视为 Windows 操作系统确认鼠标位置的速率。一般情况下，采用 USB 接口的鼠标固定为 120 次/s，而 PS/2 接口的鼠标默认接口采样速率比较低，只有 60 次/s。

8.3 任务实施

如何选购键鼠

8.3.1 选购键盘

一款好的键盘，不仅能使计算机操作更加得心应手，还能有效地防止手部疲劳。在选购键盘的时候，消费者如果要挑选一款适合自己的好键盘，除了要注意传统的按键手感、工艺质量等方面，还需要更多地考虑键盘的人性化设计，以及键盘和自己整套计算机在外观上的搭配效果等。选购键盘时应考虑以下几个要点。

（1）按键手感。一款键盘的手感可以说是键盘的灵魂之所在，毕竟键盘首先是拿来用的，如果手感不好，也就失去了其大部分使用价值。感受一款键盘的按键是否手感舒适，只要使用适当的力度敲击键盘，感觉其弹性、键程和声音即可，不过这项工作一定要自己来做，因为键盘手感是一个相对主观的感受。手感好的键盘通常弹性适中、回弹速度快而无阻碍、声音小、键位晃动幅度小。

（2）舒适度。对于需要长时间进行文字录入的用户来说，舒适的键盘是力量倍增器。除了选择人体工程学键盘，选购普通键盘时，首先要看键盘的表面弧度，如果键盘从上到下设计成一个小弧面，使用会更舒服；其次要注意键盘下方是否提供托板，以支撑悬空的手腕；第三要注意各种键位的设计，特别是一些常用的功能键位置是否能够轻松按到。

（3）键盘做工。键盘工艺质量的好坏决定了键盘能否长时间稳定地工作，工艺质量较佳的键盘表面和边缘平整、无毛刺，同时键盘表面不是普通的光滑面，而是经过一定的研磨，有类似磨砂玻璃的质感。同时还需要注意按键字母是否是使用激光刻写上去的，它可以保证按键字母字迹清晰、锐利且耐磨。

（4）连接方式。目前计算机键盘的连接方式主要是 USB 接口、无线和蓝牙三种类型。

（5）品牌。目前市场上常见的知名品牌有罗技（Logitech）、微软（Microsoft）、雷柏（RAPOO）、双飞燕（A4TECH）、明基（BenQ）、戴尔（DELL）、苹果（Apple）、三星（SAMSUNG）等。

8.3.2　选购鼠标

鼠标是计算机必需的输入设备，选择价廉物美的鼠标对计算机操作也非常重要。平时选购鼠标主要根据鼠标的实际手感和标称参数做参考依据，总的来讲应从以下几方面考虑。

（1）鼠标的手感。长期使用手感不好的鼠标，会引起上肢的一些综合病症，因此，鼠标的手感很重要。好的鼠标应该具有符合人体工程学原理设计的外形，手握舒适，按键轻松而有弹性，屏幕指标定位精确。

（2）鼠标的标称参数。光机式鼠标主要以分辨率（dpi）为指标；而光学式鼠标有两个基本指标：分辨率（cpi）和扫描频率。

（3）品牌。目前市场上常见的知名品牌有罗技（Logitech）、微软（Microsoft）、Razer、雷柏（RAPOO）、双飞燕（A4TECH）、三星（SAMSUNG）、联想（Lenovo）、惠普（HP）、飞利浦（PHILIPS）等。

8.4　技能训练

8.4.1　拆装键盘

1．实训目的

通过本次练习，使学生能够准确识别键盘的内部结构。

2．实训准备

每小组分配的主要部件及工具包括键盘、螺丝刀等。

3．实训步骤

步骤 1：把键盘从主机上拔下来。

步骤 2：翻转键盘。将原来卡住的底板用螺丝刀往左右方向敲击。拆下键盘外壳，取出整个键盘，将键帽拔出。

步骤 3：用电烙铁将按键的焊角从印制板上焊掉，使开关和印制电路板脱离。（电烙铁应有良好的接地，以防将键盘逻辑器件击穿。）

步骤 4：取下键杆，拿下弹簧和簧片，用无水酒精或四氯化碳等清洗液将链杆、键帽、弹簧和簧片上的灰尘和污垢清除干净，用风扇吹干或放通风处风干。

步骤 5：若簧片产生裂纹或已断裂，则应予以更换；若簧片完好，而弹力不足时，可将其折弯部位再轻轻折弯一些，以便增强对接触簧片的压力。

步骤 6：装好簧片、弹簧和键杆，再将键插入原位置，使焊角插入焊孔并露出尖端部分，用电烙铁将其与焊孔焊牢，装上键帽即可。

8.4.2 拆装光学鼠标

1．实训目的

通过本次练习，使学生能够准确识别光学鼠标的内部结构。

2．实训准备

每小组分配的主要部件及工具包括鼠标（以方正计算机配置的罗技 G500 鼠标为例介绍鼠标的拆卸过程）、螺丝刀等，如图 8.7 所示。

3．实训步骤

步骤 1：把鼠标从主机上拔下来。

步骤 2：罗技 G500 鼠标的外壳比较容易打开，在鼠标的底面上共有三个贴脚，撕下贴脚后，四颗螺钉基本裸露在外面，打开上盖后，最基本的步骤就完成了。如图 8.8 所示，鼠标的内部结构比较复杂，而且还有一条排线和电源线与鼠标上壳相连，它对应的部分就是鼠标的 DPI 显示和鼠标侧键部分。

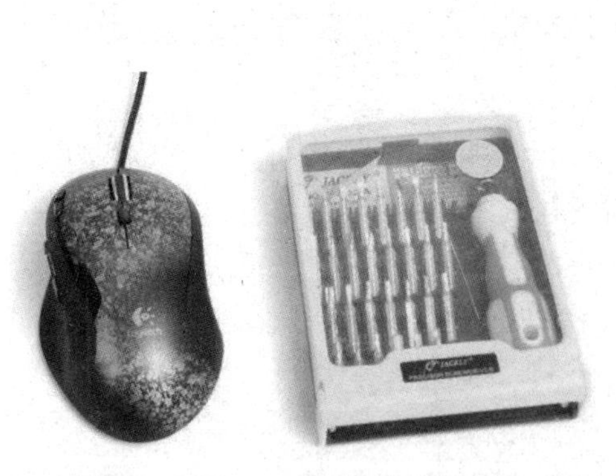

图 8.7 罗技 G500 鼠标和拆装工具

图 8.8 罗技 G500 鼠标内部整体图

步骤 3：打开鼠标以后首先看到的是罗技独家的 MicroGear 滚轮，如图 8.9 所示左图，这个滚轮实现了有阶段感和无阶段感的双模式自由切换，这个部分没有螺钉固定，而且也没发现卡扣，在滚轮的中间有一根横梁，在抽出这个横梁后，滚轮被轻松取下。罗技 MicroGear 滚轮采用了完全的机械结构，通过滚轮上面的按钮可以实现模式的切换，如图 8.9 右图所示。

图 8.9　罗技 MicroGear 滚轮

步骤 4：取下 MicroGear 滚轮后，可以看到罗技 G500 鼠标的 PCB 板，如图 8.10 所示，在左侧微动的旁边还有两个金属的贴片微动，它主要对应着鼠标的 DPI 调解键。如图 8.11 所示为鼠标的侧键的内部构造，有三个按键的功能要通过它来实现，这个部分应该是采用的贴片微动。

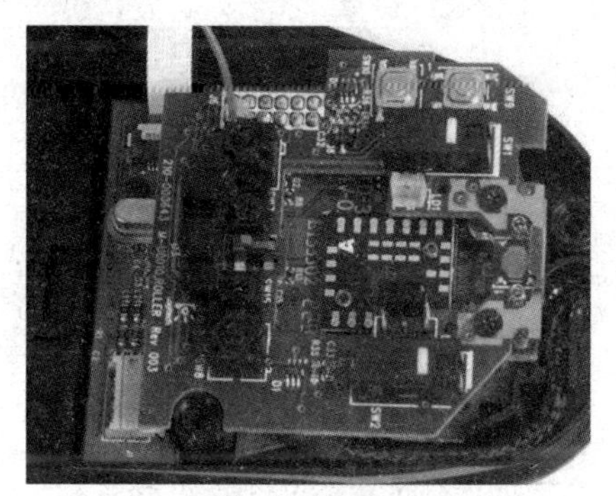

图 8.10　罗技 G500 鼠标的 PCB 板

图 8.11　鼠标侧键内部构造

步骤 5：这颗芯片编号为 S9500 B0902，它的体积很大，罗技 G500 鼠标没有采用分离式插槽设计，这个部分是直接焊接上的，所以无法将双层电路板取下，如图 8.12 所示。

图 8.12　被焊死的电路板无法分离

步骤 6：合上上盖后，安装好四颗螺钉，最后在鼠标的底面上装上三个贴脚，至此，鼠标就完整装好了。

习　题

一、填空题

1．键盘接口有________、________、________和________四种。

2．按工作原理可以将鼠标分为________和________两种，鼠标接口有________、________、________和________。

3．比较常见的键盘有________、________、________等（列举其中三种）。

4．鼠标的操作主要有________、________和________。

5．比较常见的鼠标有________、________、________等（列举其中三种）。

二、简答题

1．键盘有哪些分类？

2．键盘按键可以分为哪几个功能区？

3．键盘的基本结构和工作原理是什么？

4．鼠标有哪些分类？

5．鼠标的基本结构和工作原理是什么？

6．鼠标的性能参数有哪些？

7．选购键盘和鼠标时应注意哪些问题？

三、实训题

1．观察、熟悉各种键盘的结构及与其主机的连接方法。

2．进行键盘的拆、装操作训练。

3．进行各种类型鼠标的拆、装操作训练。

4．课外实训：通过市场调研、网上查询了解目前市面上常见的键盘的结构、品牌、价格等。

5．课外实训：通过市场调研、网上查询了解目前市面上常见的鼠标的型号、品牌、价格等。

任务9 认识与选购机箱和电源

知识目标

■ 了解机箱的分类；
■ 熟悉机箱的结构；
■ 熟悉电源的分类；
■ 熟悉电源的电缆接口；
■ 熟悉电源的性能指标。

技能目标

■ 能够选购合适的机箱；
■ 能够选购合适的电源；
■ 能够拆卸电源的风扇。

9.1 任务描述

计算机中的各个部件都是固定在机箱内部的，机箱对计算机各部件起到保护作用；而电源是计算机的动力之源，电源的质量对计算机各部件的寿命有较大的影响。那么，如何选择合适的机箱和电源呢？

机箱和电源实际上是分开的两个部分，但在计算机配件市场，机箱和电源一般同时出售。

9.2 相关知识

9.2.1 机箱

机箱（Case）是计算机大部分部件的载体。机箱一般包括外壳、支架、面板上的各种开关、指示灯等。机箱作为计算机部件中的一部分，它起的主要作用是放置和固定各计算机部件，起到一个承托和保护作用。此外，计算机机箱具有屏蔽电磁辐射的重要作用。

1. 机箱的结构

机箱由金属的外壳、框架及塑料面板组成。立式 ATX 机箱的结构如图 9.1 所示。

（1）机箱内的主要部件。无论是卧式机箱还是立式机箱，其各个组成部分都差不多，只是位置有些差异。各部分的名称和作用如下。

■ 支撑架孔和螺钉孔：用来安装支撑架和主板固定螺钉。要把主板固定在机箱内，需要一些支撑架和螺钉。支撑架用来把主板支撑起来，使主板不与机箱底部接触，易于装取。螺钉用来把主板固定在机箱内。

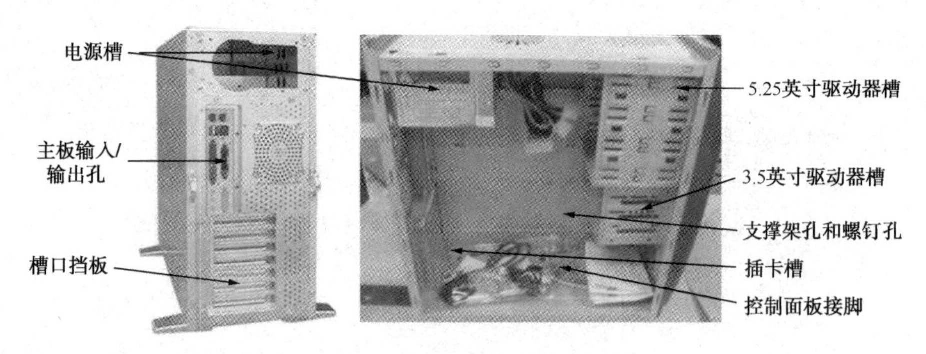

图 9.1 立式 ATX 机箱的结构

- 电源槽：用来安装电源。国内市场上的机箱一般都带有电源，不用另外购买。
- 插卡槽：用来固定各种插卡。计算机的各种插卡（如显卡、多功能卡等），可以用螺钉固定在插卡槽上。如果插卡有接口露在机箱外面，与机箱的其他设备连接，则需要将机箱上的槽位挡板卸下来。
- 主板输入/输出孔：对于 AT 机箱，键盘和鼠标与主板通过这些圆形孔相连；对于 ATX 机箱，有一个长方形孔，随机箱配有多块适合不同主板的挡板。
- 驱动器槽：用来安装固定硬盘、光驱等。
- 控制面板接脚：包括电源指示灯接脚、硬盘指示灯接脚、复位按钮、硬盘工作状态指示灯等。
- 扬声器：机箱内固定一个 8Ω的小扬声器，扬声器上的接线脚插在主板上。
- 电源开关孔：用于安放电源开关。
- 其他安装配件：在购买机箱时，还会配备一些其他零件，通常放在一个塑料袋中或一个纸盒内。主要有螺钉、塑料膨胀螺栓、带绝缘垫片的小细纹螺钉、角架和滑轨（用于固定硬盘和光驱）、前面板的塑料挡板、后面板的金属插卡片等。

（2）机箱前面板上的按钮、开关和指示灯。机箱前面板上通常配有电源开关、电源指示灯、复位按钮、硬盘工作状态指示灯、USB 接口等。

① 电源开关和电源指示灯：电源开关有接通和断开两种状态，当电源打开时，电源指示灯亮，表示已接通电源。

② 复位按钮：该按钮的作用是强迫机器进入复位状态，相当于冷启动。当因某种原因出现死机、按 Ctrl+Alt+Del 组合键无效、出现键盘锁死的情况时可按此按钮，强迫机器复位。

图 9.2 机箱前置 USB 和音频接口

③ 硬盘工作状态指示灯：当硬盘正在工作时，该指示灯亮，表明当前机器正在读或写硬盘。

④ 机箱前置 USB 和音频接口：机箱前面板上提供了 USB 和音频接口，如图 9.2 所示。需要用机箱提供的 USB 线连接到主板上的前置 USB 接口上。

2．机箱的样式

机箱的样式主要有立式、卧式和立卧两用三种。按机箱的外形可分为立式和卧式两种，如图 9.3 所示。

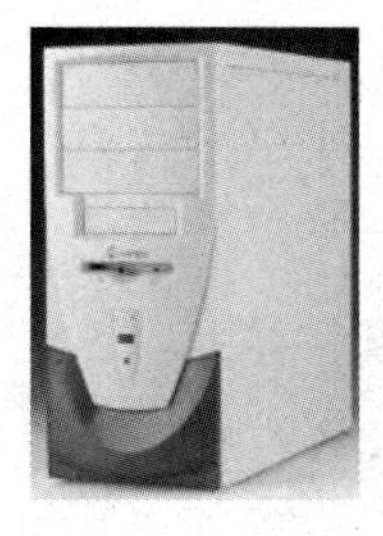
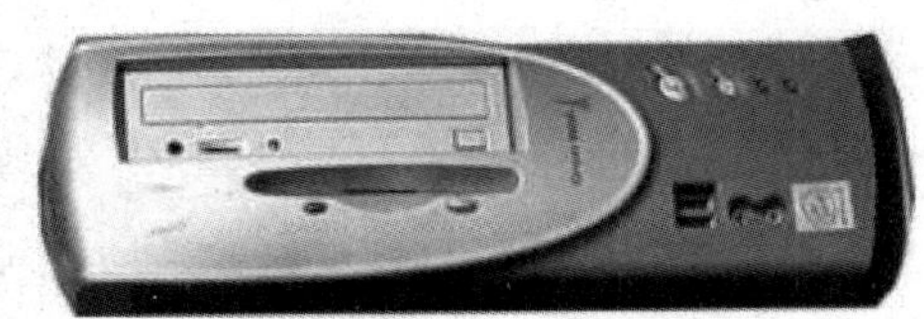

图 9.3　标准 ATX 立式和卧式机箱

3. 机箱的结构类型

不同结构类型的机箱中需要安装对应结构类型的主板，机箱的结构类型包括以下几种。

（1）AT 机箱。AT 的全称是 Baby AT，主要应用在早期 486 以前的机器中，只能支持安装 AT 主板，使用 AT 电源，目前已被市场淘汰。

（2）ATX 机箱。ATX 规范是 1995 年由英特尔公司制定的主板与电源结构标准，是 AT Extend 的缩写。ATX 机箱与 AT 机箱的结构没有大的区别，只是在主板接口的挡板和电源开关上略有不同，ATX 主板将所有的 I/O 接口集成块都做在主板背后，所以 ATX 机箱和 AT 机箱的一个显著区别就是 ATX 机箱有一个 I/O 背板，而 AT 机箱最多背后留有一个大口键盘孔。

（3）MATX 机箱。MATX 机箱也称 Mini ATX 或 Micro ATX 机箱，是 ATX 机箱的简化版，具体结构与标准 ATX 机箱是一样的，其主板尺寸和电源结构更小，生产成本也相对较低。MATX 最多支持 4 个扩展槽，机箱体积较小，扩展性有限，只适合对计算机性能要求不高的用户。

（4）BTX 机箱。BTX 是 Balanced Technology Extended 的缩写，直译为平衡技术扩展，是由英特尔公司制定的。BTX 标准于 2003 年发布，最初的目标是取代 ATX 架构，在 BTX 规范下设计的机箱被称为 BTX 机箱。BTX 主板的尺寸为 325×266mm，衍生的主板规格还包括 MicroBTX（264×267mm）和 Pico BTX 等。虽然 BTX 架构对线路设计进行了优化，不过由于与 ATX 的兼容问题和产业换代成本过高，只有一些一线大厂才象征性地推出相关产品，BTX 规范也被英特尔放弃，机箱新品中已经不见其踪影，只有非常少量的旧机箱有 BTX 架构。

（5）ITX 机箱。它代表计算机微型化的发展方向，这种结构的计算机机箱大小只相当于两块显卡的大小。ITX 机箱必须与 ITX 主板配合使用。HTPC（家庭影院计算机）多使用 ITX 机箱。

（6）RTX 机箱。RTX 机箱采用倒置 38° 设计，通过巧妙的主板倒置，配合电源下置和背部走线系统，可以提高 CPU 和显卡的热效能，并且解决了以往背线机箱需要超长线材电源的问题，带来了更合理的空间利用率，有望成为下一代机箱的主流结构类型。

9.2.2 电源

计算机电源

电源也称电源供应器（Power Supply），它提供计算机中所有部件所需要的电能。随着计算机硬件的飞速发展，电源在整个系统中的地位也越来越重要，它的质量好坏直接决定了其他配件能否稳定地工作。

计算机电源是安装在主机箱内的封闭式独立部件，它的作用是将交流电变换为±5V、±12V、±3.3V 等不同电压、稳定可靠的直流电，供给主机箱内的系统板、各种适配器和扩展卡、硬盘驱动器等系统部件和键盘、鼠标使用。

1．电源的分类

由于主板有 AT 结构、ATX 结构和 BTX 结构，所以机箱的电源也有 AT 电源、ATX 电源和 BTX 电源。

（1）AT 电源。AT 电源功率一般为 150～220W，共有 4 路输出（±5V、±12V），另向主板提供一个 PG 信号，如图 9.4 所示。随着 ATX 电源的普及，AT 电源逐渐退出市场。

（2）ATX 电源。ATX 电源经历了 ATX1.1、ATX2.0、ATX2.01、ATX2.02、ATX2.03 和 ATX 12V 2.0、ATX 12V 2.2 等阶段。目前市场上的电源多为 ATX 12V 2.2，如图 9.5 所示。

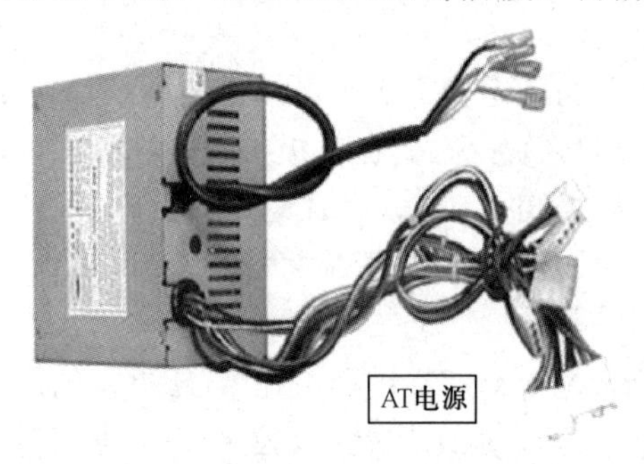

图 9.4　AT 电源

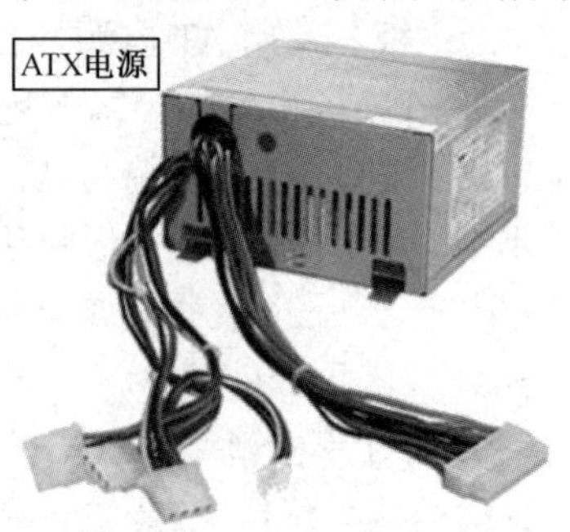

图 9.5　ATX 电源

（3）BTX 电源。随着 PCI Express、Prescott、Athlon64 等硬件规范的出现，显卡、CPU 等硬件的功耗和发热量不断增大，在此基础上推出了 BTX 电源。BTX 电源使用和 ATX 相同的电源连接，在设计理念上和 ATX 是十分相似的，只是经过一系列改进，使得该架构可以显著提高系统的散热效能并降低噪声。BTX 标准还支持 ATX 12V、SFX 12V、CFX 12V 和 LFX 12V 电源。

2．电源的结构

（1）电源插座。电源插座通过电源线使计算机与家用电源插座相连，提供计算机所需的电能。

（2）显示器电源插座。通过电源线将主机和显示器相连，这里只提供一个插座，并没有经过主机电源的任何处理。这样可以在开、关主机电源的同时也可以开、关显示器。

（3）电源插头。电源插头包括主板和外部设备插头。

① 主板电源插头。ATX 12V 2.2 标准使用 24 针主板电源接口，使+12V 电源成为双路输出：+12V 1DC 和+12V 2DC。+12V 1DC 通过电源主接口（12×2）为主板及 PCI-E 显卡供电，以满足 PCI-E X16 和 DDR2 内存的需要；而+12V 2DC 通过辅助电源接口（2×2）专为 CPU 供电，如图 9.6 所示。

图 9.6　24 针主板电源插头

② 外部设备电源插头。用来连接外部设备（如硬盘、光驱等），提供外部设备所需电能。这些插头共有 6～8 个，一般有 3～4 种类型，包括 D 形插头（用来连接 IDE 接口的硬盘、光驱）、SATA 接口硬盘插

头、CPU 插头等，如图 9.7 所示。

IDE 接口硬盘插头　　CPU 插头　　SATA 接口硬盘插头

图 9.7　电源插头

在 ATX 12V 2.2 标准中，SATA 电源接口作为强制标准必须提供。

（4）电源散热风扇。电源盒内装有散热风扇，以便散去电源工作时产生的热量。

（5）电源的电路组成。电源的重要功能是将外部的交流电（AC）转换成符合计算机工作需求的直流电（DC）。电源主要由输入电网滤波器、输入/输出整流滤波器、变压器、控制电路和保护电路等部分组成。

3．电源的性能指标

影响电源性能指标的基本参数包括。

（1）电源功率。电源最主要的性能参数，一般是指直流电的输出功率，单位是 W（瓦特）。目前常用的电源功率有 250W、300W、350W、400W、500W 等，台式机电源功率最大可达到 1500W。功率越大，代表可连接的设备越多，计算机的扩充性越好。一般计算机稳定运行的功率为 100～200W，对于高端机器，300W 的电源也已经足够了。

电源的输出功率分为三种：额定功率、最大功率和峰值功率。一般电源上标出的都是额定功率。

① 额定功率：在环境温度为–5～50℃、电压范围在 180～264V 电源长时间平均输出功率，但该功率并不能很好地反映电源的实际工作状态。

② 最大功率：即输出功率，在室温为 25℃左右，电压范围在 200～264V，长时间稳定输出的最大功率，一般比额定功率高 50W 左右，其反映的是电源实际工作中的最大负载能力。

③ 峰值功率：输出电流达到峰值时电源的瞬间输出最大功率，具有瞬时性，不能作为判断电源性能的参数。

三项指标中最能反映一个电源实际输出能力的是最大功率。

（2）输出电压。计算机电源有多个输出端，ATX 12V 2.0 标准规定输出电压分别为：+5V（红）、+3.3V（橙）、+12V 1（黄）、+12V 2（黄/黑）、+5V SB（紫）、－12V（蓝）、PS ON 线（绿）、PG 信号线（灰）、地线（黑）。

（3）风扇大小。电源的散热方式主要是风扇散热。风扇的大小有 8cm、12cm、13.5cm、14cm 四种。风扇越大，相对的散热效果越好。

4．电源的质量认证

能够反映电源质量的产品规格主要有 3C 和 80PLUS 两种，

（1）3C 认证。3C 认证是中国强制性产品认证，如图 9.8 所示。3C 认证将 CCEE（长城认证）、CIB（中国进出口电子产品安全认证）、EMC（电磁兼容认证）三证合一。正品电源都应该通过 3C 认证，并在电源铭牌上进行标注。

（2）80PLUS。美国能源计划署针对当前资源利用率不高的情况，对计算机电源做出了 80PLUS 的认证规范，以提高电源的转换效率。通过 80PLUS 认证的产品，出厂后会带有 80PLUS 的认证标识。其认证按照 20%、50%和 100%三种负载下的产品效率划分等级，分为白牌、铜牌、银牌、金牌和白金牌五个标准，白金牌等级最高，效率也最好。

电源的铭牌

图 9.8 电源的质量认证

5. 电源的保护功能

保护功能也是影响电源性能的重要指标之一，包含以下几项。

（1）过压保护。当电源的输出电压超过额定值时，电源会自动关闭，从而停止输出，防止损坏甚至烧毁计算机部件

（2）过流或过载保护。防止因输出的电流超过原设计的额定值而使电源损坏。

（3）过热保护。防止电源温度过高导致电源损坏。

（4）短路保护。某些器件可以检测工作电路中的异常情况，如短路等，当发生异常时切断电路并发出报警，从而防止危害进一步扩大。

（5）防雷击保护。针对雷击电源损害而设计。

9.3 任务实施

9.3.1 选购机箱

选购机箱时应注意以下事项。

（1）机箱外观。在很大程度上，机箱的外观决定着整台计算机的个性特点，大家选择时需要考虑四个要素：造型、颜色、大小和一些“表面功能”。为使机箱美观大方，制造厂商不仅设计出漂亮大方的外观，而且机箱前面板的造型也正由传统的平面、四方形风格，转为采用更多流线型设计，更有一些中高档产品还采用了仿水晶面料作为修饰，使机箱更具时尚感。

（2）用料。一般而言，机箱主要由两部分材料组成：面板的塑料部分和外壳的金属部分。高性能机箱前面板的塑料几乎都是 ABS 工程塑料，具有强度高、韧性好和使用寿命长

等优点，且采用注塑工艺，耐磨性能好。一些低档机箱则使用 HIPS 塑料，质量不如前者，使用一段时间后易老化甚至开裂。机箱外壳一般使用 SGCC（热浸镀锌钢板）、SECC（电解镀锌钢板）、SPCC（轧碳钢薄板及带）、铝、钢板、铝合金等几种材质，硬度较高，厚度根据档次不同在 0.6～1.0mm。

对目前最流行的立式机箱来说，用于固定主板的底板（也称为托板）的质量尤为重要，硬度是否合格是一项重要的考核项目。

（3）机箱的制造工艺。工艺较高的机箱的钢板边缘绝不会出现毛边、锐口、毛刺等，并且所有裸露的边角都经过了折边处理。各个插卡槽位的定位也都相当精确，不会出现某个配件安装不上的尴尬情况。

（4）拆装方式。现在的机箱通常可分别取下两侧的面板，非常省力。以往拆装 CPU、内存、显示卡及其他 PCI 设备时都必须打开机箱某侧面板，现在又出现新的设计，无须打开机箱侧面板，就能对 CPU、内存、显示卡和其他一些扩展设备进行拆装，这种机箱背部设计了把手，只需轻轻一拉就可以将整个机箱托板拉出，再进行安装工作，这对经常拆装计算机配件的用户非常实用。

（5）品牌。目前市场上常见的知名品牌有酷冷至尊（CoolerMaster）、金河田（GOLDENFIELD）、大水牛（BUBALUS）、先马（Sama）、航嘉（Huntkey）、曜越（Thermaltake）、爱国者（aigo）、鑫谷（Segotep）、Corsair 美商海盗船等。

（6）其他附加功能。为了方便用户使用耳机和 U 盘等设备，许多机箱都在正面的面板上设置了音频插孔和 USB 接口。有的机箱还在面板上添加了液晶显示屏，实时显示机箱内部的温度。

9.3.2 选购电源

电源担负着整个主机的能量供应，其性能直接关系到系统的稳定性与硬件的使用寿命，所以，对 PC 电源的选购非常重要。在购买机箱时，机箱通常附带电源，但一般来说，这些电源品质较差，或者不能满足特定的要求，可以另外购买电源。之前，我们在选购电源时大多会掂量掂量电源的重量或者透过散热孔看看电源的内部做工，再者就是看看电源的额定功率的瓦数和有没有获得 3C 中国强制认证，而现在在选购电源时还要看看电源铭牌上是否标示有 80PLUS 的认证标准，因为这个认证直接关系到电费开销。

（1）核定电源功率。电源的功率必须大于机箱内全部配件所需功率之和，并要留有一定的余量。为确保计算机能带动更多的外接设备，电源功率一般不低于 250W，且越大越好。因为一旦电源功率过小，以后挂硬盘、光驱或对 CPU、内存超频时，就会因功率过小而无法正常启动。

如果采用 AMD 的 CPU 或 Intel CPU 内核为 Prescott，最好配备 300W 以上的电源。另外还要看硬盘和光驱的数量，一般每增加一个驱动器，电源最好增加 30W。

（2）看电源铭牌。电源铭牌上有电源的主要性能指标。

（3）外观。好的电源应包装完好，外壳加工精细，无碰伤、划伤，电源内部无异物，封条完好。

（4）线材和散热。电源所使用的线材粗细，与它的耐用度有很大的关系。长时间使用较细的线材，常常会因过热而烧毁，因此，线材不宜太细。

电源风扇转速平稳、无明显噪声、不能出现风扇被卡住的现象等。

（5）品牌电源。目前市场上电源产品很多，生产厂商也很多，不同厂商的产品质量有所区别，因此必须选择一些知名的品牌。目前市场上知名的品牌有航嘉（Huntkey）、长城（GreatWall）、台达（DELTA）、Seasonic 海韵、酷冷至尊（CoolerMaster）、FSP 全汉、Corsair 美商海盗船、振华（SuperFlower）、鑫谷（Segotep）、曜越（Thermaltake）等。

（6）电源接口数量和类型。电源接口数量和类型决定了可连接设备的数量和类型，用户应观察电源接口的数量和类型是否满足需要。因为，现在计算机中 SATA 接口硬盘在增多，PCI-E 接口的显卡也需要相应插头的电源接口，这都要细致地考虑。

9.4 技能训练：拆卸电源风扇

1．实训目的

通过本次练习，使学生能够正确地拆卸不同型号的电源风扇。

2．实训准备

不同型号的电源。

3．实训任务

拆卸电源风扇。

4．实训步骤

由于电源风扇是封在电源盒内的，拆卸不太方便，所以一定要注意操作方法。

步骤 1：拆风扇。先断开主机电源，拔下电源背后的输入、输出线插头，然后再拔下与电源连接的所有配件的插头和连线，卸下电源盒的固定螺钉，取出电源盒，观察电源盒外观结构，卸下螺钉，去下外罩。取外罩时要把电线同时从缺口中撬出来。卸下固定风扇的四个螺钉，取出风扇，可以暂不焊住两个电源线。

步骤 2：清除积尘。用纸板隔离好电源电路板与风扇，用小毛刷或湿布擦拭积尘，擦拭干净即可。也可以使用皮老虎吹风扇、风叶和轴承中的积尘。

步骤 3：加润滑油。撕开不干胶标签，用尖嘴钳挑出橡胶密封片，找到电机轴承，一边加润滑油，一边用手拨动风扇，使润滑油沿着轴承均匀流入，一般加几滴即可。润滑油一定要使用计算机专用润滑油或高级轻质缝纫机油。最后装上橡胶密封片。

步骤 4：加垫片。如果风扇发出的是较大的“突突”噪声，一般仅清除积尘和加润滑油是不能解决问题的，这时拆开风扇后会发现扇叶在轴向滑动距离较大。取出橡胶密封片后，用尖嘴钳分开轴上的卡环，下面是垫片，此时可取出风扇转子，以原垫片为标准，用厚度适中的薄塑料片制成一个垫片。把制作好的垫片放入原有的垫片之间，用手拨动叶片，风扇转动顺畅就可以了，最后装上卡环、橡胶密封片，贴上标签。

习　题

一、选择题

1．ATX 主板电源接口插座为双排（　　）。

A．20 针　　B．12 针　　C．18 针　　D．24 针

2．机箱的技术指标包括（　　）。

A．坚固性　　B．可扩充性　　C．散热性　　D．屏蔽性

3．电源技术指标包括（　　）。

A．多国认证　　B．噪声和滤波　　C．电源效率　　D．发热量

二、填空题

1．电源向主机系统提供的电压一般有________V、________V、________V。

2．计算机机箱从样式上可分为________和________；按机箱的结构分为________、________、________、________及________机箱。目前市场上主流产品是采用________结构的主机箱。

3．电源按照结构可分为________、________和________。

三、简答题

1．机箱如何分类？

2．电源的主要技术指标有哪些？

3．如何进行机箱选购？

4．如何进行电源选购？

四、实训题

1．观察、熟悉各种机箱的结构及与主板的连接方法。

2．观察、熟悉各种电源的结构及与机箱和主板的连接方法。

3．课外实训：通过市场调研、网上查询了解目前市面上常见的机箱的结构、品牌、价格等。

4．课外实训：通过市场调研、网上查询了解目前市面上常见的电源的型号、品牌、价格等。

任务10 认识与选购声卡和音箱

知识目标

- 理解声卡的工作原理；
- 熟悉声卡的组成；
- 熟悉声卡的技术指标；
- 熟悉音箱的结构；
- 熟悉音箱的技术指标。

技能目标

- 能够选购合适的声卡；
- 能够选购合适的音箱。

10.1 任务描述

如果计算机没有声卡和音箱，就无法听音乐、看电影、进行语音交流。目前市场上声卡和音箱品牌众多，如何选择一款合适的声卡和音箱呢？

10.2 相关知识

10.2.1 声卡

声卡是多媒体计算机最基本的部件之一，是连接主机和音箱的接口电路，音箱是计算机的音频输出设备。声卡和音箱在多媒体计算机中起着非常重要的作用，想利用计算机欣赏音乐、发送语音等都必须使用声卡和音箱，正是有了声卡和音箱才让人们感受到计算机的声音魅力。

1．声卡的分类

（1）按声卡是否为一块单独扩展卡分类。目前，常见的声卡主要有两种形式：一种是直接集成在主板上的，称为板载声卡，也称集成声卡；另一种是将音效芯片和其他元器件及承载一块印制在电路板上，通过总线扩展接口与主板连接，称为独立声卡或插卡式声卡。

（2）按声卡取样频率的位数分类。按声卡取样频率的位数不同，可分为8位声卡、准16位声卡、真16位声卡。

（3）按声卡功能的不同分类。按声卡功能的不同可分为单声道声卡、准立体声声卡、真立体声声卡、5.1声卡、7.1声卡等。

2．声卡的组成

声卡的生产厂商虽然不同，但其主要组成结构却是相同的，主要由数字信号处理器（DSP）、I/O 控制芯片、模/数与数/模转换芯片 Codec、功率放大器、总线接口、输入/输出连接端口等部件组成。随着技术的进步，现在推出的声卡大多将 DSP 和 I/O 控制芯片集成在一起。有些声卡上还带有波表合成器芯片、混音处理芯片、音色库芯片等，这些芯片在低档声卡中大多已经集成到 DSP 内，只有部分高端的声卡仍然保留独立的结构。如图 10.1 所示是一块创新 PCI-E 总线的声卡。

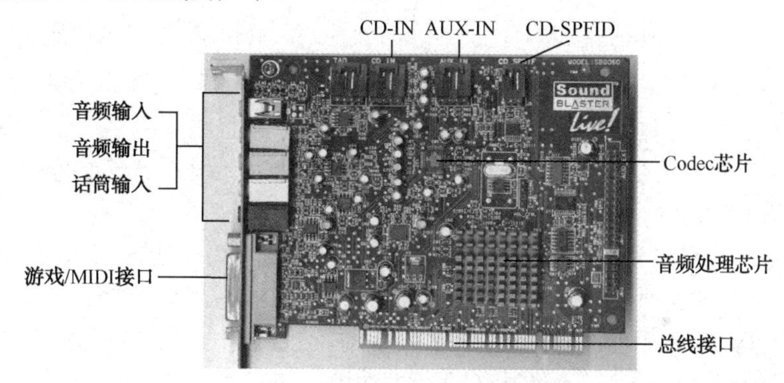

图 10.1　PCI-E 总线声卡结构图

（1）数字信号处理器（Digital Signal Processor，DSP）。声卡的 DSP 也称声卡主处理芯片，即音频处理芯片，是声卡的核心部件。DSP 的主要功能是对数字化的声音信号进行各种处理，如声波取样和回放控制，处理 MIDI 指令等。DSP 基本上决定了声卡的性能和档次。

（2）模/数与数/模转换芯片 Codec。Codec 芯片是模拟电路和数字电路的连接部件，负责将 DSP 输出的数字信号转换成模拟信号以输出到功率放大器和音箱，也负责将输入的模拟信号转换成数字信号输入到 DSP。Codec 芯片和 DSP 的能力直接决定了声卡处理声音信号的质量。

（3）功率放大器。功率放大器的主要作用是将 Codec 芯片输出的音频模拟信号放大，输出可以直接推动音箱的功率，同时还担负着对输出信号的高低音分别进行处理的任务。声卡上的功率放大器型号大多为 XX2025，功率为 2×2W，音质一般。通常是将声卡上的线性模拟输出端口（Line Out）直接连接到音箱，这样音质较好而且噪声小。

（4）总线接口。声卡插入主板上的一端称为总线连接端口，它是声卡与计算机互相交换信息的桥梁。根据总线的不同，把声卡分为 PCI 和 ISA 两大类，目前 ISA 声卡已被淘汰。

（5）内部连接端口。内部连接端口有 CD SPDIF（数字 CD 音频输入连接器）、AUX In（辅助音频输入口）、CD In（模拟 CD 音频输入口）等。

（6）外部连接端口。声卡上有多个输入/输出接口，如图 10.2 所示为一款 5.1 声道的声卡的外部接口，如图 10.3 所示为一款 7.1 声道的声卡的外部接口。

3．声卡的工作原理

根据多媒体计算机（MPC）的技术规格，声卡是多媒体技术中最基本的组成部分，是实现声波/数字信号相互转换的硬件电路。声卡把来自话筒、磁带、光盘的原始声音信号加以转换，输出到耳机、扬声器、扩音机、录音机等声响设备，或通过乐器数字接口（MIDI）使乐器发出美妙的声音。

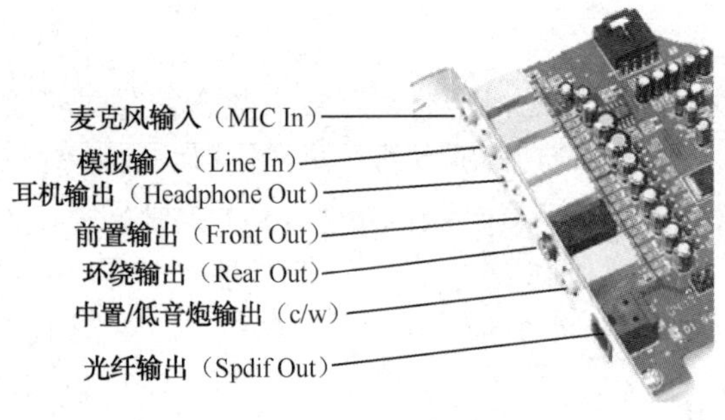

图 10.2　5.1 声卡的外部接口

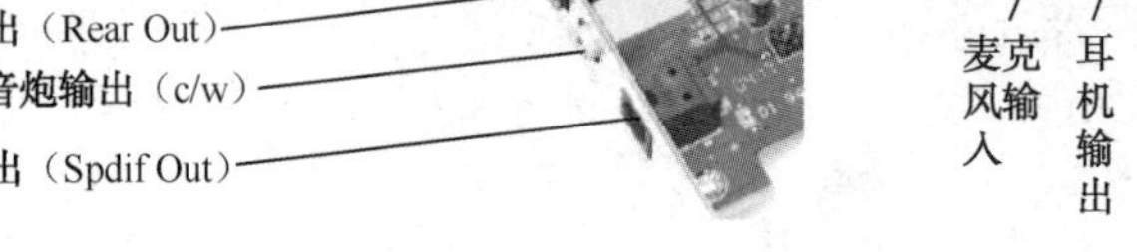

图 10.3　7.1 声卡的外部接口

首先，声卡从话筒中获取声音模拟信号，通过模数转换器（ADC），将声波振幅信号采样转换成一串数字，存储到计算机中。当重放声音时，再将这些数字信号送到一个数模转换器（DAC），以同样的采样速率还原为模拟波形，待放大后送到扬声器发声，这一技术也称为脉冲编码调制技术（PCM）。

PCM 技术的两个要素是采样速率和样本量。人类听力的范围为 20Hz～20kHz，因此激光唱盘的采样速率为 44.1kHz，这也是 MPC 标准的基本要求。PCM 的第二个要素是样本量大小，它表示使用存储记录下的声音振幅的位数。样本量的大小决定了声音的动态范围，即被记录和重放的声音最高和最低之间相差的值。假定样本量大小为 16 位，其动态范围几乎是人们的听觉听得见的阈值和感觉难受的阈值之差，所以样本量为 16 位，音质效果就很好。

4．音频标准

（1）AC’97 标准。AC’97 标准规范把模拟部分的电路从声卡芯片中独立出来，成为一块称为 Audio Codec 的小型芯片，使得数/模与模/数转换尽可能脱离数字处理部分，这样就可以避免大部分数/模与模/数转换时产生杂波，从而得到更好的音效品质。目前大部分声卡都符合 AC’97 标准。

（2）HD Audio 标准。为了让集成声卡提供高品质音频的规范，2004 年 Intel 公司又率先推出了音频新标准——HD Audio（High Definition Audio，高解析度音频），代号为 Azalia，该标准将取代 AC’97 标准。

HD Audio 所采用的 Azalia Link 带宽达到了单路输出 48Mb/s 和单路输入 24Mb/s（并且可以动态分配带宽），而 AC’97 所采用的 AC-Link 只有 11.5Mb/s。在 HD Audio 规范下，高品质音频信号由主板南桥提供，南桥需要外置的 Codec（Coder/Decoder）芯片来进行数/模与模/数转换。HD Audio 可以提供 7.1 环绕音效，192kHz 采样率和高达 32 位的解析度。而 AC’97 则多为最高支持 48kHz 采样率、20 位解析度，即便其号称支持 5.1、7.1 声道输出。

5．板载声卡

随着主板集成度的提高，目前，几乎所有主板都集成了声卡，称为板载声卡。板载声卡分为板载软声卡和板载硬声卡（有声卡主处理芯片 DSP）。硬声卡指带有音频处理器和数模转换器的声卡（不需要占用 CPU 资源就能处理一切音频信号的转换），软声卡指只有数模转换器的声卡。

AC’97 软声卡则仅在主板上集成 Audio Codec，而 Digital Control 这部分则由 CPU 完全取代，节约了不少成本。根据 AC’97 标准的规定，不同 Audio Codec 97 芯片之间的引脚兼容，原则上可以互相替换。也就是说，AC'97 软声卡只是一片基于 AC'97 标准的 Codec 芯片，不含数字音频处理单元，因此计算机在播放音频信息时，除数/模与模/数转换以外所有的处理工作都要交给 CPU 来完成。可以这样说，AC'97 软声卡只是简化了硬件，而设计思路仍是贯彻 AC'97 的规格标准的声卡。也有部分消费者就认为软声卡就是没有 Digital Control 芯片，而是采用软件模拟，所以就存在两个问题：首先其 CPU 占用率肯定较高，容易产生爆音；其次音质也不可以和普通的独立声卡相提并论。

在板载软声卡的主板上，一般在 PCI 插槽上端的电路板上能看到一块小小的方形 Codec 芯片。目前，多数新出的主板都集成了符合 AC'97 规范的声卡 Codec 芯片，负责模/数与数/模的转换。常见的 Codec 芯片有 ALC850/650/655、AD1980/1985、CMI8738、ALC202A、VT1616 等。

硬声卡标准符合 AC'97 及更新的 HD Audio 标准，有一块较大的主流声卡 DSP 芯片和一块较小的 Codec 芯片。

硬声卡的优点是很多音效处理工作不需要 CPU 参与，对 CPU 的占用率比较低；缺点是音频信号输出信噪比普遍不是很高，3D 音效定位能力一般。

目前板载硬声卡常采用的声卡处理芯片主要有 CMI-8738/6CH、CT-5880、VT1617 和 ALC650 等。

目前，市场上绝大部分主板集成了软声卡，只有很少的主板集成硬声卡。软声卡能够完全满足一般用户的要求，只有酷爱 3D 游戏的用户和音乐发烧友，才需要选购集成硬声卡的主板或安装独立的声卡。

10.2.2 麦克风

麦克风又称话筒，是提供录音功能的输入设备。用计算机来录入声音的工作流程是先由麦克风采集外界的声波信号，并将这些声波转换成电子模拟信号，经电缆传输到声卡的麦克风输入接口。

目前市场上有单一的麦克风，如图 10.4 所示。也有将话筒和耳机组合在一起，就是所谓的耳麦，这种设备既可以讲话，又可以听，如图 10.5 所示。

图 10.4　麦克风

图 10.5　耳麦

10.2.3 音箱

音箱是多媒体计算机的重要组成部分之一，优美的音乐、动听的歌曲、美妙的音效都由音箱播放出来。本节将简要介绍音箱的基本结构、音箱的主要技术指标，以及音箱选购方面的基本知识，以帮助用户选购音箱。

1．音箱的分类

音箱又称扬声器系统，它是音响系统中极为重要的一个组成部分。在计算机上使用的多媒体音箱，常见分类方式如下。

（1）按体积大小和音箱结构形式分类，可以分为书架式和落地式。前者体积小巧、层次清晰、定位准确，但功率有限，低频段的延伸与音量不足，适于欣赏以高保真音乐为主的音乐爱好者，也是多媒体发烧友的首选；后者体积较大、承受功率也较大，低频的量感与弹性较强，善于表现磅礴的气势与强大的震撼力，但层次感与定位方面略有欠缺。

（2）按声道数量分类，可分为2.0（如图10.6所示）音箱和X.1音箱。2.0结构的音箱将高低音单元设计在同一个箱体内，所以只需要两个箱体便能组成一套全频带立体声音箱。X.1音箱由2个、5个、7个或更多的卫星音箱组成，也就是2.1（如图10.7所示）、5.1（如图10.8所示）和7.1（如图10.9所示）音箱等。卫星音箱负责中、高频的还原，低音音箱负责低频的还原。对于观看DVD和玩游戏者来说，X.1音箱是不错的选择。

图10.6　2.0音箱

图10.7　2.1音箱

（3）按箱体材质可分为塑料音箱和木制音箱。

（4）按接口可分为模拟音频接口、数字接口、USB接口和IEEE 1394接口音箱。

2．音箱的结构

计算机使用的多媒体音箱由箱体、扬声器单元、电源部分和信号放大器等主要部分组成。

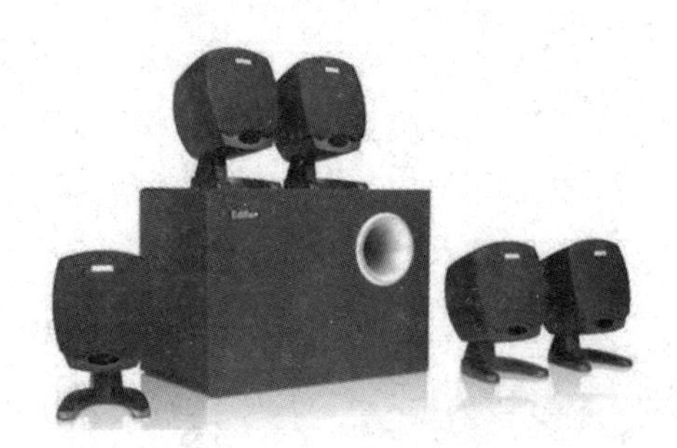

图10.8　5.1音箱

图10.9　7.1音箱

（1）箱体。目前，比较流行的计算机多媒体音箱的箱体设计形式有密闭式和倒相式两种。

密闭式音箱也叫“气垫”式音箱，它是中、低档音箱中最常见的结构之一（通常使用在2.0声道的音箱上），其主要特点是在封闭的箱体内装上扬声器，将箱体内部与外部的声波完全隔绝起来。密闭式音箱的主要优点是低频有力度、瞬态好、反应迅速、低频清晰，听古典音乐、室内音乐效果不错；缺点是声音下潜深度有限，低频量感不足。

倒相式音箱又称低频放射式音箱，也是目前多媒体音箱中最常用的箱体设计。它和密闭式音箱不同之处在于，音箱的前面设计了筒形的倒相孔，以使箱体内外的空气流通，它有比密闭式音箱更高的功率承受能力和更低的失真，量感足、灵敏度高，既适用于一般家庭，也可用于大厅或专业场所。

（2）扬声器单元。一般木制音箱和较好的塑料音箱都采用二分频的技术，就是由高、中音两个扬声器来实现整个频率范围内的声音回放。而一些 X.1（多声道系统）上被用作环绕音箱的塑料音箱用的是全频带扬声器，即用一个喇叭来实现整个音域内的声音回放。计算机多媒体音箱扬声器通常采用双磁路和加放磁罩的方法来避免磁力线外漏，使计算机音箱具有防磁性。

多媒体音箱上用到的扬声器单元基本上都是动圈类的。扬声器单元的口径大小一般和振动频率成反比，口径越大，低频响应下限越低，其低音表现力也越好，而高音则正好相反。一般来说，2～3.5 英寸的锥盆扬声器主要用在全频带扬声器上（如图 10.10 所示），4～6 英寸的一般作为中音扬声器使用（如图 10.11 所示），6.5 英寸以上的则几乎全是低音扬声器（如图 10.12 所示）。

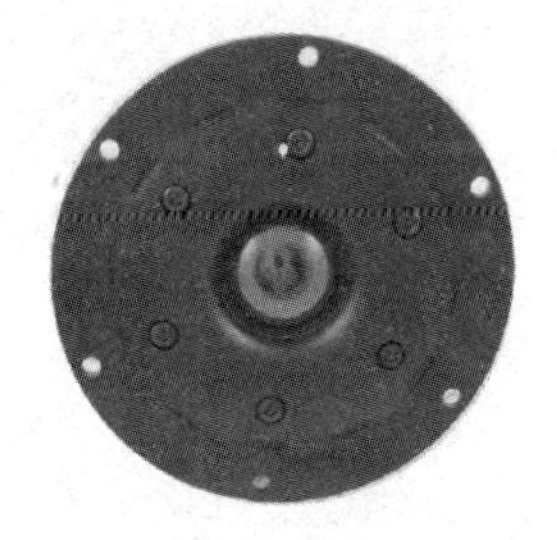

图 10.10　全频带扬声器

图 10.11　中音扬声器

图 10.12　低音扬声器

（3）电源部分。计算机音箱内的电路为低压电路，需要一个变压器将高电压变为低电压，然后用 2 个或 4 个二极管将交流电转换为直流电，最后用电容对电压进行滤波，使输出的电压趋于平缓。

（4）信号放大器。声卡将数字音频信号转换为模拟音频信号输出，此时音频信号电平较弱，一般只有几百 mV，还不能推动扬声器正常工作。这时就需要通过放大器（功率放大器，简称功放）把信号放大，使之足以推动扬声器正常发声，同时兼管音量大小和高音、低音的控制。

3. 音箱音质音色的判断

将熟悉的高质量 CD 音源输入，凭借耳朵去分辨判断：把所有调节钮都调到中间的大小，打开开关，调节音量至适中的大小，人左右移动以判断音箱的相位特性，有无明显的偏音、相位拖延现象；调整平衡旋钮以判断所发出的声场扩散效果和声音定位性能；降低音量以判断失真、噪声和小信号输出时的表现力；加大音量以检查有无声爆、扬声器的最大承受功率及动态裕量；利用软件提升中音，观察在分频点频率附近的声音有无明显的缺陷，是否强劲有力；增加低音成分以观察箱体是否有明显的谐振，低音是否浓重、浑厚；提升音源的高音部分，聆听高音是否清晰、洪亮；然后用短促有力的打击乐判断音箱扬声器的瞬态效果和速率响应；用汹涌澎湃的电影音源判断音室内的混响时间与输出信号的感染力和震撼力；用交响乐音源判断声场的宽度感、纵深感和现场感，最后再对音箱的整体性能做出综合评价。

10.3 任务实施

10.3.1 选购声卡

目前，几乎所有的主板都内置声卡，其性能要高于几十元的低端声卡。如无特殊要求，没有必要另外购买独立声卡。选购独立声卡时需要考虑以下几方面。

（1）按需选购。在选购声卡时，要明确你的用途，如果是拿来欣赏音乐的，在中低价位推荐产品 DIAMOND S70（ESS MAESTRO-II 芯片），在高档价位推荐产品 CREATIVE SB Live！VALUE（EMU10K1 芯片）。

如果是 A3D 游戏发烧友，中低价位推荐产品 Aureal Vortex V1（AU8820 芯片），高档价位推荐产品 Aureal SQ2500（AU8830 芯片）。

如果是数码音频发烧友，中低价位推荐产品速捷时夜莺（CMI-8738 芯片），高档价位推荐产品 SB Live！Platinum（EMU10K1 芯片）。

如果是 MIDI 爱好者，中低价位推荐产品中凌雷公 3DS724A（YMF-724 芯片），高档价位推荐产品 CREATIVE SB Live！VALUE（EMU10K1 芯片）、DIAMOND MX200（Freedom 5600 芯片）。

（2）考虑价格音素。一般而言，普通声卡的价格为 100～200 元；中、高档声卡的价格差别较大，从几百元到上千元不等。

（3）注意兼容性。声卡与其他配件发生冲突的现象较为常见，在选购声卡之前要了解自己计算机的配置，尽量避免发生不兼容的情况。

（4）注意做工与品牌。声卡的设计与制造工艺对其质量影响较大。选购声卡时要注意声卡的品牌和芯片型号、PCB 的做工、焊点是否均匀和光亮、板卡的颜色是否异常等。

目前市场上声卡的品牌主要有 Creative（创新）、Terratec（德国坦克）、华硕、乐之邦、美奥多、ESI、艾肯、福克斯特、得胜、客所思、PHILIPS（飞利浦）、MAYA（玛雅）、M-AUDIO、B-Link 等。尽量购买那些大厂商的声卡，因为他们的质量有保障，而且售后服务比较完善。

10.3.2 选购音箱

如何选购一款自己满意的音箱，这是许多初学者不太明白的问题，很多人认为，音箱只要能发声，外观看起来漂亮就行了。其实不然，在选购各种计算机配件时，选音箱是一个“仁者见仁，智者见智”的难点，是有学问的。

挑选音箱的一般步骤如下。

（1）掂重量。这是选购音箱的第一步，可用手捧起音箱掂一下重量，一般来说同档次的音箱越重质量越好，表明音箱的各种材料没有偷工减料。这种方法可广泛适用于选购其他音响产品。

（2）看外观。这也是重要的一步。首先看看箱体的整体外形自己是否满意，再检查音箱外贴层，看是否有明显的起泡、划伤和贴层粗糙不平等现象。其次再仔细检查箱板之间结合是否紧密整齐，另外可取下前面板上的防尘纱罩仔细检查一下高低音喇叭的用料、材质、规格是否和说明书上所写的一致。另外可重点检查高低音喇叭，倒相管与箱体是否固定牢固紧密等。最后可看一下音箱上的紧固螺钉是不是内六角螺钉，这是个细节，一般档次较低的或假冒伪劣产品大多采用的是普通螺钉。

（3）了解性能指标。对于一款品牌音箱，其说明书上给出的性能指标数据虽不可全信，但有必要作为选购时的参考。这其中除了了解音箱的重量、外观尺寸、配件是否和标称大概相当，还应了解该音箱的标称功率，阻抗、频响、失真度、动态范围等，是否真实可信，是否夸大其词，另外还应了解喇叭是否是防磁喇叭等。

（4）耳听为实。在选音箱时可同时挑几款不同牌子或不同档次的品牌音箱来试听。由于一般卖音箱的地方声音很嘈杂，所以最好是到有试音间的音箱专卖店或代理店去选购。在没有这种环境条件的地方，大家可自带一个自己平常经常听的音乐碟进行放音试听，哪款音箱表现力较好，一般就能做到心中有数。

（5）音箱品牌。目前市场上常见的音箱品牌有雅马哈、飞利浦、山水音响、富莱仕、漫步者、麦博、三诺、B&W、丹拿和博士等。

10.4 技能训练

10.4.1 2.1 声卡与 2.1 音箱的连接及声道实现方法

1. 实训目的

通过本次练习，使学生能够掌握 2.1 声卡和 2.1 音箱的连接及音箱的摆放技巧。

2. 实训准备

每小组分配的主要部件及工具包括：

（1）2.1 音箱；

（2）2.1 声卡。

3. 实训步骤

步骤 1：将 2.1 音箱的音频线插在声卡的 Line Out 或 Speak Out 孔中。

步骤 2：打开音箱开关，调整好音量。

步骤 3：2.1 音箱最典型的摆放方式是“正三角形法”，注意音箱应与后墙、侧墙相隔一定距离（20～50cm），然后使音箱与听者构成一个 45° 角的正三角形，并尽量使三者在同一平面上即可得到最佳听音位置和回放声效。房间小，音箱功率不大时正三角形就小些；房间大、音箱功率大时正三角形就可摆得面积大一些。低音炮可以摆放在电脑桌下、显示器的正下方位置，在听者正前方与前置声道处于同一条线的地面上。

10.4.2 5.1 声卡与 5.1 音箱的连接及声道实现方法

5.1 音箱系统的摆放

1. 实训目的

通过本次练习，使学生能够掌握 5.1 声卡和 5.1 音箱的连接及音箱的摆放技巧。

2．实训准备

每小组分配的主要部件及工具包括：

（1）5.1 音箱；

（2）5.1 声卡。

3．实训步骤

步骤 1：5.1 声道声卡和 5.1 声道音箱的准备。

如图 10.13 所示为一款 5.1 声卡，如图 10.14 所示为集成 5.1 声卡的台式机的后面端口。

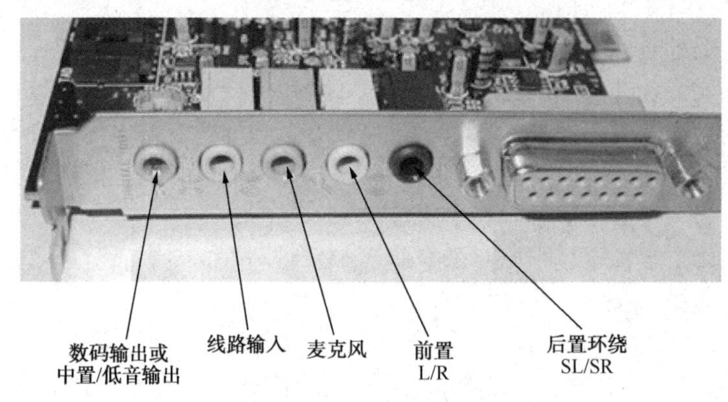

图 10.13　5.1 声道声卡

步骤 2：计算机与主音箱的连接。

一般的桌面 5.1 音箱都将电路部分放在低音炮音箱中，因此把低音炮音箱称作主音箱，这样来看，整个连接无非就是“计算机→主音箱→卫星箱”这三者之间的连接。

以惠威 M20-5.1MKII 为例，在主音箱的背板上，接口可以分为输入和输出两部分，主音箱与卫星箱的连接属于输出部分，如图 10.15 所示。除去低音声道，其他 5 个声道都有标注，“L”代表左声道，“R”代表右声道，“SL”和“SR”代表后置左右声道，而“C”则代表中置声道。

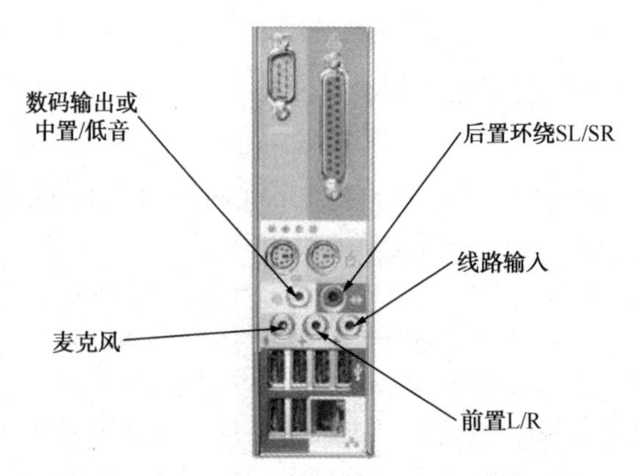

图 10.14　集成 5.1 声道声卡机箱后面端口

在随机附送的连接线（如图 10.16 所示）中找到 3 条 3.5mm 到两路 RCA 的连接线，即为计算机与主音箱的连接线。3 根连接线的 3.5mm 端连接计算机声卡，只需要将 3 种不同的颜色与计算机声卡接口的颜色对应连接即可，绿色插头作为前置 L/R，蓝色插头用于后置环绕声道，黄色插头用于中置/环绕声道，如图 10.17 所示。

图 10.15　5.1 音箱主音箱

图 10.16　RCA 的连接线

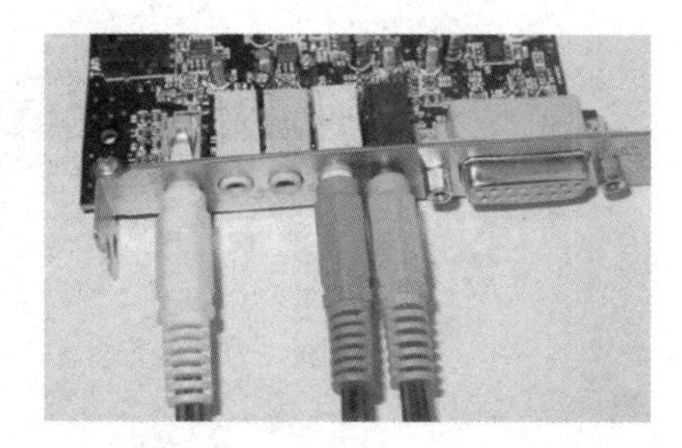

图 10.17　主音箱与计算机的连接

步骤 3：主音箱与卫星音箱的连接。下面再来看“主音箱与卫星音箱”部分的连接。同样以这款音箱为例，倒相孔下方的 3 组 RCA 接口从上至下分别为“低音、中置”、“右后、左后”和“右前、左前”。

步骤 4：打开音箱开关，调整好音量。

步骤 5：设置驱动程序。板载 5.1 声卡驱动程序装好后相对应的前置选项是没有被启用的，输出时只用 2.1 平均分配输出到 5 个音箱。

（1）需要首先启用 5.1 输出。双击计算机桌面右下角音频图标或在控制面板中调用音频属性，打开“音量控制”对话框，选择“选项”→“属性”选项，选中“播放”单选按钮，启用“前部”“环绕”“中部”“LFE”选项，如图 10.18 所示。单击“确定”按钮退出。

（2）启用高级控制。在“音量控制”对话框，选择“选项”→“高级控制”菜单命令，如图 10.19 所示。

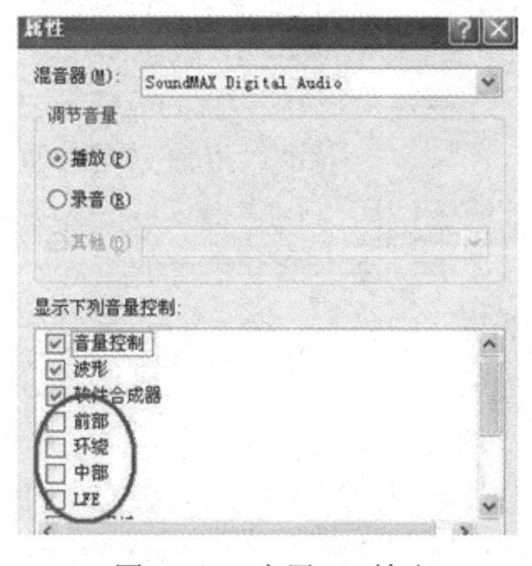

图 10.18　启用 5.1 输出

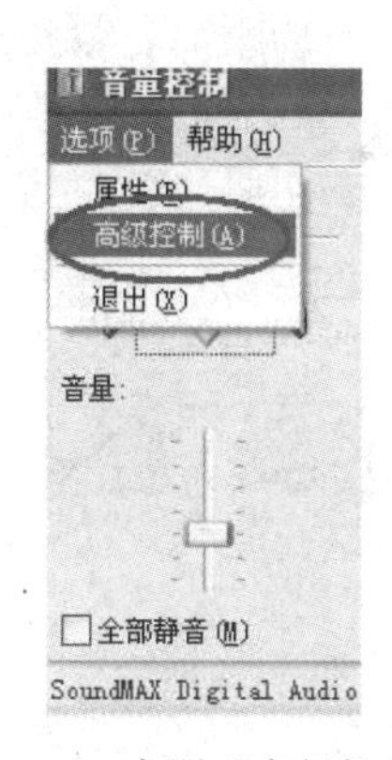

图 10.19　启用“高级控制”选项

（3）在“音量控制”对话框中，单击“高级”按钮，打开“前部 的高级控制”对话框，取消选择前部控制默认的两项转换选项，如图 10.20 所示。

（4）如果是创新 SB 声卡，则驱动程序安装后其驱动控制默认就支持 5.1 了，无须再做调整。打开“控制面板”→“声音和音频设备”进入“声音和音频设备 属性”对话框，可以进行查看，如图 10.21 所示。

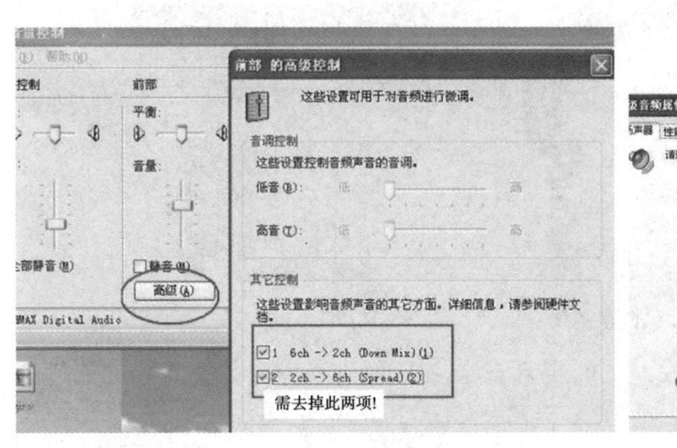

图 10.20　取消前部控制默认的两项转换

图 10.21　创新 SB 声卡设置

步骤 6：播放器测试。在 Windows Media Player 默认版本/Power DVD 4/WinDVD 4 这 3 个播放器中，测试 3 种不同类型的 DVD 碟片，结果表明，都没有正常输出 5.1 声道效果，要实现 5.1 声道输出，需要安装 Power DVD 5.0 或更高版本，推荐使用 WinDVD。

步骤 7：声道系统的摆位。5.1 声道系统的摆位相对来说比较复杂。首先说说低音炮的摆放，由于人对低音的方向性不敏感，因此，低音炮可以放在墙角，但是需要注意以下两点。

（1）低音炮绝对不可以放在容易形成谐振的物体上，例如很轻的电脑桌上。一旦这样做了，当低音炮工作时，桌子也跟着震动，对音质的影响很大。

（2）低音炮的后部不要紧贴墙壁。这是因为不少低音炮是后倒相设计的，倒相孔朝后，如果没有一定的距离，就发挥不出低音了，因此，至少要离墙有一段距离。

低音炮摆好之后就轮到卫星音箱的摆放了。前置音箱最好与耳朵成 45°～60°角。左右喇叭的距离由听者的位置（距显示器的距离）决定。一般可以将前方喇叭面向听者平行摆放或者如同 2.0 声道系统一样摆放，但不论怎样摆放，高度都要尽可能相同。而中置音箱的摆放原则只有一个，即一定要在正前方，也就是左右音箱的垂直平分线上，前后距离无所谓，但是不要太近或太远。环绕音箱和前置音箱面对面摆放或者与人耳成 60°角摆放，最好是挂在后方并高出头部 60～90cm，如图 10.22 所示。

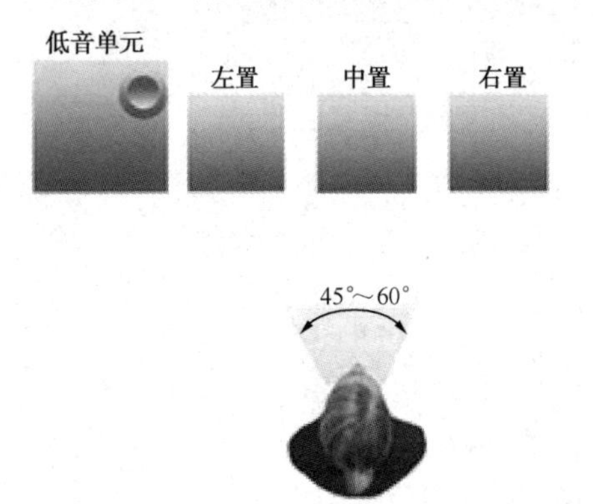

图 10.22　5.1 音箱系统的摆放

4. 扩展知识：房间大小与音箱功率的匹配

通常情况下，选购音箱还要考虑音箱功率与房间大小的合理搭配，这样音箱的音效才会达到预期的理想境界。

（1）10m^2 以下的房间，一般建议选用 10～30W 的微型 2.1 音箱。

（2）10m^2 以上，在 15～25m^2 这个范围内的房间，建议选用 30～100W 的大中型音箱。

（3）25m^2 以上的房间，建议选用 100～500W 的大中型音箱。

10.4.3 测试声卡典型性能

1. 实训目的

通过本次练习，使学生能够掌握声卡的 3D 音效定位精度、波形回放与录音、多音频流播放、全双工通信模式、CPU 占用率等性能的测试。

2. 实训准备

每小组分配的主要部件及工具包括：

（1）5.1 音箱；

（2）5.1 声卡；

（3）Audio WinBench99 测试软件。

3. 实训步骤

步骤 1：3D 定位精度测试。对于 PCI 声卡的 3D 音效定位精度的测试可用 Audio WinBench99 进行。

步骤 2：波形回放与录音测试。该测试可以使用 Windows 操作系统自带的录音机程序进行。对录音的采样位数进行设置后，打开“音量控制”对话框，在“选项”→“属性”→“录音”中选择“DVD Audio”为当前录音属性，就可以对 DVD 唱片进行录音和回放质量的测试。

步骤 3：多音频流播放测试。同时打开多个 WAVE 或 MP3 文件进行播放，看它们是否都能够发出声音即可。

步骤 4：全双工通信模式测试。当使用录音机程序对麦克风进行录音的同时，WAVE 或 MP3 文件无法发出声音则表示该声卡是半双工的，否则为全双工。

步骤 5：CPU 占用率测试。CPU 占用率也是衡量一款声卡性能的重要指标。当用声卡进行混音调节，欣赏 MIDI 音乐等操作时，都会或多或少地占用 CPU 资源。可以使用 Audio WinBench99 软件进行。主要测试项目为 16bit 44.1kHz 音频格式条件下的 Direct Sound CPU Util 和 Direct Sound 3D CPU Util 两个项目。

习　题

一、选择题

1. 在多媒体计算机中，如果音箱与放大器是组装在一起的，我们就称这种音箱为（　　）。

A. 无源音箱　　B. 组合音响　　C. 有源音箱　　D. 组合音箱

2. 如果声卡的采样要达到 CD 音质的水平，那么它的采样频率要达到（　　）以上。

A. 20kHz　　B. 44.1kHz　　C. 40kHz　　D. 20Hz

二、简答题

1. 声卡在计算机系统中起什么作用？其工作原理如何？
2. 声卡有哪些输入/输出接口？它们各有什么作用？
3. 多媒体音箱的技术指标主要有哪几方面？

4．如何进行声卡的选购？

5．选购音箱时应注意哪些问题？如何进行挑选？

三、实训题

1．观察、熟悉各种型号声卡的结构。

2．观察、熟悉各种型号音箱的内外结构及与主机的连接。

3．课外实训：通过市场调研、网上查询了解目前市面上常见的声卡的结构、品牌、价格等。

4．课外实训：通过市场调研、网上查询了解目前市面上常用的音箱的分类、品牌、价格等。

任务11 认识与选购其他常用设备

知识目标

- 理解打印机的工作原理；
- 了解扫描仪的分类；
- 了解触摸屏的特性；
- 熟悉网卡的工作原理。

技能目标

- 能够选购合适的扫描仪；
- 能够选购合适的触摸屏；
- 能够选购合适的网卡；
- 能够选购合适的打印机。

11.1 任务描述

在计算机使用过程中，还有一些常用的办公设备，如打印机、扫描仪等需要了解，并要掌握选购的技巧。

11.2 相关知识

与计算机相关的办公设备很多，使用最多、应用最广泛的就是打印机，下面我们来了解一下打印机。

11.2.1 打印机

打印机是计算机的一种常用输出设备，主要功能是将计算机中的文档和图形文件快速、准确地打印到纸质媒体上。

1．打印机的类型

打印机按其工作原理和用途可分为针式打印机、喷墨打印机、激光打印机。此外还有一些特殊的打印机，如标签打印机、证卡打印机、条码打印机、热升华打印机、行式打印机和 3D 打印机等。

2．针式打印机

针式打印机又叫点阵打印机，是生产、使用历史最悠久的打印机，如图 11.1 所示。

（1）针式打印机的结构。针式打印机的结构主要由电路部分和机械部分两部分组成，两部分共同配合计算机完成打印输出任务。

① 机械部分。针式打印机的机械装置主要包括打印头、走纸传动机构、字车机构、色

带机构、机壳和机架。打印头是机械部分也是整个打印机的重要核心部件。

② 电路部分。针式打印机的电路部分主要包括打印头控制及驱动电路、主控电路、走纸电动机控制与驱动电路等部分。

（2）针式打印机的工作原理。针式打印机在联机状态下，通过接口接收主机发送的打印控制命令、字符打印命令或图形打印命令，经打印机的CPU处理后，从字库中可找到与该字符或图形相对应的图像编码首列地址（正向打印机）或末列打印机（反向打印机），然后按顺序一列一行地调出字符或图形的编码，送往打印头控制及驱动电路，激励打印头出针打印。

（3）针式打印机的技术参数。

① 纸宽和纸厚。纸宽是打印机能够支持打印纸张的最大宽度，目前市场上主要有3种宽度的针式打印机：80列（A4幅面）、106列（A3幅面）、136列（A2幅面）。

纸厚包括两个方面：进纸厚度和打印厚度。进纸厚度是指纸能够被打印机承受的实际厚度，而打印厚度则是指打印机实际能够打印的纸张厚度。

② 复制能力。复制能力也称套打能力，是指针式打印机能够在复写式打印纸上最多打出“几联”内容的能力。

③ 打印速度。针式打印机的打印速度是用每秒钟能打印多少个字符来表示的，通常用cps表示，即每秒钟能打印多少字符，但日常多用“页/分钟”来表示。

④ 分辨率。分辨率是标志打印机打印质量的主要技术参数，通常打印机的打印分辨率用dpi表示，即每英寸上能打印多少个点。一般针式打印机的分辨率都可达到600dpi。

3．喷墨打印机

喷墨打印机具有体积小、重量轻、工作噪声低的特点，是一种类似于针式打印机的输出设备，如图11.2所示。它也是由计算机生成要求打印的信号，然后由打印机墨盒上的喷嘴根据不同的信号喷出墨汁。

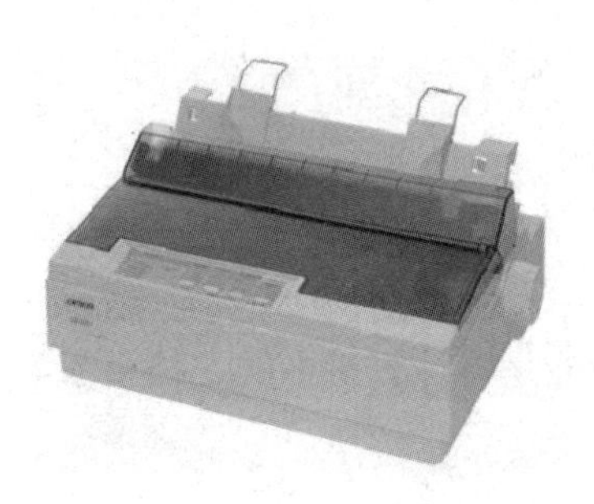

图11.1　针式打印机

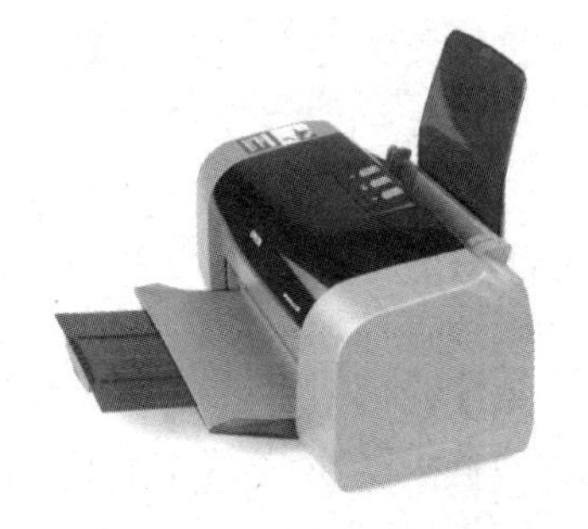

图11.2　喷墨打印机

（1）喷墨打印机的结构。尽管喷墨打印机的种类繁多，但基本结构大同小异，可分为机械和电路两部分。

① 机械部分。喷墨打印机的机械部分主要由喷头、墨盒、清洁机构、小车部分和送纸机构等组成。喷头及墨盒是打印机的关键部件，它直接影响打印的速度和质量。清洁机构主要用来清洁和维护喷头，包括清洗和抽吸两种操作。小车也称字车，字车电动机通过齿轮及字车引导丝杆的传动作用，使字车在杠杆上移动，实现打印定位，在归位时，引导丝杆又推动清洁机构完成清洁工作。送纸机构在同步信号的控制下与字车、喷嘴等同步，完成整张纸的打印。

② 电路部分。喷墨打印机的电路部分包括主控电路、驱动电路、传感器检测电路、接口电路和电源。

（2）喷墨打印机的工作原理。喷墨打印机的工作过程就是当纸张通过喷头时，在打印信号的驱动下，通过强磁场加速形成高速墨水并喷到纸上，以实现字符及图形的打印。按照墨水的喷射方式不同，可分为随机式和连续式两种。

① 随机式喷墨打印机。随机式喷墨打印机又称按需式喷墨打印机，即墨水按照需要随机地从喷头中喷出，不需要墨水泵及墨水回收装置，喷头常由多个喷嘴构成。目前大多数小型喷墨打印机都采用这种方式。

根据墨水喷射时选用的驱动方式不同，随机式喷墨打印机又可分为气泡式和电压式两种。目前市场上大多采用气泡式喷墨打印机，如佳能和惠普系列的打印机。这种气泡式打印机精度较高，彩色效果好，因此应用最为广泛。目前市场上的 EPSON 系列打印机多采用电压式喷墨打印机。

② 连续式喷墨打印机。连续式喷墨打印机是以电荷控制式喷墨打印机为代表的，墨水连续地从喷头中喷出，故称为连续式喷墨打印机。

了解激光打印机的工作原理

4．激光打印机

激光打印机是一种高速度、高精度、低噪声的非击打式打印机，如图 11.3 所示。

图 11.3　激光打印机

（1）激光打印机的组成。激光打印机由激光扫描系统、电子照相系统和控制系统三大系统组成。激光扫描系统包括激光器、偏转调制器、扫描器和光路系统，它的作用是利用激光束的扫描形成静电潜像。电子照相系统由光导鼓、高压发生器、显影定影装置和输纸机构组成，其作用是将静电潜像变成可见的输出。

（2）激光打印机的工作原理。无论是黑白激光打印机还是彩色激光打印机，其基本工作原理是相同的，即打印内容转变为感光鼓上的以像素点为单位的点阵位图图像，再转印到打印纸上形成打印内容。与复印机唯一不同的是光源，复印机采用的是普通白色光源，而激光打印机采用的是激光束。它是将激光扫描技术和电子照相技术相结合的打印输出设备。

激光打印机内部有一个叫光敏旋转硒鼓的关键部件，当激光照到光敏旋转硒鼓上时，被照到的感光区域可产生静电，能吸起碳粉等细小的物质。激光打印机的工作过程如下。

① 打印机以一定的方式，驱动激光扫射光敏旋转硒鼓，硒鼓旋转一周，对应打印机打印一行。

② 硒鼓通过碳粉，将碳粉吸附到感光区域上。

③ 硒鼓转到与打印纸接触，将碳粉附在纸上。

④ 利用加热部件使碳粉熔固在打印纸上面。

彩色激光打印机的基本结构与黑白激光打印机相同，在打印控制器、接口、控制方式和控制语言方面完全相同，因此在数据传输、数据解释和打印控制流程方面也基本一样。

在引擎结构上，彩色激光打印机采用了 C（Cyan，蓝色）、M（Magenta，品红）、Y

（Yellow，黄色）和 K（Black，黑色）四色碳粉来实现全彩色打印，因此对于一页彩色内容中的彩色要经过 CMYK 调和实现，一页内容的打印要经过 CMYK 的四色碳粉各一次打印过程。从理论上讲，彩色激光打印机要有四套与黑白激光打印机完全相同的机构来实现彩色打印过程。

（3）激光打印机的性能指标。一般来说，激光打印机的整体性能是由打印速度、分辨率、打印机语言及其他一些指标综合作用的结果。

① 打印速度。激光打印机的速度用 ppm（每分钟可以打印的页数）来表示。打印机厂商所标注的打印速度其实是最大速度，就是打印机引擎能够处理纸张的最快速度，实际打印速度与被打印的内容有很大关系。目前普通激光打印机的打印速度在 6～12ppm。

② 分辨率。激光打印机的另一个重要指标是分辨率。分辨率是指在一定面积内激光打印机所能打印的单个点数，决定了打印机打印的清晰程度，用 dpi 表示。目前绝大多数激光打印机都能达到 600dpi。

③ 打印机的语言。打印机的语言是激光打印机的另一个重要特性，也是决定激光打印机输出复杂版面能力的指标之一。打印机语言是一个命令集，它告诉打印机如何组织被打印的文档。彩色激光打印机目前比较流行的打印语言是 PCL 和 PostScript。

11.2.2 多功能一体机

多功能打印机同时也被称为多功能一体机，是一种集打印、复印、传真、扫描等多项功能于一体的机器，那么它是怎样产生的呢？

1. 多功能一体机的概念

多功能一体机就是一种具备打印、传真、复印、扫描等几种功能的机器设备，并且它的多项功能可以同时工作，各司其职，互不影响。如图 11.4 所示为一款具备复印、扫描、打印功能的多功能一体机。

图 11.4 多功能一体机

2. 多功能一体机的基本结构

目前市场上流行的多功能一体机的基本结构可以分为两种类型：彩色复印扫描和一体化全能办公设备。

（1）彩色复印扫描设备由扫描装置、打印机和计算机组成。在不用计算机的情况下，将扫描装置直接与彩色打印机相连接就是一台彩色复印机，加上 ADF 自动送纸器后就能自动连续复印多页纸。在与计算机连接后又可作为一台标准扫描仪使用。同时设备还具有 OCR 光学字符识别、硬拷贝传真、电子邮件、图片编辑等功能。因此此结构的多功能一体机是一款体积小、重量轻、操作简单、经济实惠的六合一多功能设备，可广泛应用于家庭、办公室、广告宣传、图形设计和照片冲印等通用和专用领域。

（2）一体化全能办公设备主要由一台激光打印机和一台复印/扫描组件组成，其中激光打印机是一体化全能办公设备的母机，而复印/扫描组件只有借用母机才能工作。显然，这种一体化全能办公设备必须有一主体作为母机来支持系统工作，而并非所有设备都能作为组合设备的母机，只有具备特殊技术和特殊功能的设备才能作为支持系统工作的母机。

3．多功能一体机的种类

从功能上看，多功能一体机产品主要分为多功能复合机、多功能打印机两大类。

（1）多功能复合机以传真、打印为主，集成了复印、扫描、PC-Fax、信息中心等功能。

（2）多功能打印机以打印为主要功能，集打印、复印、扫描于一体，适合已有了传真机的小型用户及一般通用办公用户使用。

11.2.3 扫描仪

扫描仪主要被用作输入设备，其作用就是将图片、照片、胶片以及文稿资料等书面材料或实物的外观扫描后输入到计算机中，并形成文件保存起来。它和打印机的作用正好相反，是把图片、照片等上面的图形、文字符号输入到计算机中去。

1．扫描仪的分类

目前，扫描仪的种类很多，依照扫描介质和用途不同，可将扫描仪分为以下几类。

（1）平板式扫描仪。平板式扫描仪又称为平台式扫描仪、台式扫描仪，这种扫描仪诞生于 1984 年，是目前办公用扫描仪的主流产品。

（2）馈纸式扫描仪。馈纸式扫描仪又称为滚筒式扫描仪，诞生于 90 后代初，1997 年前后退出了历史的舞台。2001 年左右又出现了一种新型产品，这类产品与老产品的最大区别是体积很小，并采用内置电池供电，甚至有的不需要外接电源，直接依靠计算机内部电源供电，主要目的是与笔记本电脑配套，又称为笔记本式扫描仪。

（3）高拍仪扫描仪。高拍仪也有人称之为速拍仪，或有的教育机构称之为备课王。它具有折叠式的超便捷设计，能完成一秒钟高速扫描，具有 OCR 文字识别功能，可以将扫描的图片识别转换成可编辑的 word 文档。它还能进行拍照、录像、复印、网络无纸传真、制作电子书、裁边扶正等操作，让办公更轻松、更快捷、更环保。

（4）便携式扫描仪。便携式扫描仪英文全称 Portable Scanner，出于轻薄的考虑，主流的便携式扫描仪都使用了 CIS 元件。便携式扫描仪不管是在扫描速度还是易操性方面，都要比一般的平板式扫描仪强出很多。独特的高效能双面扫描让用户可以更加快捷地进行文档整理，在工作时还无须预热，开机即可扫描，在大大提高了工作效率的同时，也符合国家所提倡的能源节约理念。

（5）扫描笔扫描仪。又名微型扫描仪或手刮式扫描笔。所谓的扫描笔，就是通过扫描技术直接将图像、表格或者印刷字体等扫描到笔里存储或者直接传送到计算机，进行存储阅读或者编辑修改等操作。如今扫描笔不仅仅是简单的摘录功能了，还加入了翻译、发音等功能。

（6）大幅面扫描仪。将扫描幅面大于 A3 幅面的（29.7cm×42cm）的扫描仪统称为大幅面扫描仪。大幅面扫描仪主要应用于工程建筑、机械设计、地理信息、广告设计、艺术品复制等专业领域。

（7）3D 扫描仪。3D 扫描仪能对物体进行高速高密度测量，输出三维点云（Point Cloud）供进一步处理后使用。

（8）文本仪扫描仪。文本仪是一种可对纸质资料和可视电子文件中的图文元素进行准确提取、智能识别，并可实时文本转化的一种设备。其中纸质文件包括办公文件、名片、报纸、杂志、书刊等，电子文件包括 jpeg、tif、bmp、PDF、CAJ、HTML 网页等文件格式。处理元素对象包括文字、公式、方程式、各类表格（有线或者无线）、红章、红头、图像等元素，并可以保持原版面信息还原进写字板、TXT、Word、Excel、PDF 等常用文字处理和表格处理的办公软件。文本仪支持单页一键文本化和批量流水作业文本化的工作模式。

（9）速录笔扫描仪。一般是指汉王速录笔。汉王速录笔是汉王最新推出的一款联机扫描资料笔，只需轻轻一划，即可将纸质资料上的文字、数字、符号等直接输入到计算机光标位置，直接编辑，不必打字，扫描速度为 216mm/s。

（10）胶片扫描仪。又称底片扫描仪或接触式扫描仪，主要任务是扫描各种透明胶片。

（11）书刊扫描仪。书刊扫描仪 Book Scanner 是一种计算机外部大型仪器设备，通过捕获图像并将之转换成计算机可以显示、编辑、存储和输出的数字化输入设备，可以将书籍、刊物、文本页面、图纸、美术图画、照相底片、菲林软片，甚至纺织品、标牌面板、印制板样品等三维对象都作为扫描对象，提取和将原始的线条、图形、文字、照片、平面实物转换成可以编辑及加入文件中的装置。

2. 扫描仪的工作原理

扫描仪是图像信号的输入设备，它对原稿进行光学扫描，然后将光学图像传送到光电转换器中变为模拟信号，又将模拟信号转换为数字信号，最后通过计算机接口传送到计算机中。

目前，常见扫描仪的成像原理如图 11.5 所示。

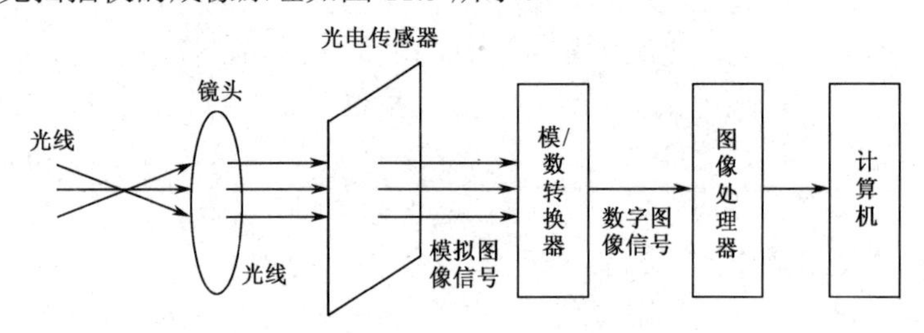

图 11.5　扫描仪成像原理图

首先，将预扫描的原稿正面朝下铺在扫描仪的玻璃板上，原稿可以是文字稿件或者图纸、照片。启动扫描仪驱动程序后，安装在扫描仪内部的可移动光源开始扫描原稿。为了均匀照亮原稿，扫描仪光源为长条形，并沿垂直方向扫过整个原稿。照射到原稿上的光线经过反射后穿过一个很窄的缝隙，形成沿水平方向的光带，又经过一组反光镜，由光学透镜聚集进入分光镜，经过棱镜和红绿蓝滤色镜得到的 RGB 三条色彩光带分别照到各自的扫描元件上，扫描元件将 RGB 光带转变为模拟图像信号，此信号又被模/数（A/D）转换器转换并放大为数字信号，至此，反映原稿的图像或文字信号便被转换为计算机可以接收的数字图像信号。最后，将信号通过串行或并行口传送到计算机内部，保存为计算机中的图像格式文件，这样就完成了扫描过程。

3. 扫描仪的主要元件

在扫描仪获取图像的过程中，有两个元件起到关键作用：扫描元件和 A/D 转换器。

（1）扫描仪的核心部分是完成光电转换的部件——扫描元件（也称为感光器件）。目前市场上扫描仪所使用的感光器件有四种：电荷耦合元件 CCD（又分为硅氧化物隔离 CCD

和半导体隔离CCD)、接触式感光器件CIS、光电倍增管PMT和互补金属氧化物导体CMOS。

（2）A/D 转换器。A/D 转换器是将模拟量（Analog）转换为数字量（Digital）的半导体元件。从 CCD 获取的电信号是对应于图像明暗的模拟信号，就是说图像由暗到亮的变化可以用从低到高的不同电平来表示，它们是连续变化的，即所谓模拟量。A/D 转换器的工作是将模拟量数字化。

4．扫描仪的产品规格

不同种类的扫描仪其参数也不尽相同，目前市场上销售的扫描仪以办公和家用为主，主要有以下几个技术参数。

（1）光学分辨率。指扫描仪的光学系统可以采集的实际信息量，也就是扫描仪的感光元件 CCD 的分辨率。常见的光学分辨率有 300×300dpi、600×600dpi、600×1200dpi、1200×2400dpi、1800×3600dpi、1600×3200dpi、3600×7200dpi、2400×2400dpi、300×600dpi、4800×9600dpi、9600×9600dpi 等。

（2）色彩分辨率。又称为色彩深度、色彩模式、色彩位或色阶，即表示色彩所用的二进制位数，是表示扫描仪分辨彩色或灰度细腻程度的指标，单位为 bit（位）。理论上，色彩位数值越高，所能表示的色彩数就越多，色彩也就越清晰。一般扫描仪的色彩分辨率都可以达到 24 位真彩色或更高。

（3）接口。目前扫描仪的接口主要有 USB 接口和无线方式。

（4）扫描元件。有四种扫描元件：CCD、CIS、PMT 和 CMOS。

11.2.4 触摸屏

1．触摸屏的基本概念

触摸屏（Touch Screen）又称为“触控屏”“触控面板”，是一种可接收触头等输入信号的感应式液晶显示装置，当接触了屏幕上的图形按钮时，屏幕上的触觉反馈系统可根据预先编程的程序驱动各种连接装置，可用于取代机械式的按钮面板，并借由液晶显示画面制造出生动的影音效果。触摸屏作为一种最新的计算机输入设备，它是目前最简单、方便、自然的一种人机交互方式。它赋予了多媒体以崭新的面貌，是极富吸引力的全新多媒体交互设备。

按照触摸屏的工作原理和传输信息的介质不同，把触摸屏分为四线电阻屏、五线电阻屏、电阻式触摸屏、电容式触摸屏、压电式触摸屏、红外线式触摸屏、表面声波触摸屏等几种。

2．触摸屏的主要特性

触摸屏的主要特性如下。

（1）透明，它直接影响到触摸屏的视觉效果，至少包括四个特性：透明度、色彩失真度、反光性和清晰度。

（2）触摸屏是绝对坐标系统，要选哪就直接点哪，与鼠标这类相对定位系统的本质区别是一次到位的直观性。

（3）检测触摸并定位。各种触摸屏技术都是依靠各自的传感器来工作的，甚至有的触摸屏本身就是一套传感器，各自的定位原理和所用的传感器决定了触摸屏的反应速度、可靠性、稳定性和使用寿命。

3．触摸屏的工作原理

为了操作上的方便，人们用触摸屏来代替鼠标或键盘。工作时，首先用手指或其他物体触摸安装在显示器前端的触摸屏，然后系统根据手指或其他物体触摸的图标或菜单位置来定位选择信息输入。触摸屏由触摸检测部件和触摸屏控制器组成。触摸检测部件安装在显示器屏幕前面，用于检测用户触摸位置，接收后送至触摸屏控制器；而触摸屏控制器的主要作用是接收触摸信息，并将它转换成触点坐标，再传送给 CPU，它同时能接收 CPU 发来的命令并加以执行。

4．触摸屏的应用

触摸屏允许用户通过触控笔或手指来进行作业，而不是传统的键盘或鼠标。触摸屏主要应用于公共信息的查询、领导办公、工业控制、军事指挥、电子游戏、点歌点菜、多媒体教学、房地产预售等。目前，触摸屏已经走进家庭，在手机等小型通信娱乐设备上得到了广泛的应用。

触摸屏在计算机领域最成功的应用是平板电脑。平板电脑（Tablet Personal Computer，简称 Tablet PC、Plat PC、Tablet、Slates）是一种小型、方便携带的个人计算机，以触摸屏作为基本的输入设备。

11.2.5 网卡

网卡全名是网络接口卡（Network Interface Card，NIC），也叫网络适配器，是局域网中提供各种网络设备与网络通信介质相连的接口，网卡作为一种 I/O 接口卡插在计算机主板的扩展槽上。计算机通过网卡与其他的计算机交换数据，共享资源。

1．网卡的分类

网卡的分类方法有多种，例如，按照传输速率、按照总线类型、按照所支持的传输介质、按照用途或按照网络技术来进行分类等。

（1）按照网络技术的不同，网卡可分为以太网卡、令牌环网卡、FDDI 网卡等。目前以太网卡最常见。

（2）按照传输速率分类，单单以太网卡就提供了 10Mb/s、100Mb/s、1000Mb/s 和 10Gb/s 等多种速率。数据传输速率是网卡的一个重要指标。

（3）按照总线类型的不同，网卡可分为 ISA 总线网卡、EISA 总线网卡、PCI 总线网卡及 USB 网卡等。

（4）按照所支持的传输介质的不同，网卡可分为双绞线网卡、粗缆网卡、细缆网卡、光纤网卡和无线网卡。

（5）根据主板上是否集成网卡芯片分类，可分为集成网卡和独立网卡。

2．网卡的 MAC 地址

每块网卡在出厂时都被分配了一个全球唯一的地址标志，该标志被称为网卡地址或 MAC 地址，由于该地址是固化在网卡上的，所以又被称为物理地址或硬件地址。网卡地址由 48bit 长度的二进制数组成。其中，前 24bit 表示生产厂商（由 IEEE 802.3 委员会分配给各网卡生产厂商)，后 24bit 为生产厂商所分配的产品序列号。若采用 12 位的十六进制数表示，则前 6 个十六进制数表示厂商，后 6 个十六进制数表示该厂商网卡产品的序列号。如网卡地址 00-90-27-99-11-cc，其中前 6 个十六进制数表示该网卡由 Intel 公司生产，相应的产品序列号为 99-11-cc。网卡地址主要用于设备的物理寻址，与 IP 地址所具有的逻辑寻址作用截然不同。

3. 网卡的结构

ISA 10Mb/s 总线的网卡已经被淘汰，现在市场上大部分都是 10/100/1000Mb/s 自适应网卡，并且是 PCI 总线类型的。下面以常见的 10/100Mb/s 自适应 PCI 以太网网卡为例，介绍其结构，如图 11.6 所示。

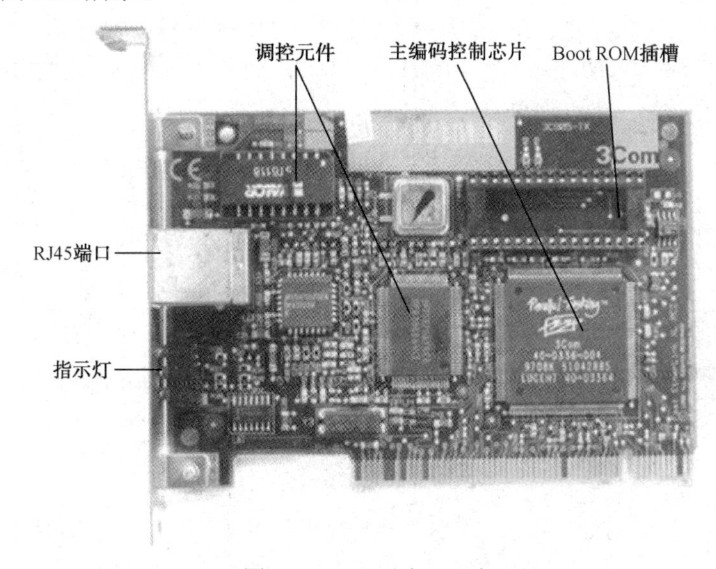

图 11.6 PCI 以太网网卡

(1) 主编码控制芯片。负责控制进出网卡的数据流。对于 PCI 网卡的主编码控制芯片，数据可以直接从网卡传给计算机而不必经过 I/O 接口，也不必经过 CPU，能有效降低系统的负担。

(2) 调控元件。用来发送和接收中断请求(IRQ)信号，起到指挥数据正常流动的作用。

(3) Boot ROM 插槽。把 Boot ROM 芯片插上后，就可以实现无盘启动功能。它存储有网络启动程序，根据网络操作系统的不同，分为 Novell 和 Windows NT 的 Boot ROM。

(4) 指示灯。指示网卡的工作状态，有电源指示、发送指标(Tx)、接收指示(Rx)、10/100Mb/s 状态显示等。

(5) RJ-45 端口。RJ-45 端口是一个 8 针的收发器，网卡通过 RJ-45 头和双绞线与集线器或交换机连接起来。

4. 网卡的基本工作原理

网卡是局域网中最基本的部件之一，它是连接计算机与网络的硬件设备。无论是双绞线还是光纤连接，都必须借助于网卡才能实现数据的通信。

网卡的主要功能是：读入由其他网络设备(Switch、Router 等)传输过来的数据包，经过拆包，将其变成客户机或服务器可识别的数据，通过主板上的总线将数据传输到所需设备中；将计算机发送的数据，打包后输送至其他网络设备中。

网卡的主要工作原理为整理计算机上发往网络传输介质上的数据，并将数据分解为适当大小的数据包之后向网络上发送。

5. 无线网卡

无线网卡的作用、功能跟普通计算机网卡一样，是用来连接到局域网上的。所有无线网卡只能局限在已布有无线局域网的范围内。无线网卡就是不通过有线连接，采用无线信号进行连接的网卡。

无线网卡根据接口不同，分为PCMCIA无线网卡（笔记本电脑专用，如图11.7所示）、PCI无线网卡（台式机专用）、MiniPCI无线网卡（笔记本电脑内置型无线网卡，迅驰机型和非迅驰的无线网卡标配机型均使用这种无线网卡，如图11.8所示）、USB无线网卡（如图11.9所示）、CF/SD无线网卡几类产品。

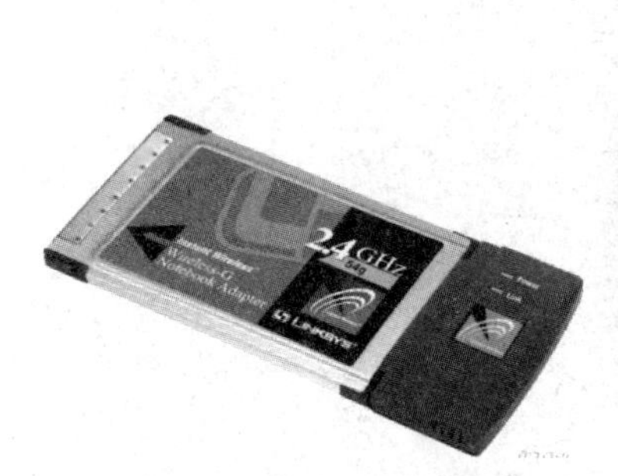

图11.7　PCMCIA无线网卡

图11.8　MiniPCI无线网卡

图11.9　USB无线网卡

从速度来看，无线网卡有54Mb/s、108Mb/s、150Mb/s、300Mb/s等几种。

无线网卡按无线标准可分为IEEE 802.11b（11Mb/s）、IEEE 802.11g（54Mb/s）和IEEE 802.11n（300Mb/s）几种。

6. 无线路由器

无线路由器（Wireless Router）好比将单纯性无线AP和宽带路由器合二为一的扩展型产品，它不仅具备单纯性无线AP的所有功能，如支持DHCP客户端、支持VPN、支持防火墙、支持WEP加密等，而且还包括了网络地址转换（NAT）功能，可支持局域网用户的网络连接共享，可实现家庭无线网络中的Internet连接共享，实现ADSL、Cable MODEM和小区宽带的无线共享接入。一般无线路由器可以带动2～4个无线网卡，工作距离在50m以内效果较好，远了通信质量很差。

图11.10　无线路由器

无线路由器的背部一般都有一个RJ-45口，为WAN口，是连接外部网络的接口；其余2～4个口为LAN接口，用来连接普通局域网；内部有一个网络交换机芯片，专门处理LAN接口之间的信息交换，如图11.10所示。

7. 无线上网卡

无线上网卡指的是无线广域网卡，用于连接到无线广域网络，如中国移动的 TD-SCDMA、中国电信的 CDMA2000 及中国联通的 WCDMA 网络等。无线上网卡的作用、功能相当于有线的调制解调器，也就是我们俗称的“猫”。它可以在拥有无线电话信号覆盖的任何地方，利用 USIM 或 SIM 卡来连接到 Internet 上。无线上网卡的作用、功能就好比无线化了的 MODEM。

（1）无线上网卡的接口。目前，无线上网卡主要应用在笔记本电脑和 PAD（掌上电脑）上，还有部分应用在台式机上，所以，其接口也有多种规格。常见的接口主要有 PCMCIA 接口、USB 接口、EXPRESS34 接口、EXPRESS54 接口、CF 接口等。

（2）4G 无线。4G 即第四代移动电话移动通信标准，指的是第四代移动通信技术。4G 集 3G 与 WLAN 于一体，并能够传输高质量视频图像，它的图像传输质量与高清晰度电视不相上下。4G 系统能够以 100Mb/s 的速度下载，比拨号上网快 2000 倍，上传的速度也能达到 20Mb/s，并能够满足几乎所有用户对于无线服务的要求。此外，4G 可以在 DSL 和有线电视调制解调器没有覆盖的地方部署，然后再扩展到整个地区。

（3）5G 无线。第五代移动通信技术（5th Generation Mobile Networks 或 5th Generation Wireless Systems，简称 5th Generation、5G 或 5G 技术）是最新一代蜂窝移动通信技术，也是继 4G（LTE-A、WiMax）、3G（UMTS、LTE）和 2G（GSM）系统之后的延伸。5G 的性能目标是高数据速率、减少延迟、节省能源、降低成本、提高系统容量和大规模设备连接。5G 网络的主要优势在于，数据传输速率最高可达 10Gb/s，比当前的有线互联网要快，比 4G LTE 蜂窝网络快 100 倍；另一个优势是较低的网络延迟（更快的响应时间），低于 1ms，而 4G 为 30~70ms。

11.3 任务实施

11.3.1 选购网卡

在选购网卡时，应该注意以下几个方面的要求，不要贸然选择价格高的网卡。

（1）选择性价比高的网卡。

（2）根据组网类型选择网卡。

（3）根据工作站选择合适总线类型的网卡。

（4）根据使用环境来选择网卡。

11.3.2 选购针式打印机

选购针式打印机时应考虑以下几点。

（1）从应用上对针式打印机进行分类。虽然说都是通过打印针撞击色带，从而在打印介质上成像，不过针式打印机根据应用仍然可以分为三个大类。

① 票据（通用）打印机。票据打印机是针式打印机中最为常见的一个种类。与普通打印不同，票据和统计报表往往要求一式多联，因此只能通过针式打印机来实现。

② 存折打印机。存折打印机主要应用于银行，用来替客户来打印存折。与票据打印机相比，存折打印机最大的特点是支持的打印厚度大，这是因为存折使用的纸张一般来说都

比较厚。

另外存折和存单上一般来说都已经有预先印制好的格子和项目，而且其内容是不能有任何歧义的，因此存折打印机应该有精准的定位性，还应具有自动纠偏、自动寻边、自动定位等功能，以保证存折内容的正确。

③ 税务打印机。税务打印机的专业性更强。从基本技术层面上来看，税务打印机和票据打印机有比较多的相似之处，但税务打印机具有更强的打印复写能力，这是因为根据我国税务规定，最为常用的增值税发票需要一式七份，这就要求税务打印机应该具有“1+6”的复写能力。另外，税务打印机往往还具有税票快捷定制功能，可以预先定制好最为常用的税票格式。

（2）打印速度用字符数来标志。在打印速度的标志上，针式打印机与喷墨、激光打印机不同，它是用每秒钟能够打印多少个字符来标志的，而在这其中又分为中文字符的打印速度和英文字符的打印速度。

（3）打印厚度和复写能力直接影响应用。打印厚度是选购针式打印机时需要关注的重要技术指标，它的标志单位为 mm，一般来说如果需要用于打印存折或多份拷贝式打印，打印厚度至少应该在 1mm 以上，如果能够达到 2mm 以上就更好了。如果仅用于普通打印或者用来打印蜡纸，那么对这个指标则不必太在意。

复写能力是指针式打印机能够在复写式打印纸上最多打出“几联”内容的能力，其直接关系到产品打印多联票据、报表的能力。如复写能力标志为“1+3”，则表示打印机能够用复写式打印纸最多同时打出“4 联”。当然，在进行拷贝打印的同时还需要考虑打印机的打印厚度。

（4）关注打印噪声，优化工作环境。打印噪声大历来都是针式打印机应用中的一个大问题，这是因为针式打印机是采用击打式进行打印的，因此会产生较大的噪声。

（5）针头使用寿命影响后期使用成本。针式打印机使用的耗材——色带价格较为便宜，因此对于针式打印机的使用成本影响并不大。对于针式打印机来说，对后期使用成本影响较大的是针头的使用成本。因此在选购时应该关注针头的使用寿命。

针头的使用寿命一般有两个标志，一个是打印次数，毫无疑问次数越多越好，目前针式打印机的针头的打印次数一般都能达到 2 亿～3 亿次，如果能够达到 4 亿次那就相当令人满意了。另一个标志是保修时间，这对于打印量特别大的用户来说是非常重要的，因为即使针头因为打印次数达到、超过了使用寿命而损坏，而保修期没有到的话，厂商也是应该免费保修的。

11.3.3 选购喷墨打印机

选购喷墨打印机时，必须清楚打印机的技术特征和分类，从而根据自己的需要进行选择。可以从品牌、打印用途、文字、幅面、颜色、语言和精度等方面进行全面考虑。

（1）品牌。目前，打印机市场上知名的品牌有 EPSON、CANON、HP 和 LEXMARK，其中要数 ESPON 的市场占有率最高。

（2）用途。根据用户需要，喷墨打印机可分为台式和便携式两种。目前用得最多是台式喷墨打印机。

（3）幅面。按幅面大小，喷墨打印机可分为 A3 和 A4 两种。常用幅面打印机都是 A4

幅面，是目前的主流趋势，绝大多数用户都采用这种打印机。

（4）颜色。喷墨打印机按照颜色来分，可分为彩色打印机和单色打印机两种。

（5）语言。按照打印机使用的控制语言，可分为 PCL 和 ESC/P 两种。目前绝大多数喷墨打印机都采用 PCL 语言。

（6）精度。按照打印机精度（分辨率）来分，可将喷墨打印机分为高、中、低档三种。通常低分辨率的打印机指 118 印点/cm（300dpi）以下，中档分辨率指 300dpi，高档分辨率指 300dpi 以上。目前市场上的喷墨打印机一般都能达到 300dpi。

（7）纸张的选择与使用。喷墨打印机对纸张的要求比针式打印机要高，并且只有喷墨打印机才能打印胶片。

11.3.4 选购激光打印机

在购买激光打印机之前，先要分析一下自己的实际使用状况，考虑以下几点，做到以人为本。

（1）月打印量。在购买激光打印机之前，估算一下自己的月打印量是很有必要的。一般情况下，可以用这个简单的估算公式来计算：每月平均打印量=每人每天平均打印量×每月 22 个工作日×打印用户数。有了这个基数，在采购时务必选择每月打印负荷量略高于该估算值的打印机，否则买来的打印机将因过度劳累而提前报废，也就得不偿失了。

（2）打印速度。对于大多数人而言，打印速度都是一个非常重要的指标。厂商资料中提到的打印速度往往是打印机的引擎速度，而实际的打印速度还与首页输出时间、CPU 处理时间、传输时间等有很大的关系，通常它要比宣称值低很多。另外，还需要看打印机的月负荷量，乍看起来，这似乎和打印速度无关，不过如果每月的打印量超过打印机的月负荷量时，就会使机器长期处于疲劳状态，大大降低打印速度和打印机的寿命。

（3）耗材类型、容量。激光打印机使用耗材为鼓粉类耗材，分为鼓粉一体化硒鼓（如惠普硒鼓、三星硒鼓都以一体硒鼓为主），也有鼓组件和粉盒分开的（如兄弟鼓组件、兄弟粉盒、联想硒鼓等部分机型是采用鼓粉分开结构的）。很多厂商都宣传分体式耗材更节约成本，更环保。其实节省成本有限，还要特别注意环保。所以客户不需刻意考虑鼓粉是分开好，还是一体好。

（4）价格。很多厂商给用户的报价都只是针对其基本机型，这样的机器中不包含双面送纸器及大容量纸盒。

（5）可扩展性。应该选购具有一定可扩展性的打印机，能够满足未来几年内的需要。

（6）品牌及售后服务。目前市场上的主流激光打印机品牌有佳能、HP、施乐、OKI、EPSON、柯美、联想等。售后服务很重要，打印机在使用一段时间后故障率相对较高，如果没有一个良好的维修保障体系，结果可想而知。

11.3.5 选购扫描仪

可以从以下角度考虑选购合适的扫描仪。

（1）需求定位。在决定购买扫描仪之前，应先考虑一下，需要什么样的机型，扫描仪主要的工作任务是什么，是只用于扫描报纸、书本上的黑白文字，进行汉字识别；还是用于扫描照片并在网上发布；还是仅仅处理办公室文件；或是用于专业的桌上排版打印或印刷。

（2）价格分析。扫描仪的使用寿命很长，目前市场上扫描仪的价格一降再降，各个扫描仪厂商为满足不同层次用户的需求，投入了类型相当丰富的产品，价格不等，各具特色。

（3）性能指标的衡量。扫描仪的性能参数很多，一般用户购买时需要考虑的技术指标包括扫描幅面、分辨率、色彩位数、灰度级、接口类型、感光元件等。

（4）品牌、生产厂商的选择。不可否认，知名厂商所生产的产品的可靠性及稳定性通常要好得多，维护和配件供应等售后服务也比较完善，这些都是购买前感觉不到，但却十分重要的问题。目前，国内市场上扫描仪品牌繁多，主要有 Canon（佳能）、EPSON（爱普生）、Microtek（中晶）、HP（惠普）、汉王（HanWang）、Thunis（清华紫光）、BenQ（明基）、Founder（方正）、Avision（虹光）、FUJITSU（富士通）等品牌。购买时主要考虑销售商的信誉、售后服务和维修能力。

（5）外观的设计要求。扫描仪的外观是否符合要求，外壳是否坚固，也是选购时应考虑的因素之一。因为扫描仪内所有的运动部件都固定在扫描仪的外壳上，壳体的强度和刚度对扫描仪的扫描精度影响非常大。设计良好的外壳上盖有一条条明显的加强肋，而且底板有很多凹凸。金属外壳使用时间一长，可能出现变形，使扫描精度下降，建议选择质地比较稳固的外壳。

（6）驱动程序及附赠软件。随产品携带的相关应用软件对扫描仪的应用极为重要，因此在购买时应注意比较各类扫描仪随机附赠软件。除驱动程序和扫描操作界面外，几乎每款扫描仪都会随机赠送一些图像编辑软件和 OCR 文字识别软件。

11.3.6 选购触摸屏

触摸屏的选购可以从以下几方面考虑。

（1）看视角和做工。将触摸屏拿在手上用 60° 角度看一下表面是否有牛顿环产生，若有牛顿环产生，则表示此触摸屏在处理牛顿环问题上的经验不够。用手指按压触摸屏感觉一下是不是触摸屏有上下两层，若感觉到则表示此触摸屏的质量不过关。

（2）看设计。4 线式设计是当今 90%触摸屏的设计主流，因为将触摸屏 *X*、*Y* 轴的线路直接拉出来，透过触摸屏控制器转换，可读到使用者触摸的位置。

（3）看品牌。应该选择大品牌的触摸屏，如优派、ETWOTOUCH、唯瑞、得丽珑、LBM、OneTouch、金凯翔等。

习 题

一、选择题

1. 扫描仪的分辨率通常指（　　）上的点数，即 dpi。

A. 平方厘米　　B. 平方毫米　　C. 长与宽　　D. 每英寸

2. 激光打印机最主要的特点是（　　）和易于管理。

A. 高质量、高速度、高噪音　　B. 高质量、速度较低、低噪音

C．体积小、高速度、低噪音　　D．高质量、高速度、低噪音

3．激光打印机与计算机连接的主要接口是（　　）。

A．并口　　B．USB 接口　　C．串口　　D．SCSI

4．打印机的分类包括（　　）。

A．针式打印机　　B．激光打印机

C．热敏打印机　　D．喷墨打印机

二、简答题

1．简述如何选购扫描仪。

2．主流打印机的接口有哪些？

3．打印机的分类有哪些？

4．如何选购触摸屏？

5．使用触摸屏的注意事项有哪些？

三、实训题

1．目前市场上知名的打印机品牌有哪些？它们的价格等性能如何？

2．目前市场上知名的扫描仪品牌有哪些？它们的接口类型、价格等性能如何？

3．目前市场上知名的网卡设备品牌有哪些？它们的接口类型、价格等性能如何？

4．课外实训：通过市场调研、网上查询，了解目前市面上常见的触摸屏与扫描仪的品牌、价格等。

学习情境 2

组装计算机硬件系统

通常人们所说的计算机其实是指计算机系统，计算机系统包括硬件与软件两个部分。计算机硬件系统是指组成计算机的各种物理设备，即那些看得见，摸得着的实际物理设备。接下来，我们将分 3 个任务来学习计算机硬件的组装、拆卸过程以及 BIOS 设置等。

任务 12：计算机硬件的组装

任务 13：拆卸计算机

任务 14：BIOS 与 UEFI 设置

任务12 计算机硬件的组装

知识目标

- 熟悉计算机组装的基础知识；
- 熟悉计算机组装的注意事项；
- 掌握计算机组装的基本步骤。

技能目标

- 能组装计算机主机；
- 能连接计算机内部连线；
- 能连接计算机的外设；
- 能对计算机进行加电测试；
- 能完成计算机硬件系统的拆卸工作。

12.1 任务描述

选购到合适的计算机配件后，需要动手将各配件组装起来并开机调试，判断组装是否成功。如果开机调试出现问题，应及时检查各部件的安装和各线路间的连接。

12.2 相关知识

12.2.1 计算机组装的基础知识

1. 攒机

自己组装计算机也就是我们所说的“攒机”，也称为DIY。DIY是Do it Yourself的缩写，即自己动手，其本质是强调自己动手动脑，亲身实践。有一些电脑爱好者热衷于DIY，我们称这些电脑爱好者为DIYer。DIYer可利用各种方法了解产品的信息、市场价格的变化等，在最佳时机选购自己需要的产品。DIYer的活动宗旨在于结合其自身需要，自己动手购买并组装性价比高的兼容计算机。

2. 原装机与兼容机

1981年美国IBM公司生产出第一台台式计算机，采用“开放体系结构”，具有较好的通用性和兼容性，用户可以方便地通过选择或增加某些部件来改变或扩充其功能。后来人们习惯性地把IBM公司出品的个人计算机称为原装机，由其他厂家生产的，与IBM台式计算机的硬件、软件可以互换的计算机称为兼容机。

3. 品牌机

一切由专业生产厂家或公司自行设计、自行生产的且带有正式商标和牌号的整机产品，称为品牌机，如联想、华硕、长城、宏碁、同方、方正、浪潮、TCL、戴尔、惠普、七喜、海尔等厂商生产的各种机型。

4．购买品牌机还是组装机

购买品牌机还是组装机主要从以下几个方面进行分析和比较，以确保自己购买到称心如意的计算机。

（1）价格。与同等配置的品牌机相比，组装机一直在价格上有很大优势。

（2）外观。品牌机在外观上始终保持着领先地位，因为品牌机一般都有专业的工业设计师，根据每年的流行趋势设计一些造型新颖别致的外观。

（3）质量。品牌机的兼容性和稳定性是有口皆碑的；而组装机的配件现在也多由一些大厂商生产，如华硕板卡、丽台显卡等，加上不少配件厂家本身就是给品牌机做配件的，所以质量也有保障。但由于品牌机在组装工艺上较为专业，总体上讲，组装机在稳定性上略差于品牌机。

（4）售后服务。组装机的售后服务不如品牌机，质保一般是根据配件的质保时间而定的。品牌机的售后服务就比较健全。

5．台式计算机的分类

主板、CPU、内存、硬盘、光驱、键盘、鼠标、机箱、显示器等部件组合在一起就构成一台计算机。用于办公和家庭娱乐的计算机主要是台式计算机、笔记本电脑。本章主要介绍台式计算机的性能、安装检测。

台式计算机分为一般台式计算机和一体化计算机（以下简称一体机）。一般台式计算机的显示器和主机是分开的，如图 12.1 所示为一款 Dell 台式计算机，如图 12.2 所示为一款联想台式计算机。装有主机的机箱通常放在桌面上或桌面下方的专门放置主机的计算机柜子里。

图 12.1　Dell 台式计算机

图 12.2　联想台式计算机

6．台式计算机的性能指标

无论是台式计算机还是一体机，判断计算机的性能优劣是通过技术规格来分辨的，下面通过两款台式计算机的性能比较说明其含义，Dell 和联想的某款台式计算机技术规格如表 12.1 所示。

表 12.1　Dell 和联想的某款台式计算机主要技术规格

设备名称		品牌名称	
		Dell：戴尔（DELL）7080MT	联想：GeekPro 设计师
CPU	处理器	Intel i7	Intel i7
	三级缓存	12MB	
	核心数	8 核	8 核

续表

设备名称		品牌名称	
		Dell：戴尔（DELL）7080MT	联想：GeekPro 设计师
内存	容量	16GB	16GB
	速度	DDR4 2666MHz	DDR4
	最大支持容量	64GB	32GB
	插槽数量	4	2
显卡	显存容量	独立 2GB	独立 6GB
硬盘	容量	1TB	1TB
	转速	7200RPM	7200RPM
	固态	256GB	521GB

12.2.2　市场调查与选购策略

1．市场调查

在不同的应用环境中，用户对于计算机的性能需求也不同，所以，在进行计算机组装前，应先确定具体的装机方案。

计算机硬件市场变化很快，要想及时了解产品型号和价格，就要到配件市场做一番市场调查。在调查中，把书本中介绍的有关配件的基本原理、技术指标等内容用到对配件的再认识上。并且在向销售商的咨询中，尽可能多地使用一些专业术语，如 CPU：酷睿 9 代 i9、i7、i5、i3，AMD 锐龙 3/5/7/9，锐龙 PRO 3/5/7/9；内存：DDR3、DDR4；主板：芯片 Q370、B365；显示器：响应时间、接口类型、分辨率等。通过市场调查了解最新的市场商情。在模拟购机时，因投入资金不同，要确定计算机的应用范围和预算，如教学用、办公用、CAD 设计用、美术创作用等。然后拟一份采购清单，在清单中尽可能详细地写明部件名称、品牌型号和单价，如表 12.2 所示。

表 12.2　装机配件清单

序　号	部件名称	品牌型号	单　价
1	中央处理器（CPU）		
2	主板（Main Board）		
3	内存（RAM）		
4	显示卡（VGA Card）		
5	显示器（Monitor）		
6	硬盘（Hard　Disk）		
7	光驱（CD-ROM）		
8	软驱（Floppy Disk）		
9	机箱（Case）		
10	键盘（Key Board）		
11	鼠标（Mouse）		
12	声卡（Sound Card）		

续表

序　号	部件名称	品牌型号	单　价
13	音箱（Speaker）		
14	其他		
15	合计		

（1）应用于一般办公事务处理。这类应用仅要求台式计算机具有较强的文字处理功能即可，故这类应用目标可选购配置较低的台式计算机。

（2）应用于家庭。随着台式计算机应用的发展，计算机的家庭应用已扩展了一个又一个新的应用领域，目前主要用于家庭辅导教育、文字处理和其他一些专业应用。它要求台式计算机具有综合处理功能，但对处理速度、内外存容量要求并不太高。

（3）应用于计算机局域网。用于网络的台式计算机要看是作为服务器还是工作站：如果是服务器，一定购置主频高、容量大的台式计算机；如果是工作站，可以选一些低档台式计算机。

（4）应用于科学计算与工程计算。这类应用包括较大型工程与科学计算、CAD、CAM和CAI等，一般为数值计算和图形处理。这类应用的特点是计算工作量大，要求计算速度快。

（5）应用于数据及事务处理。这类应用是将计算机作为数据和文件的处理系统，处理对象是数值和非数值的数据，其特点是计算量较小，但输入/输出量大，对于CPU运行速度、内存容量和硬盘的容量要求高，并应具有大数据量的吞吐能力和检索及组织数据的能力。

（6）应用于图像或多媒体技术。这类应用由于要处理图像和语言等，一般要求计算机内外存容量大，同时要求采用高分辨率彩色显示器和显示卡。

2. 台式计算机的选购策略

台式计算机系统性能的好坏，是由硬件系统结构及软件系统结构是否丰富、外部设备的配置等诸多因素决定的。因此，在购机时要综合考虑，但台式计算机的CPU类型、主频和内存大小以及系统的总线类型等应是主要考虑的因素。在选购台式计算机时需要处理好以下关系。

（1）性能和价格之间的关系。一般性能越好的计算机价格也越贵，但价格贵的计算机则有可能仅有一项或若干项性能指标较高，而其他方面性能平平。这就要求确定购机指标时要综合考虑，研究性能价格比。有时稍稍修改某一两项指标，就可以购买到价格便宜得多的机器，而这一两项指标又可能通过其他一些措施解决。

（2）根据实际需要，稍留余量。选购时以满足当前需要为最基本的依据，适当留有发展的余地，否则，使用一段时间后可能就不能满足需要了。

（3）购买品牌机还是组装机。品牌台式计算机性能可靠，质量比较稳定，但价格较贵。相同配置的品牌机可能要比组装机的价格高出20%～50%。如果维护能力差或不愿意经常维护，可以购买品牌机。计算机技术发展到今天，品牌机和组装机在组装工艺和配件使用方面并无原则性的区别，如果个人维护能力强，对部件认识透彻，买兼容机是一件很划算的事。

12.2.3　组装前的注意事项

在组装计算机之前需要特别注意以下方面。

（1）安装前要先消除身上的静电，防止人体所带静电对电子器件造成损伤，如用手摸一摸自来水管等接地设备等。

（2）禁止带电操作。在主板通电的情况下，插拔主板上的各种扩展卡会引起人眼看不到的电火花，严重时会造成短路而使部件永久性损坏，因此要严格禁止带电插拔包括 CPU、内存和各种扩展卡在内的所有部件。

（3）对各个部件要轻拿轻放，不要碰撞，尤其是硬盘。

（4）防止液体进入计算机内部。在组装计算机部件时，也要严禁液体溅到计算机内部的板卡上。因为液体有可能造成电路短路而使部件损坏，所以要注意不要将饮料摆放在机器附近。对于爱出汗的朋友，也要避免头上的汗水滴落，还要注意不要让手心的汗沾湿板卡。

（5）使用正确的安装方法，不可粗暴安装。在安装的过程中一定要注意正确的安装方法，对于不懂不会的地方要仔细查阅说明书，不要强行安装，稍微用力不当就可能使引脚折断或变形。对于安装后位置不到位的设备不要强行使用螺钉固定，因为这样容易使板卡变形，日后易发生断裂或接触不良的情况。

（6）把所有零部件从盒子中拿出来（不要从防静电袋子中拿出来），按照安装顺序排列好，阅读说明书，是否有特殊的安装需求。准备工作做得越好，接下来组装的工作就会越轻松。

（7）以主板为中心排列零部件。在将主板装进机箱之前，先装上处理器与内存，否则过后会很难组装，搞不好还会伤到主板。此外，在安装 AGP 与 PCI 卡时，要确定其安装牢固，因为很多时候上螺钉时，卡会跟着翘起来。如果撞到机箱，松脱的卡会造成运作不正常，甚至损坏。

（8）插拔时不要抓住线缆拔插头，以免损伤线缆。

12.2.4 台式计算机组装基本步骤

在组装之前，一定要明确装机的步骤，这样能够提高效率，避免出现“顾此失彼”的现象。计算机各部件的安装一般没有固定的顺序，主要以方便、可靠为主。装机的基本步骤如下。

1. 主机的安装

（1）准备好主机箱并安装电源，主要包括打开空机箱和安装电源。

（2）驱动器的安装，包括硬盘、光驱的安装。

（3）CPU 和散热器的安装，在主板处理器插座上安装 CPU 及散热风扇。

（4）内存条的安装，将内存条插入主板内存插槽内。

（5）主板的安装，将主板固定在机箱内。

（6）显卡的安装，根据显卡接口类型将显卡安装在主板上合适的扩展槽内。

（7）声卡等的安装，根据声卡等的总线类型选择合适的扩展槽将它们安装在主板上。

（8）机箱与主板间连线的连接，是指各种指示灯、电源开关线、PC 喇叭等面板插针的连接，以及硬盘、光驱的连线。

2. 外设的安装

（1）输入设备的安装，将键盘、鼠标与主机相连。

（2）输出设备的安装，安装显示器。

（3）重新检查连接线情况，准备进行测试。

（4）给计算机加电，若显示器能够正常显示，表明硬件初装正确，启动 BIOS 设置程序，进行系统的初始化设置。

3．安装操作系统软件

完成计算机硬件的组装后，就要为计算机安装操作系统软件了。在安装操作系统软件以前，需要对新硬盘进行分区与格式化操作，然后安装操作系统。

12.3　任务实施：组装台式计算机

12.3.1　组装前的准备

步骤 1：准备组装计算机的必备工具。

常言道“工欲善其事，必先利其器”，没有顺手的工具，装机也会变得麻烦起来。装机之前应准备的工具如图 12.3 所示，从左至右为尖嘴钳、散热膏、十字解刀、平口解刀。

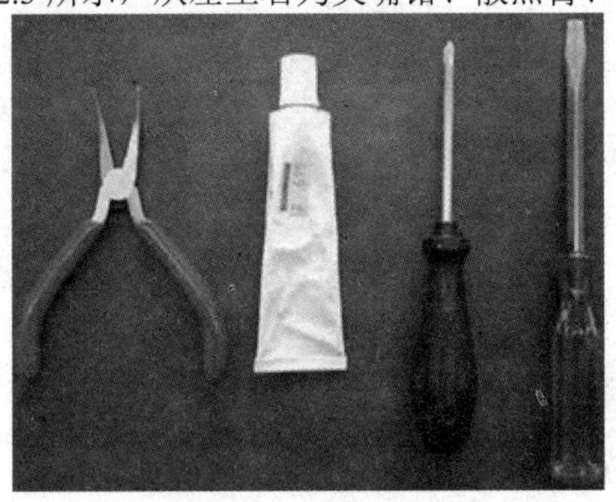

图 12.3　装机工具

（1）十字解刀。十字解刀又称螺丝刀、螺丝起子或改锥，是用于拆卸和安装螺钉的工具。由于计算机上的螺钉全部是十字形的，所以只要准备一把磁性十字螺丝刀就可以了。

（2）平口解刀。平口解刀又称一字型解刀。准备一把平口解刀，不仅方便安装，而且还可用来拆开产品包装盒、包装封条等。

（3）钳子。钳子可以用来拆卸机箱后面的挡板。这些挡板用手来回折几次就会断裂，但如果机箱钢板的材质太硬，那就需要使用钳子。

建议：最好准备一把尖嘴钳，它可夹可钳，这样还可省去镊子。

（4）散热膏。在安装高频率 CPU 时散热膏（硅脂）必不可少，大家可购买优质散热膏（硅脂）备用。

（5）捆轧带。捆轧带用于捆扎组装完成后机箱内凌乱的连线。

步骤 2：常用的装机辅助工具。

辅助工具在装机过程中起辅助作用，主要包括以下几种。

（1）器皿：装机时会使用一些小的零件和五金配件，随意摆放会造成许多不便，这时就需要用一个器皿来放置这些小东西以免遗失。

（2）电源插座：排型插座用来测试组装完成后的计算机是否可以正常运行。

（3）镊子：可以准备一把大号的医用镊子，用来夹取螺钉、跳线帽及其他一些小零件。

（4）工作台：装机最好在一个高度合适、面积足够宽敞的台面上进行，桌面上应该保持干净整洁。

（5）其他配件：装机前还应预备一些五金配件，如铜柱、螺钉等。

12.3.2 准备主机箱和电源

1．拆卸机箱、安装底板和挡片

首先从包装箱中取出主机箱以及内部的零配件（螺钉、挡板等），将机箱两侧的外壳去掉，机箱面板朝向自己，平放在桌子上。

打开零配件包，核对配件，主要包括固定螺钉、铜柱、挡板等。挑出其中的柱状螺钉（4～6 个），先拿主板在主机箱内部比较一下位置，然后将柱状螺钉旋入主板上的螺钉孔所对应的机箱铜柱螺钉孔内，如图 12.4 所示。

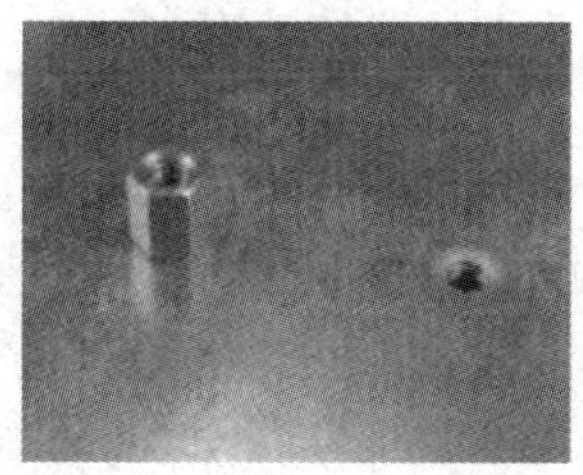

图 12.4　主机箱

不同的主机箱固定主板的方法不一样。图 12.4 中的主机箱，全部采用铜柱螺钉固定，稳固程度很高，但要求各个铜柱螺钉的位置必须精确。主板上一般有 5～7 个固定孔，用户要选择合适的孔与主板匹配，选好以后，把固定铜柱螺钉旋紧在底板上。

2．安装电源

一般情况下，在购买机箱时可以选择已装好电源的机箱。不过，有时机箱自带的电源品质太差，或者不能满足特定要求，则需要更换更大功率的电源。

安装电源很简单，先将电源放进机箱内的电源位，这个过程中要注意电源放入的方向，有些电源有两个风扇，或者有一个排风口，则其中一个风扇或排风口应对着主板。放入后稍做调整，让电源上的 4 个螺钉和机箱上的固定孔分别对齐。为了避免螺钉滑丝，固定电源时先拧上一颗螺钉（固定住电源即可），再将最后 3 颗螺钉孔对正位置，最后拧上剩下的螺钉即可。注意不要拧紧螺钉，等所有螺钉都到位后再逐一拧紧，如图 12.5 所示。

图 12.5　安装电源

12.3.3 安装 CPU 及散热器

为避免安装主板后机箱内狭窄的空间影响 CPU 及内存条的安装，在将主板装进机箱前最好先把 CPU 和内存条安装好。

为防止把主板上的引脚压变形，应准备一块绝缘的泡沫用来放置主板。

步骤 1：接触主板和 CPU 前，先释放静电。

步骤 2：打开主板包装盒，取出主板说明书，根据主板说明书检查附件是否齐全，是否有损坏。主板的附件一般包括用户手册、数据线、主板驱动程序与实用程序光盘、产品保证单等。仔细检查主板质量，然后将主板包装盒里的泡沫垫（或海绵垫）平放在工作台上，将主板放在绝缘的泡沫或海绵垫上，找到 CPU 插座的位置。

步骤 3：安装 CPU 及散热器。

下面以 Core i7 处理器为例介绍 CPU 的安装。

1. 安装 Core i7CPU

步骤 1：按照包装盒上的指示打开 CPU 包装盒，取出 CPU，检查 CPU 质量，阅读 CPU 说明书。如图 12.6 所示为一款 LGA1151 CPU。从图中可以看到，L 处理器全部采用了触点式设计，与针管式设计相比，最大的优势是不用再去担心针脚折断的问题，但对处理器的插座要求则更高。

图 12.6 LGA1151 CPU

步骤 2：打开主板上的 CPU 插座，将 CPU 安装到位。

（1）如图 12.7 所示是一款 Z390 主板上的 LGA1151 CPU 插座。相比 LGA775，LGA1151 插座中的触点排列更加细密，损坏的可能性也就更大。因此，所有 Z390 主板在出厂时，插座内都加盖了保护盖防止误伤触点，保护盖上还粘贴了警示语：只在安装 CPU 时去除该保护盖，不要手动取下黑色保护盖。

（2）如图 12.8 所示，CPU 插槽下方的“J”形拉杆就是插座顶盖卡锁，向下抠出并拉起拉杆。

图 12.7 LGA1151 CPU 插座

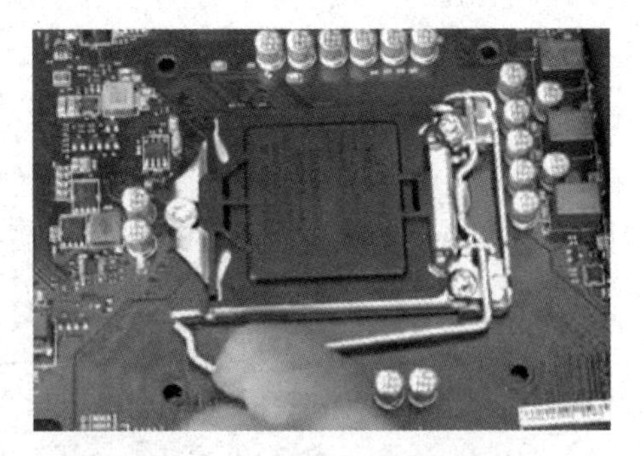

图 12.8 向下抠出并拉起拉杆

（3）如图 12.9（a）所示，打开金属顶盖，这就是 LGA1151 插座的真身，采用了防呆式设计，CPU 只有在正确方向才能放入，绝对不要使用蛮力。如图 12.9（b）所示插座上下在左侧 1/4 处各有一个小小的塑料凸起物，它们就是确定 CPU 安装方向的关键。

（a）打开金属顶盖

（b）CPU 安装方向

图 12.9　确定 CPU 安装方向

（4）注意 CPU 两侧的小缺口，将其对准插座上的凸起放下，CPU 即可准确嵌入插座。正确安装后，CPU 的绿色基板应保证和插座顶端平齐，如图 12.10（a）所示。放下金属顶盖，最好向下按压以保证到位，如图 12.10（b）所示。

（a）将 CPU 嵌入插座

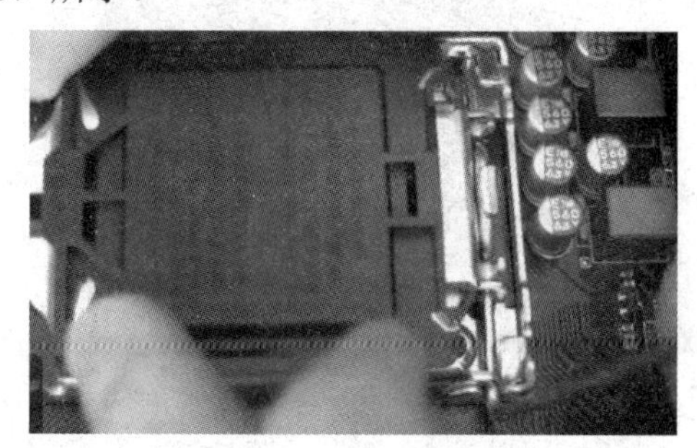

（b）放下金属顶盖

图 12.10　将 CPU 嵌入到位

（5）将金属拉杆回位，黑色保护盖自动弹出，如图 12.11 所示。

2. 安装 CPU 散热风扇

如图 12.12 所示为 Core i7 的散热风扇。在安装之前，首先需要确定主板上的 4pin CPU 风扇插针位置，保证风扇安装后电源线长度足够连接到这个插针，如图 12.13 所示。Core i7 原装风扇的底部接触面上，已经预先涂好了三条散热硅脂，正好覆盖 CPU 顶部突出的散热片，如图 12.14 所示。

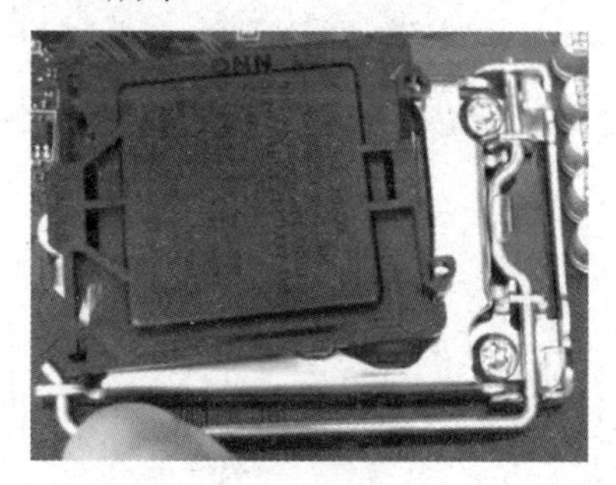

图 12.11　金属拉杆回位

图 12.12　CPU 散热风扇

图 12.13　4pin CPU 风扇插针

图 12.14　三条散热硅脂

下面正式开始安装散热器。

（1）查看 CPU 插槽四角的散热器安装孔位，如图 12.15 所示。将散热器四角对准孔位放下，如图 12.16 所示。

图 12.15　散热器安装孔位

图 12.16　散热器四角对准孔位放下

（2）选择位于对角线位置的两个卡扣，如果先固定位于 CPU 同一侧的两个卡扣可能因压力过大导致损坏。同时按下对角线位置的两个卡扣，如图 12.17（a）所示。卡扣按下固定后如图 12.17（b）所示。

（a）同时按下两个卡扣

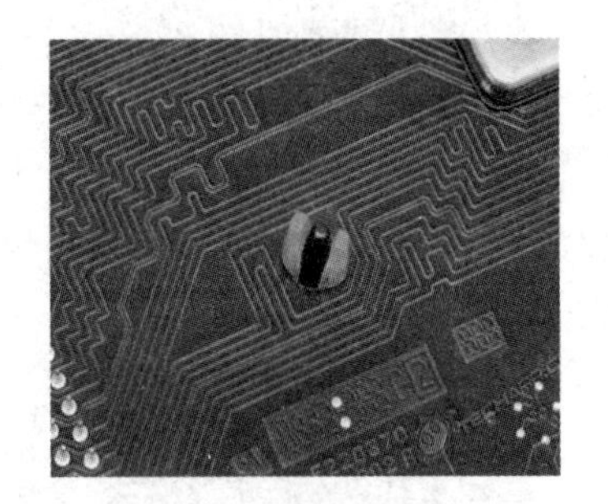

（b）卡扣按下固定后

图 12.17　固定卡扣

（3）对另一条对角线上的两个卡扣重复第（2）步。如果将来需要拆卸散热器，只需要按图示方向旋转卡扣即可将其弹出，松开四角卡扣后轻轻旋转散热器，让吸附的硅脂松开即可取下整个散热器。

（4）装好散热器后，连接 CPU 风扇电源，如图 12.18 所示。

图 12.18　连接散热器电源

12.3.4　安装内存条

安装内存条时需要将内存条金手指的缺口与插槽分隔的位置相对应。下面以安装 DDR3 内存条为例进行介绍。

主板上的内存插槽一般都采用两种不同的颜色来区分双通道与单通道。将两条规格相同的内存条插入到相同颜色的插槽中，即打开了双通道功能。

步骤 1：检查内存条。在安装内存之前先要检查内存条的质量，观察金手指是否有划痕、污迹等。

步骤 2：对照主板说明书，找到内存插槽的位置。用食指和拇指将内存插槽两端的白色塑料卡子向两边扳动，并打开内存插槽两端的扣具。

步骤 3：对照内存金手指的缺口与插槽上的凸起确认内存的插入方向，内存插槽也使用了防呆式设计，反方向无法插入，大家在安装时可以对应一下内存与插槽上的缺口。

步骤 4：用两拇指按住内存两端轻微向下压，听到“啪”的一声响后，即说明内存安装到位，此时插槽两边的卡子自动闭合卡住内存条，如图 12.19 所示。

图 12.19　安装内存条

12.3.5　安装主板

安装主板就是将主板固定到机箱的底板上，过程如下。

步骤 1：对照主板说明书，将机箱提供的主板垫脚螺母安装到机箱主板托架的对应位置（有些机箱购买时就已经安装）。最少安装 6 颗固定铜柱。

步骤 2：根据主板接口情况，将机箱背面相应位置的挡板去掉。由于挡板与机箱直接连在一起，需先用螺丝刀将其顶开，再用尖嘴钳扳下。

步骤 3：将主板的 I/O 接口对准机箱背面的相应位置，双手与底板平行托住主板，将主板放入机箱的底板上，使键盘口、鼠标口、串/并口及 USB 接口等和机箱背面挡板的相应插孔对齐，如图 12.20 所示。

步骤 4：检查金属螺柱或塑料钉是否与主板的定位孔相对应，为金属螺钉套上绝缘垫圈，拧紧螺钉，固定好主板（在安装螺钉时，注意每颗螺钉不要一次就拧紧，应等全部螺钉安装到位后，再将每颗螺钉拧紧，这样做的好处是可以随时对主板的位置进行调整），如图 12.21 所示。

图 12.20　将主板放入机箱

图 12.21　检查金属螺柱与主板的定位孔

12.3.6　安装驱动器

为避免安装驱动器过程中失手掉下驱动器或螺丝刀，砸坏主板上的配件，最好将驱动器安装进机箱后再安装主板。驱动器的安装包括硬盘和光驱，它们在机箱内部的安装位置如图 12.22 所示。

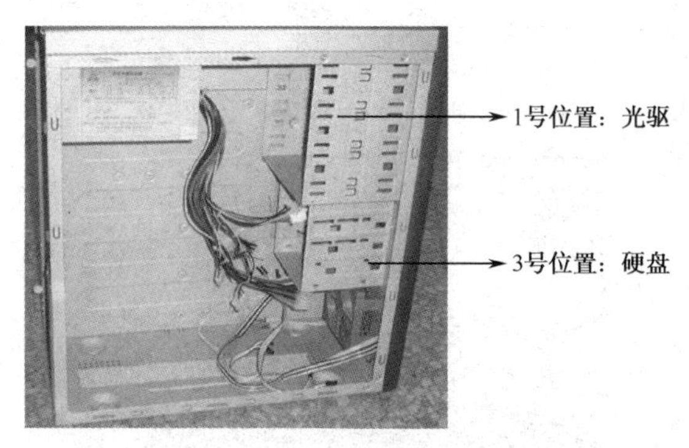

图 12.22　各种驱动器的位置

其中 1 号位置用来放置光驱、光盘刻录机等 5.25 英寸的部件，3 号位置用来放置 3.5 英寸的硬盘。

1. 安装硬盘

在这里所说的硬盘的安装是指把硬盘固定在机箱内，并连接数据线和电源线的过程。IDE 接口的硬盘需要正确地设置跳线，而 SATA 接口的硬盘则无须设置跳线。

步骤 1：在接触硬盘前，先释放静电，然后打开硬盘的包装盒取出硬盘，检查硬盘是否完好、有无划痕、是否干净等，尤其是要检查硬盘的数据接口是否有断针或弯曲的情况。

步骤 2：根据机箱的类型确定是否取下机箱面板上用于安装硬盘的 3.5 英寸塑料挡板。由于在机箱的另一侧安装螺钉不方便，最好先卸下 3.5 英寸托架。机箱中有固定 3.5 英寸托架的扳手，拉动此扳手即可固定或取下 3.5 英寸托架，如图 12.23 所示。

图 12.23　拆卸 3.5 英寸托架

步骤 3：将硬盘安装在托架上，通常机箱内会预留两块硬盘的空间，为了利于散热，应将硬盘安装在离软驱较远的位置。

单手捏住硬盘，使硬盘面板朝上，对准安装插槽，将硬盘轻轻地往里推，直到硬盘的四个螺钉孔与托架上的螺钉孔对齐，然后用螺钉固定硬盘，如图 12.24（a）和（b）所示。

步骤 4：将托架重新装入机箱，并将固定扳手拉回原位固定好硬盘托架，如图 12.24（c）所示。

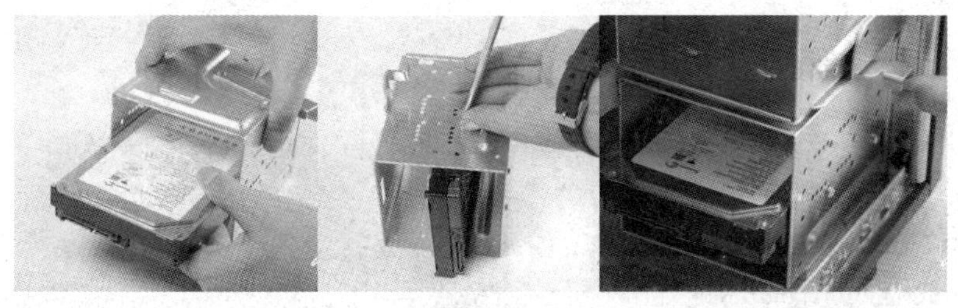

（a）放入硬盘　　（b）拧紧螺钉固定硬盘　　（c）重新装入托架

图 12.24　安装 3.5 英寸硬盘

2．安装光驱

不同类型的光驱的安装方法基本相同，下面以 DVD 光驱为例进行介绍。

步骤 1：打开 DVD 光驱的包装盒，取出 DVD 光驱和音频信号线，检查 DVD 光驱是否完好、有无划痕、是否干净等，尤其是要检查光驱的数据接口是否有断针或弯曲的情况。

步骤 2：设置光驱的跳线。对照光驱面板或光驱机壳上的跳线说明设置好光驱的主、从跳线。若光驱和硬盘接在主板的一个 IDE 接口上，则将光驱设置为从盘；若光驱和硬盘分别接在主板的两个 IDE 接口上，则将光驱设置为从盘。用镊子将跳线帽夹出，并重新安插在正确的位置即可。

步骤 3：将光驱装入机箱。为了便于散热，尽量把光驱安装在机箱最上面的位置。

安装光驱前，先将机箱前面板上的 5.25 英寸槽位的塑料挡板拆下，然后将光驱从机箱前面板的相应位置推入机箱，注意，光驱的接口部分背对机箱前面板，如图 12.25 所示。

图 12.25　光驱的安装位置

步骤 4：固定光驱。为了保证面板美观，先在光驱左右两侧分别用两颗螺钉一前一后初步固定，适当调整其安装位置，使光驱与机箱前面板对齐，再拧紧螺钉。

对于抽拉式光驱托架，要先将类似于抽屉设计的托架安装到光驱上，如图 12.26 所示。然后像推拉抽屉一样，将光驱推入机箱托架中，如图 12.27 所示。机箱安装到位后，需要取下时，用两手按住两边的簧片，即可拉出，简单方便，如图 12.28 所示。

图 12.26　安装光驱托架

图 12.27　将光驱推入机箱托架

图 12.28　光驱安装到位

12.3.7　安装显卡等接口卡

打开显卡等接口卡的包装，检查各接口卡，以及配件是否齐全、完好，阅读产品说明书，然后进行安装。

1．安装显卡

步骤 1：用手轻握显卡两端，垂直对准主板上的显卡插槽（PCI-E 槽或 AGP 槽），将带有输出接口的金属挡板面向机箱后侧，然后用力平稳地将显卡向下压入插槽中，如图 12.29 所示。

步骤 2：用螺钉固定显卡。固定显卡时，要注意显卡挡板下端不要顶在主板上，否则无法插到位。

图 12.29　安装显卡

2．安装声卡

步骤 1：在主板上找一条未用的 PCI 插槽，在机箱后壳上拆除此 PCI 插槽对应的挡板。

步骤 2：用手轻握声卡两端，垂直对准主板上的 PCI 插槽，将带有输出接口的金属挡板面向机箱后侧，然后用力平稳地将声卡向下压入插槽中。

步骤 3：用螺钉固定声卡。固定声卡时，要注意声卡挡板下端不要顶在主板上，否则无法插到位。

步骤 4：连接音频线。音频线一般是 3 芯或 4 芯信号线，其中红色和白线分别是左右声道信号线，黑线是地线。将音频信号线的一端接入光驱的音频输出口，另一端接声卡的音频口。

12.3.8　连接机箱内各种线缆

1．连接数据线

步骤 1：连接 SATA 硬盘数据线。由于 SATA 采用点对点的连接方式，每个 SATA 接口只能连接一个硬盘，因此不用设置跳线，系统自动将 SATA 硬盘设置为主盘。SATA 数据线两端插头没有区别，均采用单向 L 形盲插插头，一般不会插错。将数据线一端插头插入主板 SATA 1 接口，如图 12.30 所示；另一端连接硬盘，如图 12.31 所示。

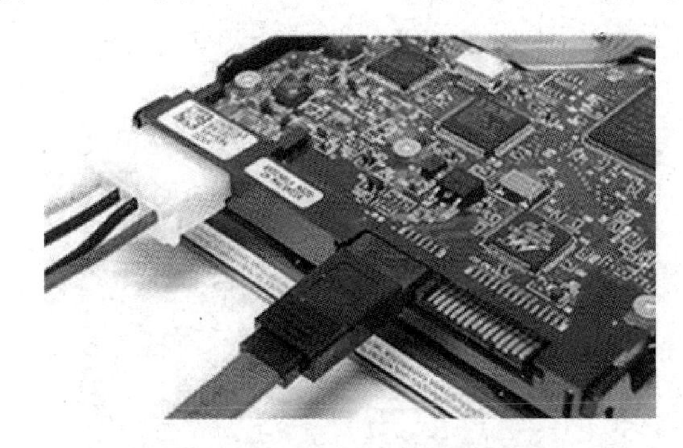

图 12.30　主板 SATA 1 接口

图 12.31　硬盘接入 SATA 数据线

如果安装了多个 SATA 硬盘，只要将连接每个硬盘的数据线插头依次插入主板 SATA1、SATA2 接口等，便完成连接，这时系统自动按照 1、2、3 顺序编号。启动硬盘要接在所连接的最小序号 SATA 接口，但不一定是 SATA1。

如果同时安装了 SATA 硬盘和 PATA 硬盘，为使其不冲突，需要在 BIOS 设置中进行设置。

步骤 2：连接光驱数据线。为光驱也接上电源插头和 SATA 数据线，将 SATA 数据线的另一端插在主板的 SATA 插槽上。

2. 连接电源线

需要连接的电源线有主板电源、硬盘电源、光驱电源、CPU 专用电源，以及部分显卡电源。

步骤 1：给主板插上供电插头。关于主板供电电源接口，这里需要说明一下，目前大部分主板采用了 24Pin 的供电电源设计，但仍有些主板为 20Pin。

从机箱电源输出插头中找到 24Pin 主板电源接头，在主板上找到电源接口，将 24Pin 电源插头对准主板上的插座插到底，并使插头与插座上的两个塑料卡子互相卡紧，以防止电源插头脱落，如图 12.32 所示。

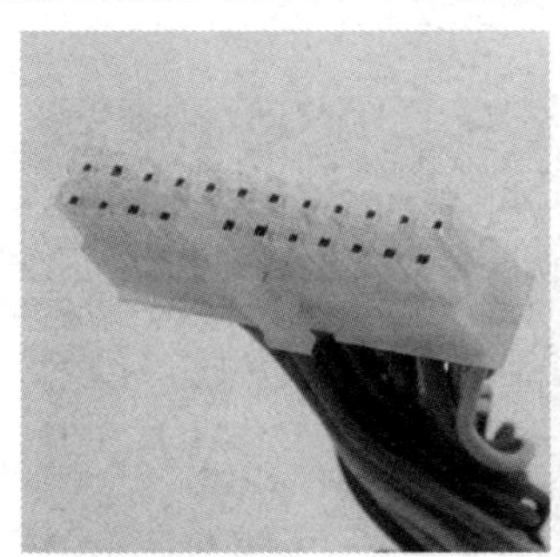

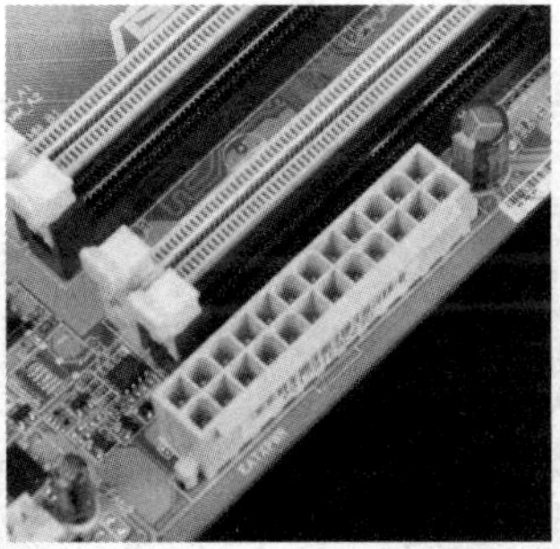

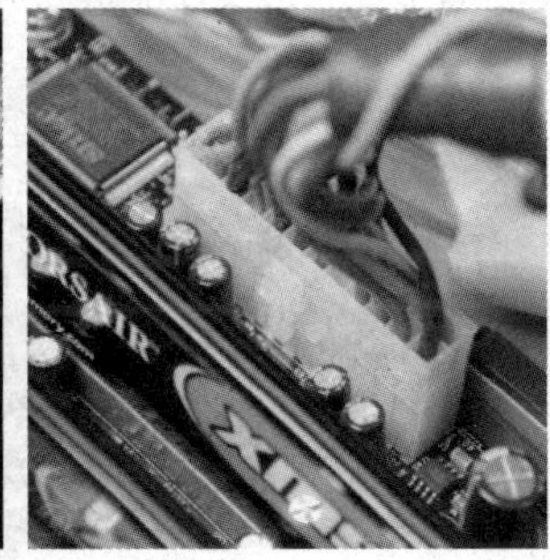

图 12.32　连接 ATX 24Pin 主板电源

主板供电的接口采用了防插反式的设计，只有按正确的方法才能插入。通过仔细观察也会发现在主板供电的接口上的一面有一个凸起的槽，而在电源的供电接口上的一面也采用了卡扣式的设计，这样设计的好处一方面是为了防止用户反插，另一方面也可以使两个接口更加牢固地安装在一起。

步骤 2：连接 CPU 专用电源。为了给 CPU 提供更强更稳定的电压，目前主板上均提供一个给 CPU 单独供电的接口（有 4Pin、6Pin 和 8Pin 三种）。同样电源上也需要提供给 CPU 供电的 4Pin、6Pin 与 8Pin 的接口。从电源输出插头中找出 4Pin CPU 专用电源插头，插到主板 CPU 专用电源插座上，如图 12.33 所示。

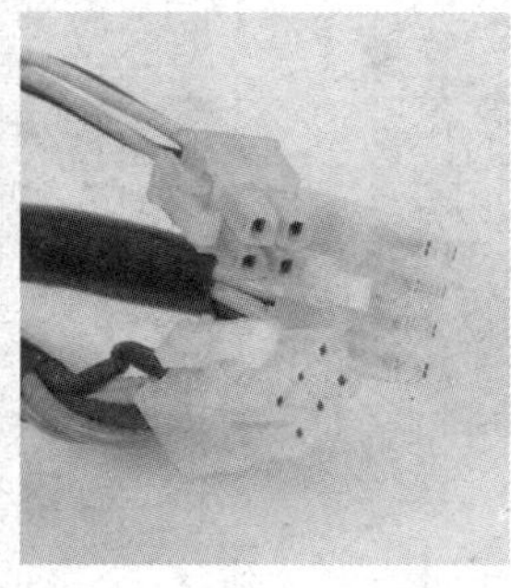

图 12.33　主板 CPU 专用供电电源连接

步骤 3：连接 SATA 硬盘电源线。从电源输出插头中找出 SATA 硬盘电源 15Pin 电源插头连接到 SATA 硬盘电源接口上。如果没有 15Pin 电源插头，则使用 SATA 电源适配器连接到 4Pin D 型电源插头，如图 12.34 所示。有的 SATA 硬盘同时提供 4Pin D 型电源插头。

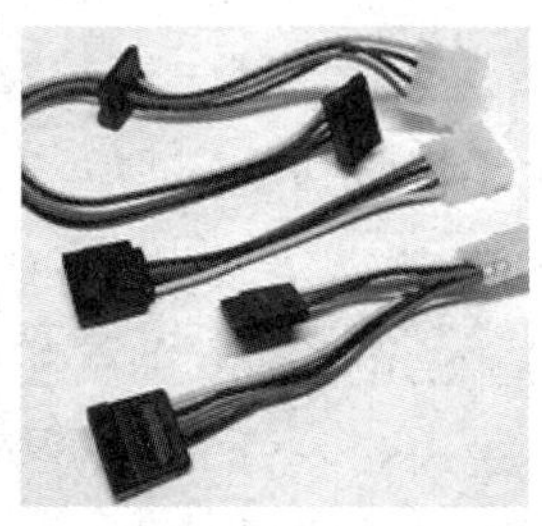

图 12.34　SATA 硬盘电源连接

3. 连接面板插针

要使计算机面板上的指示灯、开关能正常发挥作用，就需要正确地连接面板插针。不同的主板在插针设计上不同，在连线前要认真阅读主板说明书，找到各个连线插头所对应的插针位置，如图 12.35 所示。

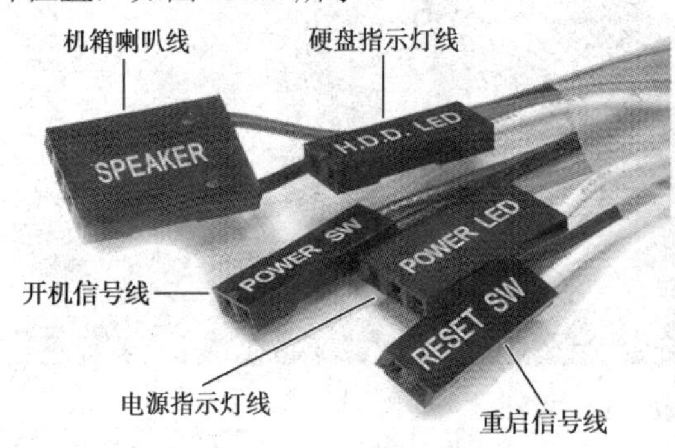

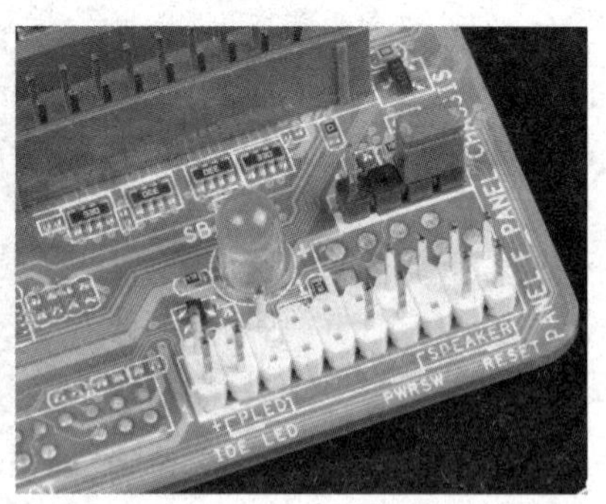

图 12.35　各种插针和主板标识

常见的面板指示灯及主板控制按键插针说明如表 12.3 所示。

表 12.3　面板指示灯及主板控制按键插针说明

插 头 标 识	接机箱面板	用　途	针　数	插针顺序及机箱接线颜色
PWR SW	ATX 电源开关	主机电源开关	2 针	无极性，通常第 1 针接黄线，第 2 针接黑线
RESET SW	复位开关	产生复位信号，重启计算机并自检	2 针	无极性，通常第 1 针接红线，第 2 针接蓝线
POWER LED	电源指示灯，绿色	主板加电后灯亮，表示已接通电源	2 针	有极性，通常第 1 针（+）接绿线，第 2 针（–）接白线
SPEAKER	机箱喇叭	使计算机发声，利用其发出的不同声响，进行不同的提示	4 针	无极性，通常第 1 针接红线，第 4 针接黑线
				第 2 与第 3 针短路时启动机箱喇叭或主板上的蜂鸣器，使其发声；正常工作时应使第 2、第 3 针开路
HDD LED	硬盘指示灯	读写硬盘时，指示灯闪烁	2 针	有极性，通常第 1 针（+）接红绿线，第 2 针（–）接白线

一般情况下，白线或黑线表示负（–）极，彩色线表示正（+）极。

注意：这条线接好后，当计算机在读写硬盘时，机箱上的硬盘指示灯会亮，但这个指示灯可能只对 IDE 硬盘起作用，对 SCSI 硬盘不起作用。

4. 连接扩展接口

（1）USB 扩展接口

步骤 1：在机箱中找到 USB 扩展接口的连接线插头。如图 12.36 所示，其中 VCC 用来供电，USB–与 USB+分别是 USB 的负正极接口，GND 为接地线。

步骤 2：在主板上找到扩展 USB 接口的插座。目前主板上均提供前置的 USB 接口插座。如图 12.37 所示是主板上提供的前置 USB 接口插座。

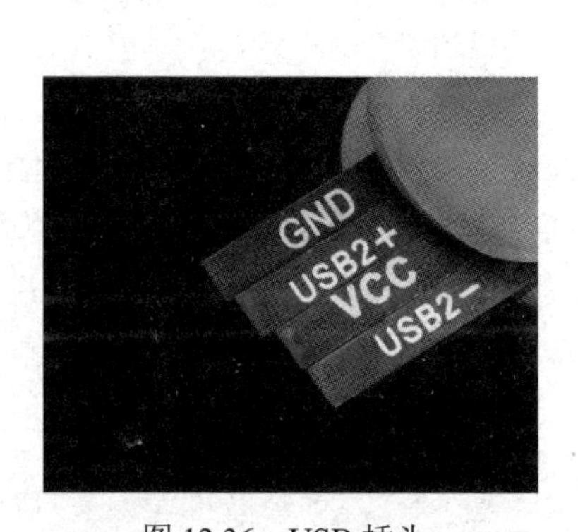

图 12.36　USB 插头

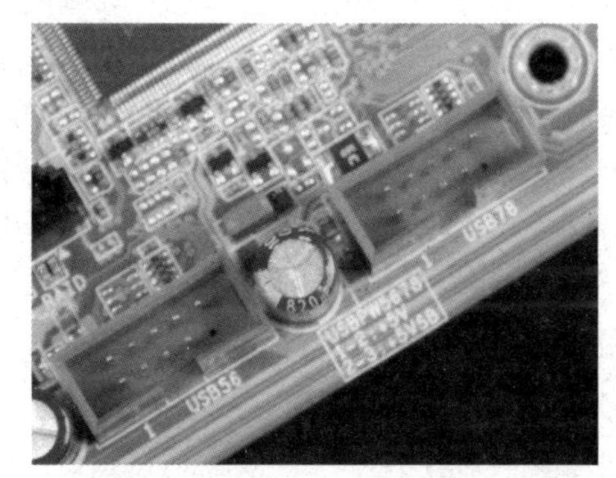

图 12.37　USB 接口插座

步骤 3：然后将插头垂直对准插座上的插针，如图 12.38 所示，对应着插入插头即可。在连接 USB 接口时一定要参见主板的说明书，仔细对照，如果连接不当，很容易造成主板的烧毁。

为了方便用户的安装，很多主板的 USB 接口的设置相当的人性化，如图 12.39 所示。可以看到，上图的 USB 接口有些类似于 PATA 接口的设计，采用了防呆式的设计方法，大家只有以正确的方向才能够插入 USB 接口，方向不正确是无法接入的，同时也避免因接法不正确而烧毁主板的现象。

图 12.38　USB 插针

图 12.39　防呆式设计

（2）IEEE 1394 扩展接口。如果机箱面板提供了 IEEE 1394 输出接口，将连接输出接口的电缆线插头插入主板的插座中，机箱面板的 IEEE 1394 接口就可用了，如图 12.40 所示。

图 12.40　IEEE 1394 插座及连接线

5．连接音频线

如今的主板上均提供了集成的音频芯片，并且性能上完全能够满足绝大部分用户的需求。为了方便用户的使用，目前大部分机箱除了具备前置的 USB 接口，音频接口也被移到了机箱的前面板上，因此为使机箱前面板上的耳机和话筒能够正常使用，还应该将前置的音频线与主板进行正确的连接。

如图 12.41 所示便是扩展的音频接口，其中 AAFP 为符合 AC'97 音效的前置音频接口，ADH 为符合 ADA 音效的扩展音频接口，SPDIF_OUT 为同轴音频接口。这里重点介绍一下前置音频接口的安装方法，如图 12.42 所示。

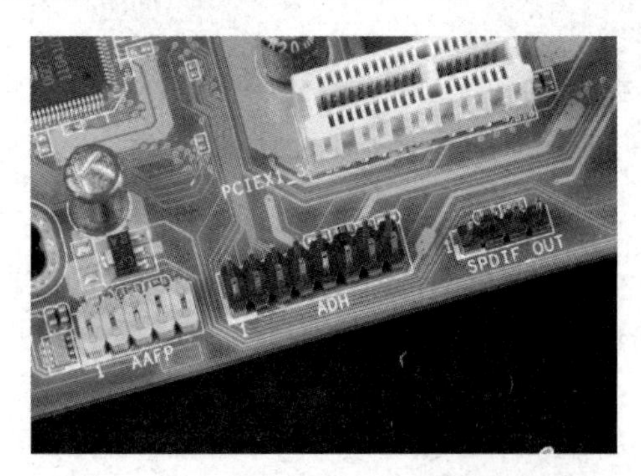

图 12.41　扩展的音频接口

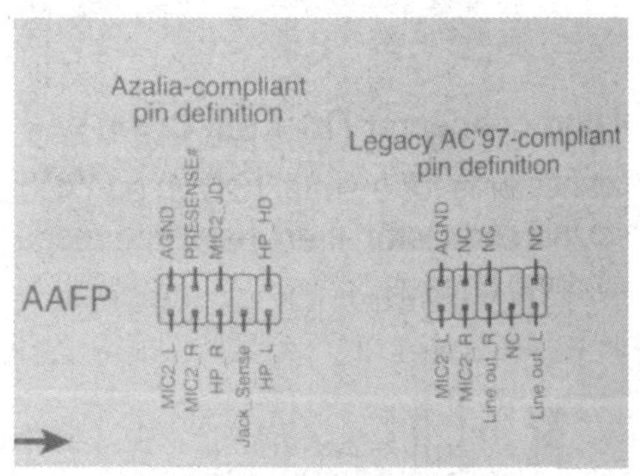

图 12.42　前置音频接口安装方法

如图 12.43 所示为机箱前置音频插孔与主板相连接的扩展插口，前置的音频接口一般为双声道，L 表示左声道，R 表示右声道。其中 MIC 为前置的话筒接口，对应主板上的 MIC，HPOUT-L 为左声道输出，对应主板上的 HP-L 或 Line out-L（视采用的音频规范不同，如采用的是 ADA 音效规范，则连接 HP-L；下同）；HPOUT-R 为右声道输出，对应主板上的 HP-R 或 Line out-R，分别按照对应的接口依次接入即可。

另外，在主板上还会发现如图 12.44 所示的接口，也是音频接口，对应的是光驱背部的音频接口。某些支持不开机听音乐的电源，连接此音频线后即可以利用光驱的前面板上的耳机来听音乐。

6．连接主板散热器

如图 12.45 所示的 CPU_FAM 插座用来连接 CPU 散热器的电源接口，目前 CPU 的散热器接口均采用了 4 针设计，与其他散热器相比多出一针，这是因为主板提供了 CPU 温度监测功能，风扇可以根据 CPU 的温度自动调整转速。

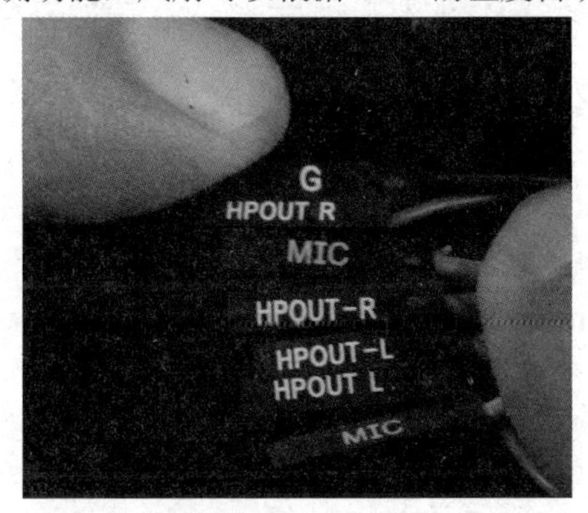

图 12.43　音频连线

图 12.44　光驱音频接口

如图 12.46 所示的 CHA_FAM 插座是用来给散热器供电的，如果添加了散热器，可以通过这些接口来为风扇供电。

图 12.45　CPU 散热器电源插座

图 12.46　散热器电源插座

7．COM 接口

新的主板芯片组背部不提供 COM 接口，因此在主板上内建了 COM 插槽，可以通过扩展提供对 COM 的支持，方便用户使用，如图 12.47 所示。

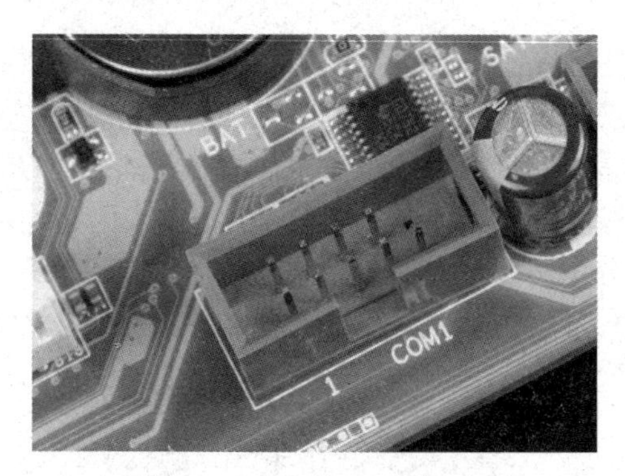

图 12.47　主板 COM 接口

8．整理内部连线和合上机箱盖

由于机箱内部的空间并不宽敞，加之设备发热量都比较大，如果机箱内没有一个宽敞的空间，会影响空气流动与散热，同时容易发生连线松脱、接触不良或信号紊乱的现象。整理机箱内部连线的具体操作步骤如下。

步骤 1：首先就是面板信号线的整理。面板信号线都比较细，而且数量较多，平时都是乱作一团。不过，整理起来也很简单，只要将这些线用手理顺，然后折几个弯，再找一根捆绑电线的捆绑绳，将它们捆起来即可。

步骤 2：机箱里最乱的是电源线，先用手将电源线理顺，将不用的电源线放在一起，这样可以避免不用的电源线散落在机箱内，妨碍日后插接硬件。

步骤 3：接下来将音频线固定一下，因为 CD 音频线是传送音频信号的，所以最好不要将它与电源线捆在一起，避免产生干扰。CD 音频线最好单独固定在某个地方，而且尽量避免靠近电源线。

步骤 4：对 IDE、FDD 线的整理工作是最困难的。在购机时，IDE、FDD 线是由主板附送的，它的长度一般都比较长，实际上用不了这么长的线，过长的线不仅多占空间，还影响信号的传输，因此可以截去一部分。最后合上机箱盖即可。

经过一番整理后，会发现机箱内部整洁了很多，这样做不仅有利于散热，而且方便日后各项添加或拆卸硬件的工作。整理机箱的连线还可以提高系统的稳定性。

12.3.9　连接外部设备

1．安装显示器

步骤 1：检查显示器。打开显示器包装箱，取出说明书按照说明书检查配件，检查显示器质量。

步骤 2：连接显示器的信号线。显示器信号线采用 VGA 接口，一端应插在显示卡的 VGA 插座上，另一端接在显示器上。

步骤 3：连接显示器的电源。从附袋里取出电源连接线，将显示器电源连接线的一端接到显示器上，另一端连接到电源插座上。

2．连接键盘和鼠标

现在键盘和鼠标的信号线插头一般为 USB 接口，将鼠标和键盘插在主板对应的 USB 接口上。如果是无线键盘和鼠标，则将键盘和鼠标的无线蓝牙接收器连接到计算机的 USB

接口，再安装相应的驱动程序即可使用。

12.3.10 加电自检

步骤 1：在通电之前，务必仔细检查各种设备的连接是否正确，接触是否良好，尤其要注意各种电源线是否有接错或接反的现象。确认无误后，将多孔插座的电源线插头插入 220V 50Hz 电网电源插座。

步骤 2：打开显示器开关，按下机箱面板上的电源开关，注意观察通电后有无异常，CPU 风扇是否转动等，如冒烟、发出烧焦的异味，或者发出报警声，应立即拔掉主机电源插头或关闭多孔插座的开关，然后进行检查。

如果一切正常，计算机启动大约 3s 后，机箱喇叭会发出“嘀”的一声，同时还可以听到主机电源风扇转动的声音，以及硬盘启动时发出的自举声。机箱上的电源指示灯一直点亮，硬盘指示灯及键盘右上角的 NumLock、Caps Lock、Scroll Lock 3 个指示灯亮一下后再熄灭。显示器发出轻微“刷”的声音后，显示屏上开始出现开机画面信息，并且进行硬件自检。

步骤 3：硬件自检通过后，关闭主机电源和多孔电源插座开关。

步骤 4：安装机箱挡板。装机箱盖时，要仔细检查各部分的连接情况，确保无误后，把主机的机箱盖盖上，将机箱挡板嵌入轨道后，由后向前推移，使挡板与前面板咬合后，拧上机箱螺钉。

习　题

一、选择题

1．在微型计算机机箱的面板上一般有 3 个指示灯，代表了 Power、HD、Turbo 3 种状态，分别表示（　　）。

A．主机接通、硬件设备完好、内存检测成功

B．电源接通、IDE 设备有数据传送、加速模式

C．主机接通、数据传送正确、输入/输出设备准备就绪

D．电源接通、硬件设备完好、加速模式

2．安插内存条时，要保证内存条与主板成（）角度。

A．30°　　B．60°　　C．90°（垂直）　　D．120°

3．CPU 插槽旁边的固定扳手的作用是（　　）。

A．仅仅是外部装饰，无实际用途

B．固定 CPU，使 CPU 的每个针脚都能与主板插座接触良好，确保通信正常

C．具有开关作用

D．具有连接主板的功能

4．开机后，计算机首先进行设备检测，称为（　　）。

A．启动系统　　B．设备检测　　C．开机　　D．系统自检

二、填空题

1．在拆装微机的器件前，应该先释放掉手上的________。

2．机箱前面板上 HDD LED 是指________，RESET 指的是________。

3．安装 CPU 时涂抹硅胶的目的是为了更好地________。

4．安装多条内存条时，Z390 的主板应注意：内存条的容量和型号最好保持________。

5．主板安装完毕后，应重点检查________是否接触到机壳，各部外部设备是否对应（机箱背部）的开孔，扩展卡的安装是否受到限制等。

三、简答题

1．简述计算机组装的基本步骤。

2．简述计算机组装的注意事项。

四、实训题

到实验室或计算机市场去动手组装台式计算机，可以选择不同类型、不同结构的机箱和主板。

1．组装前的准备工作

（1）准备一张足够宽敞的工作台，将电源插座引到工作台上备用，准备好组装工具。

（2）把主板、CPU、内存、硬盘、光驱、显卡、电源、机箱、键盘、鼠标等摆放到台面上。

（3）把所有硬件从包装盒中逐一取出，将包装物垫在器件下方，按照安装顺序排列好。

2．安装主板

（1）安装 CPU。此时要特别注意使 CPU 针脚与插座的孔对齐。

（2）安装 CPU 风扇。注意在 CPU 的保护壳或核心上涂上一层薄薄的硅脂。

（3）安装内存条。观察内存接脚上的缺口和内存插槽上的隔断。

（4）安装好铜柱或塑料柱。

（5）固定主板。

3．安装 AGP 显卡和各种 PCI 卡

（1）安装 AGP 显卡。

（2）安装 PCI 卡。PCI 卡主要有声卡、网卡、视频卡等。对于声卡来说，还要正确地连接 CD 音频线。

4．硬盘及光驱的安装

（1）安装硬盘。

（2）安装光驱。

注意选用合适的螺钉，安装硬盘的螺钉与安装光驱的螺钉是不一样的，安装硬盘用的螺钉外形稍短、稍粗一些。

5．连接电源

连接硬盘、光驱的电源线，注意一定要安插到底。

6．连接数据线

连接硬盘、光驱的数据线，注意主从盘的设置是否正确。

7．连接机箱面板信号线

连接机箱前面板各种信号灯线、控制线，注意一定要看清说明书后再认真连接。

8．连接外设

连接键盘、鼠标、显示器、音箱等。

9．通电自检。

10．整理内部连线

关闭计算机，用塑料扎线把机箱内部散乱的线整理绑扎好，并就近固定在机箱上。

任务13 拆卸计算机

知识目标

- 了解计算机硬件拆卸的注意事项；
- 熟悉计算机硬件拆卸的一般步骤。

技能目标

- 能完成计算机硬件的拆卸工作。

13.1 任务描述

在对计算机硬件系统进行维护、排除计算机硬件系统故障时，往往需要将计算机部件拆卸下来进行处理。

13.2 任务实施：计算机硬件系统拆卸步骤

拆卸计算机各部件时，必须关闭多孔电源插座开关，拔下机箱电源线插头。计算机硬件系统的拆卸步骤如下。

步骤 1：拔下电源线。必须首先拔下主机及显示器等外设的电源线。

步骤 2：拔下外设连线。拔出键盘、鼠标、USB 电缆等与主机箱的连线时，将插头直接向外平拉即可；拔出显示器信号电缆、打印机信号电缆等连线时，先松开插头两边的固定螺钉，再向外平拉插头。

步骤 3：打开机箱盖。机箱盖的固定螺钉大多在机箱后侧边缘上，用十字螺丝刀拧下螺钉取下机箱盖。

步骤 4：拔下面板插针插头。沿垂直方向向上拔出面板插针插头。

步骤 5：拔下驱动器电源插头。沿水平方向向外拔出硬盘、光驱的电源插头，拔下时绝对不能上下左右晃动电源插头。

步骤 6：拔下驱动器数据线。硬盘、光驱等的数据线一端插在驱动器上，另一端插在主板的接口插座上，捏紧数据线插头的两端，平稳地沿水平或垂直方向拔出插头，然后拔下光驱与声卡间的音频线。

步骤 7：拔下主板电源线。拔下主板电源时，用力捏开主板电源插头上的塑料卡子，垂直于主板适当用力把插头拔起，另一只手轻轻压住主板，按压时应轻按在 PCI 插槽上，不能按在芯片或芯片的散热器上，然后拔下 CPU 专用电源插座上的插头。

步骤 8：拆下接口卡。用螺丝刀拧下固定插卡的螺钉，用双手捏紧接口卡的上边缘，垂直向上拔下接口卡。

步骤 9：拆卸内存条。轻缓地向两边掰开内存插槽两端的固定卡子，内存条自动弹出插槽。

步骤 10：取出主板。松开固定主板的螺钉，将主板从机箱内取出。

步骤 11：拆卸 CPU 和散热器。拔下 CPU 散热器电源插头，拆出散热器，拆卸过程和安装过程相反。松开 CPU 的固定扳手，拆下 CPU，拆卸过程和安装过程相反。

步骤 12：拆下驱动器。硬盘和光驱都固定在机箱内的驱动器支架上，先拧下驱动器支架两侧的固定螺钉，再水平抽出驱动器。拧下最后一颗螺钉时用手握住驱动器，小心驱动器落下摔坏。

习　题

一、简答题

1．试总结计算机硬件拆卸的基本步骤。

2．试总结计算机硬件拆卸的注意事项。

二、实训题

到实验室或计算机市场去动手拆卸台式计算机，可以选择不同类型、不同结构的机箱和主板，按照 13.2 节的拆卸步骤进行。

任务14 BIOS 与 UEFI 设置

知识目标

- 了解 BIOS 芯片与 CMOS；
- 熟悉 BIOS 的基本功能；
- 了解 BIOS 的种类；
- 熟悉 BIOS 设置的作用。
- 熟悉 UEFI 设置与原理。

技能目标

- 能对 BIOS 进行基本的设置；
- 能升级 BIOS；
- 能恢复 BIOS 设置。
- 能进行 UEFI 设置。

14.1 任务描述

BIOS 负责解决硬件的即时需求，并按软件要求具体执行对硬件的操作，所以它的设置和优化就显得尤为重要。合理设置通过不同驱动器引导系统的顺序，准确配置硬盘，快速有效地进行系统优化设置，以及升级 BIOS 的能力，都是计算机系统维护人员必须掌握的重要技能。

14.2 相关知识

14.2.1 认识 BIOS 与 CMOS

1. 认识 BIOS

BIOS 是 Basic Input/Output System 的缩写，即基本输入/输出系统。实际上它是被固化在计算机 ROM（只读存储器）芯片上的一组程序，为计算机提供最低级的、最直接的硬件控制与支持。更形象地说，BIOS 就是硬件与软件程序之间的一个桥梁或者说是接口（虽然它本身也只是一个程序），负责解决硬件的即时需求，并按软件要求具体执行对硬件的操作。

2. 认识 CMOS

CMOS 是 Complementary Metal Oxide Semiconductor 的缩写，原意是指互补金属氧化物半导体——一种大规模应用于集成电路芯片制造的原料，是计算机主板上的一块可读写的 RAM 芯片，用来保存当前系统的硬件配置和用户对某些参数的设定。CMOS 可由主板的电池供电，即使系统掉电，信息也不会丢失。CMOS RAM 本身只是一块存储器，只有数据保存功能，而对 CMOS 中各项参数的设定要通过专门的程序。

3．BIOS 设置与 CMOS 设置的区别和联系

在计算机日常维护中，常常可以听到 BIOS 设置和 CMOS 设置的说法，它们都是利用计算机系统 ROM 中的一段程序进行系统设置，那么 BIOS 和 CMOS 设置是一回事吗？

BIOS 与 CMOS 既相关又不同：BIOS 中的系统设置程序是完成参数设置的手段；CMOS RAM 是设定系统参数的存放场所，是结果。完整的说法是通过 BIOS 设置程序对 CMOS 参数进行设置。BIOS 设置与 CMOS 设置都是其简化的叫法，指的是一回事。但是 BIOS 与 CMOS 却是完全不同的两个概念，不可混淆。

14.2.2 BIOS 的基本功能

1．自检及初始化

计算机刚接通电源时对硬件部分的检测，也叫作加电自检（POST），其功能是检查计算机是否良好，例如内存有无故障等。

初始化，包括创建中断向量、设置寄存器、对一些外部设备进行初始化和检测等，其中很重要的一部分是 BIOS 设置，主要是对硬件设置一些参数。当计算机启动时会读取这些参数，并和实际硬件设置进行比较，如果不符合，会影响系统的启动。

2．BIOS 系统启动自举程序

BIOS 在完成 POST 自检后启动磁盘引导扇区自举程序，BIOS 按照系统 CMOS 设置中设置的启动顺序信息，搜索硬盘驱动器、CD-ROM、网络服务器等有效的启动驱动器，将启动盘的引导扇区记录读入内存，然后将系统控制权交给引导记录，并由引导程序装入操作系统的核心程序，以完成系统平台的启动过程。

3．程序服务处理和硬件中断处理

程序服务处理程序主要是为应用程序和操作系统服务的，这些服务主要与输入/输出设备有关，例如读磁盘、将文件输出到打印机等。为了完成这些操作，BIOS 必须直接与计算机的 I/O 设备打交道，它通过端口发出命令，向各种外部设备传送数据并从外部设备接收数据，使程序能够脱离具体的硬件操作。硬件中断处理则分别处理 PC 硬件的需求，因此这两部分分别为软件和硬件服务，组合到一起使计算机系统正常运行。

在开机时，BIOS 就将各硬件设备的中断号提交到 CPU（中央处理器），当用户发出使用某个设备的指令后，CPU 就会暂停当前的工作，并根据中断号使用相应的软件完成中断的处理，然后返回原来的操作。DOS/Windows 操作系统对硬盘、光驱、键盘、显示器等外围设备的管理就是建立在系统 BIOS 的中断功能基础上的。

BIOS 主要的工作可以归纳为以下四点。

（1）POST（Power On Self Test，开机自测试）。一开机系统将控制权交给 BIOS 时，它会先检查 CPU 各项寄存器是否运行正常，接下来会检查 8254 timer（可编程外围计时芯片）、8259A（可编程中断器）、8237DMA controller（DMA 控制器）的状态。

（2）Initial。针对动态内存（DRAM）、主板芯片组、显卡以及相关外围的寄存器（register）做初始化（Initialize）设置，并检测其是否能够正常工作。所谓初始化设置，就是依照该芯片组的技术文件规定，做一些寄存器填值、改位的动作，使得主板/芯片组的内存、I/O 的功能得以正常运行。

（3）记录系统的设置值并且存储在非挥发性内存（Non-Volatile RAM），如 MOS 或 Flash Memory（ESCD 区域）等。

（4）将常驻程序库（Runtime Program）常驻于某一段内存中，提供给操作系统或应用程序调用，如 Int 10h、Int 13h、Int 15h 之类的函数。

4．程序服务请求

程序服务请求主要是为应用程序和操作系统等软件服务的。BIOS 直接与计算机的 I/O 设备打交道，通过特定的数据端口发出命令，传送或接收各种外部设备的数据。软件程序通过 BIOS 完成对硬件的操作，如将磁盘上的数据读取出来并将其传输到打印机或传真机上，或通过扫描仪将素材直接输入到计算机中。

14.2.3　BIOS 的种类

目前市面上较流行的主板 BIOS 主要有 Award BIOS、AMI BIOS 和 Phoenix BIOS 三种类型。

Award BIOS 是由 Award Software 公司开发的 BIOS 产品，是世界最大的 BIOS 生产厂商之一，其产品也被广泛使用。Award BIOS 功能较为齐全，支持许多新硬件。现已与 Phoenix 合并，称为 Phoenix-Award BIOS。目前的计算机大多使用 Phoenix-Award BIOS。

AMI BIOS 是 AMI 公司出品的 BIOS 系统软件，开发于 20 世纪 80 年代中期，早期的 286、386 大多采用 AMI BIOS，它对各种软、硬件的适应性好，能保证系统性能的稳定，到 90 年代后，绿色节能计算机开始普及，AMI 却没能及时推出新版本来适应市场，使得 Award BIOS 占领了大半壁江山。当然，现在的 AMI 也有非常不错的表现，新推出的版本依然功能强劲。

14.2.4　EFI 与 UEFI 简介

EFI（Extensible Firmware Interface，可扩展固件接口），是 Intel 公司推出的一种在未来的类 PC 的计算机系统中替代 BIOS 的升级方案。

与传统的 BIOS 不同，EFI 不再采用汇编语言编写，而是采用了属于高级语言体系的 C 语言，这就使它可以实现许多丰富的功能。当然，EFI 在基础任务上与传统的 BIOS 还是完全一致的，都是作为硬件和软件之间的衔接桥梁，只是 EFI 让这个衔接桥梁变得更易于使用、功能更强大。由于数据量大了许多，加上扩展性的需要，EFI 不再是只写入主板的只读存储器上，而是在硬盘上隔离出一个专门的区域来存放 EFI 的主体。EFI 负责加电自检（POST）、联系操作系统以及提供连接操作系统与硬件的接口。

UEFI（Unified Extensible Firmware Interface，统一可扩展固件接口）是一种个人计算机系统规格，用来定义操作系统与系统固件之间的软件界面，作为 BIOS 的替代方案。

UEFI 的前身是 Intel 公司在 1998 年开始开发的 Intel Boot Initiative，后来被重命名为 EFI。Intel 公司在 2005 年将其交由统一可扩展固件接口论坛（Unified EFI Forum）来推广与发展，为了凸显这一点，EFI 也更名为 UEFI。UEFI 论坛的创始者是 11 家知名电脑公司，包括 Intel、IBM 等硬件厂商，软件厂商 Microsoft，BIOS 厂商 AMI、Insyde，以及 Phoenix。

支持鼠标操作的图形界面是UEFI的主要特点。UEFI内置图形驱动功能，可以提供一个高分辨率的彩色图形环境，用户进入后可以直接用鼠标点击进行配置的调整，假如操作系统因设置问题无法进入，用户还可以通过UEFI来修改配置或安装新的硬件驱动，将系统成功修复。

14.2.5 UEFI工作原理

UEFI在开机时的作用和BIOS一样，就是初始化PC，但在细节上却又不一样。BIOS对PC的初始化，只是按照一定的顺序给硬件通电，简单地检查硬件能否工作；而UEFI不但检查硬件的完好性，还会加载硬件在UEFI中的驱动程序，不用操作系统负责驱动的加载工作。UEFI颠覆了BIOS的界面概念，让操作界面和Windows一样易于上手。在EFI的操作界面中，鼠标成了替代键盘的输入工具，各功能调节的模块也同Windows程序一样，可以说，UEFI就类似一个小型的Windows系统。

对于操作系统来说，如果主板使用的是BIOS，那么操作系统就必须面对所有的硬件，大到主板显卡，小到鼠标键盘，每次重装系统或者系统升级，都必须手动安装新的驱动，否则硬件很可能无法正常工作。而基于UEFI的主板则方便很多，因为UEFI架构使用的驱动基于UEFI Byte Code。UEFI Byte Code有些类似于Java的中间代码，并不由CPU直接执行操作，而是需要UEFI层进行翻译。对于不同的操作系统而言，UEFI将硬件层很好地保护起来，所有操作系统看到的，都只是UEFI留给UEFI Byte Code的程序接口，而UEFI Byte Code又直接和Windows的API联系，这就意味着无论操作系统是Windows还是Linux，只要有UEFI Byte Code支持，只需要一份驱动程序就能适应所有操作系统平台。

UEFI Byte Code驱动还能绕过操作系统，直接安装在UEFI环境中，这样对硬件的控制就由UEFI层负责，UEFI向操作系统直接提供硬件操作的接口，不需要操作系统再调用驱动。这种方式的优点是不需要进入操作系统，只需要进入UEFI界面更新驱动程序即可，而且不需要对每个操作系统进行驱动升级，只要UEFI界面中升级一次，所有上层的操作系统都可以直接调用新的UEFI接口。

UEFI在开机之时就能够驱动所有的硬件，网络当然也不会例外，所以在UEFI的操作界面中，程序可以直接连接互联网，向外界求助操作系统的维修信息或者在线升级驱动程序。

14.2.6 UEFI的组成

UEFI由以下几个部分组成：Pre-EFI初始化模块、EFI驱动程序执行环境、EFI驱动程序、兼容性支持模块（CSM）、EFI高层应用、GUID磁盘分区表。

UEFI初始化模块和驱动执行环境通常被集成在一个只读存储器中。Pre-EFI初始化模块在系统开机时最先得到执行，它负责最初的CPU、芯片组及存储器的初始化工作，紧接着载入EFI的驱动程序执行环境（DXE）。当DXE被载入运行时，系统便具有了枚举并加载其他EFI驱动程序的能力。在基于PCI架构的系统中，各PCI桥及PCI适配器的EFI驱动程序会被相继加载及初始化，这时，系统进而枚举并加载各桥接器及适配器后面的各种总线及设备的EFI驱动程序，直到最后每个设备的EFI驱动程序被成功加载。

认识 Award BIOS 的设置

14.3 任务实施步骤

各个品牌的计算机型号进入 BIOS 的方法也不一样，有的是按“Delete”键，有的是按“Esc”键，也有的是按“F1”或“F2”键。

在打开计算机电源后，通常会显示主板BIOS的自检信息，在画面的左下方会出现“Press DEL to Enter SETUP”之类的提示，此时按下“Delete”键或提示的其他按键，便可进入 BIOS 的设置窗口。

14.3.1 设置启动选项

步骤 1：首先，打开计算机电源，然后反复按键盘上的“Delete”键或提示的其他按键，进入 BIOS 的设置程序。在菜单 Boot Configuration Features 上按“Enter”键进入 Boot Configuration Features 主界面，如图 14.1 所示。

步骤 2：在菜单 Boot Device Priority 上按“Enter”键来设置开机启动顺序，分别是第一启动设备、第二启动设备、第三启动设备、第四启动设备和其他启动设备，如图 14.2 所示。

图 14.1 启动参数特征

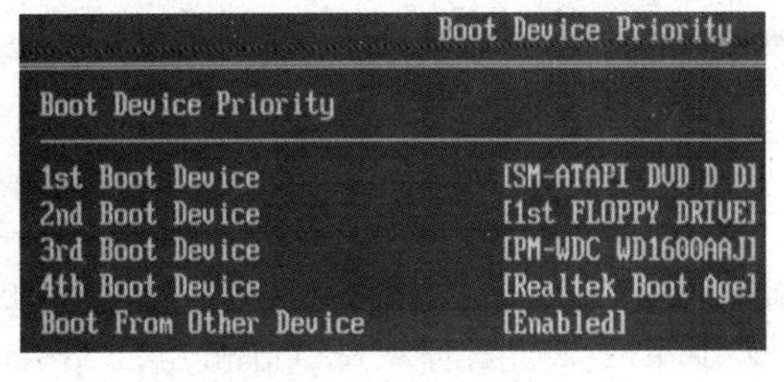

图 14.2 启动优先级选择

每个启动优先级都有 Floppy（软驱）、HDD-0（第一块硬盘）、HDD-1（第二块硬盘）、CD-ROM（光驱）、SCSI（SCSI 设备）、Lan（网卡）、USB 设备等选项。将光标移动到相应选项按“Enter”键，用“↑”“↓”键选择选用的设备。系统会从你选择的驱动器中读取系统文件并启动系统，如果从第一个设备启动失败，则读取第二设备，依次类推。如图 14.2 所示，第一启动设备为 DVD 光驱，第二启动设备为软驱，第三启动设备为硬盘，第四启动设备为网卡。如果有需要可以选择其他启动器来启动系统。

步骤 3：设置启动参数。Quick Boot 菜单用来设置是否开机快速自检，将该选项设置为“Enabled”（开启）状态，可以加速计算机的启动，但会降低系统的查错能力；如果设置为“Disabled”（关闭）状态，计算机会正常自检启动。

Boot up Num-Lock 菜单用来设置启动时是否关闭键盘上的数字小键盘（Num Lock），设置为“On”（开启）将小键盘变成数字键，设置为“Off”（关闭）将小键盘变成方向键，如图 14.3 所示。

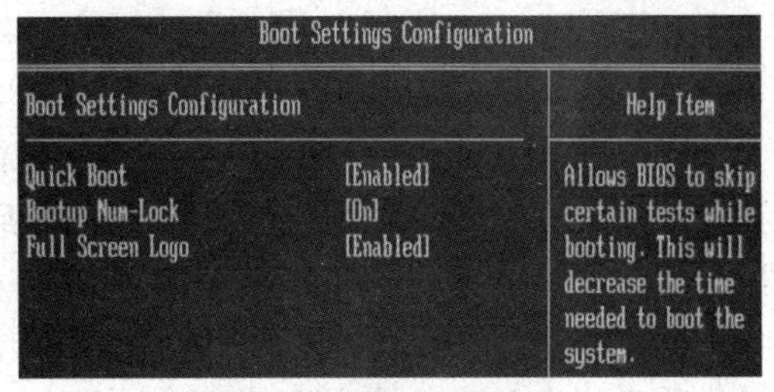

图 14.3 启动参数设置

14.3.2 双硬盘的 BIOS 设置

Parallel ATA（并行 ATA，以下简称 PATA）硬盘即普通的 ATA 接口硬盘；Serial ATA（串行 ATA，以下简称 SATA）是硬盘今后的发展趋势，如今市场上 SATA 硬盘及支持 SATA 硬盘的主板也越来越多。SATA 硬盘在外观上最大的变化就是采用了非常窄小的“L”形数据线接口及扁平的电源线接口，支持 SATA 硬盘的主板一般都会提供 2 个或 4 个 SATA 接口。

对于同时安装了 SATA 和 PATA 硬盘的用户，经常遇到的问题是安装了 SATA 硬盘后，导致 PATA 硬盘和光驱无法正常使用，这都是因为 BIOS 设置不正确引起的。下面就介绍如何正确设置 BIOS 能同时使用 SATA 硬盘、PATA 硬盘和光驱。

首先对主板与硬盘、光驱的物理连接做以下设置。

步骤 1：将主板上 IDE2 接口与 PATA 硬盘进行连接，注意数据线两端的 Master 端分别连接硬盘与主板，并将 PATA 硬盘的跳线设置为默认（主盘），连接好电源线。

步骤 2：将 SATA 硬盘的数据接口与主板上 SATA1 接口进行连接，连接好电源线。

步骤 3：将光驱的跳线设置为“从盘”，并与连接硬盘与主板数据线的“Slave”端进行连接，接好电源线。

通过以上设置，完成主板、光驱、两个硬盘的连接过程。接下来开机，按“Delete”键进入主板的 BIOS 设置程序，进行设置。

步骤 4：选择并进入 Advanced Bios Features 设置窗口，进入 IDE Configuration 设置界面，如图 14.4 所示。

步骤 5：将光标移动到窗口下方的 SATA Controller Setup 选项上按“Enter”键，然后在弹出的窗口中选中 Manual 选项后按“Enter”键，如图 14.5 所示。

步骤 6：将光标移动到 Onbard IDE Operate Mode 选项上按“Enter”键，在弹出的窗口中选中 Compatible Mode 选项并按“Enter”键。在 Combined Mode Option 菜单中选择 Primary P-ATA+SATA 选项，如图 14.5 所示。

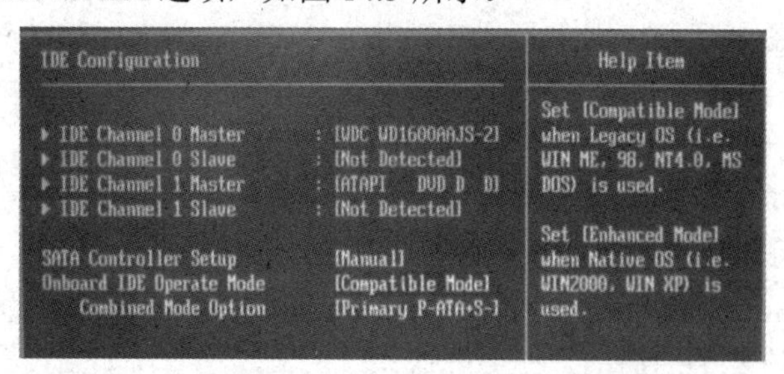

图 14.4 接口设置界面

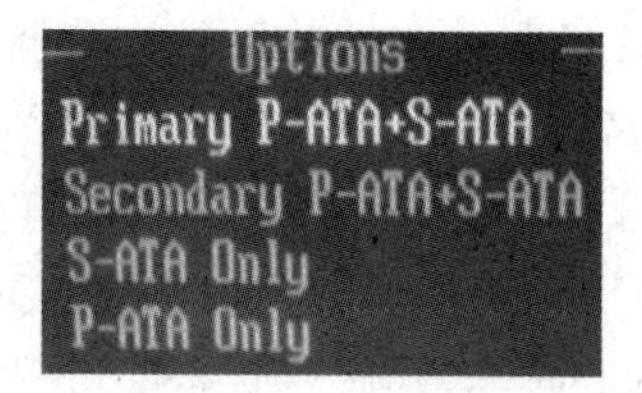

图 14.5 参数选择

步骤 7：按“F10”功能键保存 BIOS 设置，按“Y”键保存并退出。

以上设置完成后，计算机自动重启。重新启动计算机后，再次按“Delete”键进入 BIOS，在 IDE Configuration 界面我们看到，SATA 硬盘占据了 IDE Channel 0 Master 通道，而 PATA 硬盘则占据了 IDE Channel 1 Master 通道。

经过以上设置后，SATA 硬盘的优先级就会高于 PATA 硬盘，我们便可以使用 SATA 硬盘安装系统了，系统的安装过程完全像单独使用 PATA 硬盘一样。

如果不想将 SATA 硬盘作为系统盘，而想把操作系统安装在 PATA 硬盘上，则可以在 BIOS 中将 PATA 硬盘的启动优先级提高。方法是进入 Boot Configuration Features 界面，查看现有驱动器的状态，如图 14.6 所示。选择 Boot Device Priority 选项并按“Enter”键，进入硬盘启动优先顺序设置界面，如图 14.7 所示。在该界面中，默认是 SATA 硬盘排在 PATA 硬盘的前面，此时可以选中 PATA 硬盘，然后按“Page Up”键，使 PATA 硬盘排到 SATA 硬盘的前面，最后保存 BIOS 设置并重新启动计算机，这样 PATA 硬盘的第一个分区在 DOS 下便成了 C 盘。

图 14.6　现有驱动器状态

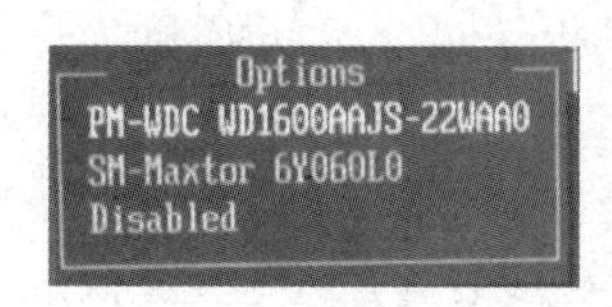

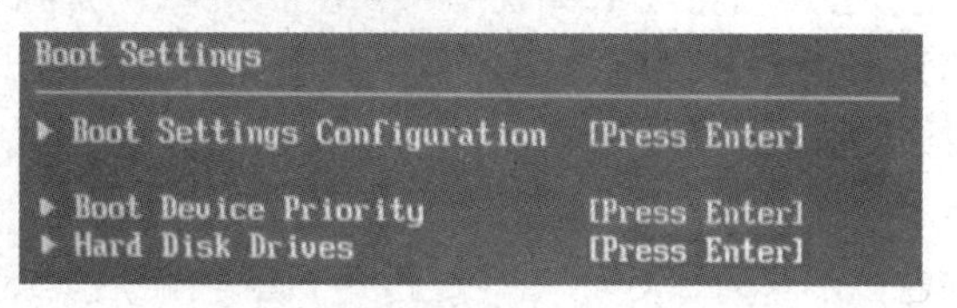

图 14.7　设置优先级

14.3.3　BIOS 安全设置

在 BIOS 主菜单中有关于设置密码的选项 BIOS Security Features（BIOS 安全设置），按“Enter”键进入子菜单，如图 14.8 所示，可以设置管理员密码和普通用户密码。

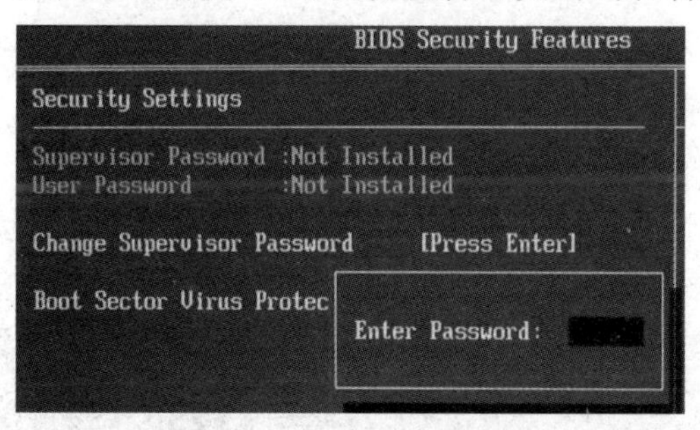

图 14.8　BIOS 安全设置

步骤 1：设置密码。将光标移动至 Supervisor Password 或 User Password 选项，按“Enter”键。现在输入的密码会清除所有以前输入的 CMOS 密码，密码最多包括 8 个字符。输入后会再次被要求输入密码，再输入一次密码，然后按“Enter”键。也可以按“Esc”键，放弃此项选择，不输入密码。

步骤 2：取消密码。要清除密码，只要在弹出输入密码的窗口时按“Enter”键，屏幕会显示一条确认信息，是否禁用密码。一旦密码被禁用，系统重启后，可以不需要输入密码直接进入设定程序。按任意键，然后按“F10”键保存并退出 BIOS 设置程序，即可取消密码设置。

步骤 3：清除 COMS 密码。在计算机的 BIOS 设置中，一般有口令设置项（也就是常说的密码），用于保护用户的 CMOS 设置不被修改或防止非法用户启动计算机。然而，常常有合法的用户忘记了自己设置的 CMOS 口令，使原本用于安全保护的密码功能反而变成了使用计算机的障碍，轻则不能修改 CMOS 配置，重则连计算机也难以启动。可以采用下面的方法清除 CMOS 密码。

方法 1：CMOS 放电法。所谓放电法，就是断掉 CMOS 芯片的电源，使存储在 CMOS 里面的信息丢失，因此 CMOS 的密码也将被清除。

具体方法是打开机箱，找到主板上的纽扣电池，将其取下约 10 分钟，此时 CMOS 将因断电而失去内部存储的一切信息。然后将电池正确安装，由于此时 CMOS 信息丢失，进入 BIOS 时自然就不需要输入密码了（如果主板上的电池没电了会导致 CMOS 设置无法保存）。

方法 2：跳线短路法。对大多数主板来讲，都设计有 CMOS 放电跳线以方便用户进行放电操作，这是最常用的 CMOS 放电方法。该放电跳线一般为三针，位于主板 CMOS 电池插座附近，并附有电池放电说明。在主板的默认状态下，会将跳线帽连接在标识为“1”和“2”的针脚上，从放电说明上可以知道此时状态为“Normal”，即正常的使用状态。要使用该跳线来放电，首先用镊子或其他工具将跳线帽从“1”和“2”的针脚上拔出，然后再套在标识为“2”和“3”的针脚上将它们连接起来，由放电说明上可以知道此时状态为“Clear CMOS”，即清除 CMOS。经过短暂的接触后，就可清除用户在 BIOS 内的各种手动设置，而恢复到主板出厂时的默认设置。对 CMOS 放电后，需要再将跳线帽由“2”和“3”的针脚上取出，然后恢复到原来的“1”和“2”针脚上。注意，如果没有将跳线帽恢复到“Normal”状态，则无法启动计算机并会有报警声提示。

14.3.4 设置电源管理

如果使用的是支持 ACPI 电源管理的标准操作系统，例如 Windows 10，那么通过 BIOS 进行设置可以轻松实现键盘或鼠标开机、通过网络唤醒计算机、在计算机空闲时进入节能模式等。

步骤 1：进入 BIOS 主界面后在 Power Management Features 选项上按“Enter”键，进入子菜单，如图 14.9 所示。

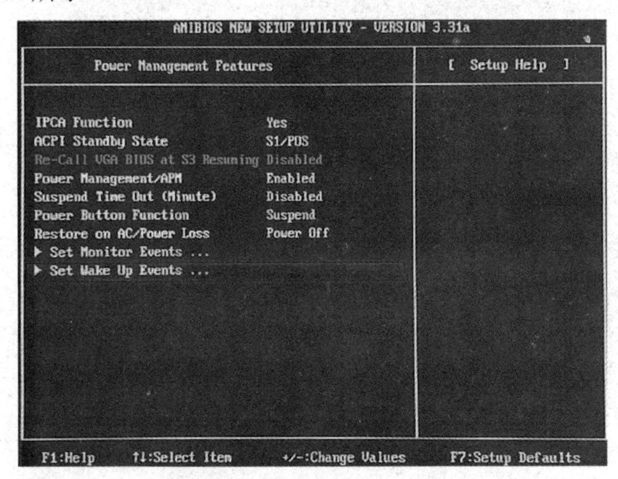

图 14.9 电源管理子菜单

- IPCA Function：用来激活 ACPI（高级配置和电源管理接口）功能。如果操作系统支持 ACPI-aware，选择 Yes。设定值有 Yes 和 No。
- ACPI Standby State 设定值为 StateS1/POS S1 休眠模式，表示一种低能耗状态，在这种状态下，没有系统上下文丢失，硬件（CPU 或芯片组）维持着所有的系统上下文。设定值为 S3/STR S3 休眠模式表示一种低能耗状态，在这种状态下仅对主要部件供电，比如主内存和可唤醒系统设备，并且系统上下文将被保存在主内存中。一旦有“唤醒”事件发生，存储在主内存中的这些信息会被用来将系统恢复到以前的状态。设定值为 Auto BIOS 则自动决定最佳模式。
- Restore on AC/ Power Loss：决定着开机时意外断电之后，电力供应再恢复时系统电源的状态。设定值为 Power Off 表示保持机器处于关机状态；Power On 表示保持机器处于开机状态；Last State 表示将机器恢复到调电或中断发生之前的状态。

步骤 2：选择 Set Wake Up Events ...选项并按“Enter”键，进入子菜单，如图 14.10 所示。

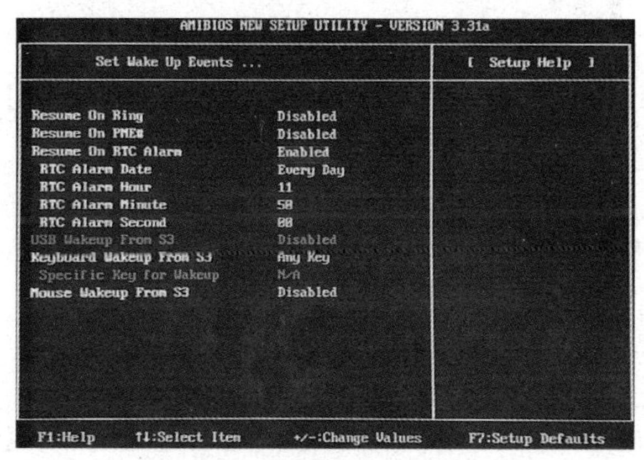

图 14.10 唤醒事件设定子菜单

- Resume On Ring：设定值有 Enabled 和 Disabled，是在串行铃声指示器线上的一个输入信号，将系统从软关机状态唤醒。
- Resume On PME#：Power Manager Event（电源管理事件），设定值有 Enabled 和 Disabled，这个选项决定是否支持 PCI 设备能唤醒系统。
- Resume On RTC Alarm：设定值有 Enabled 和 Disabled。如果 Resume On RTC Alarm 被设为 Enabled，系统将自动从规定的日/时/分/秒来启动机器。各设置项如下：指定日期 01～31，Every Day；指定小时 00～23；指定分钟 00～59；指定秒钟 00～59。
- Keyboard Wakeup From S3：允许用户设置一个唤醒键，此唤醒键可以将系统从电源节电状态唤醒，设定值为 Any Key 和 Specific Key。
- Mouse Wakeup From S3：允许鼠标的激活信息将系统从睡眠状态唤醒（Suspend to RAM），设定值为 Disabled、Left-button（double click）、Right-button（double click）。

14.3.5 升级 BIOS

1. 升级 BIOS 的意义

（1）提供对新的硬件或技术规范的支持。计算机硬件技术发展太快，主板对于一些新硬件或新技术未能正确识别或不能提供支持，这时便需要通过升级 BIOS 来获得对新硬件或新技术的支持。

（2）解决旧版本 BIOS 中存在的 bug。任何一个厂商都不能保证其质量十全十美，而主板中存在的 bug 可能导致计算机运行出现问题，通过升级 BIOS 可以修补老版本 BIOS 中的 bug，解决一些特殊故障。

（3）得到一些特殊功能。有些厂商提供了一些实用的功能，以方便用户，比如某些 BIOS 升级后添加了“恢复精灵”“魔法设置”等实用的功能。

2. 什么样的 BIOS 支持升级

观察主板上的 BIOS 芯片（一般为一个 28 针或 32 针的双列直插式的集成电路，上面有 BIOS 字样），该芯片大多为 AWARD 或 AMI 的产品。揭掉 BIOS 芯片上面的标签，就会看到 BIOS 芯片的编号。对于某些主板，厂家为了节约成本而使用了不可升级的 BIOS。当然，也可以直接查看主板说明书，看上面是否有关于主板的 BIOS 可以升级的说明。

3. 具体步骤

步骤 1：确认主板是否支持升级 BIOS。

步骤 2：AMI 的 BIOS 擦写程序名一般为 amiflash.exe，可以在主板配套驱动光盘中或在主板制造商官方网站找到。

步骤 3：启动计算机进入纯 DOS 状态，输入“cd c:\bios”进入“c:\bios”目录，运行“amiflash.exe”。

步骤 4：在菜单中选择“File”，然后按“Enter”键确认。

步骤 5：输入 BIOS 路径及文件名“c:\bios\A614MS18.ROM”。

步骤 6：在指示栏中，程序将提示“Are you sure to write this BIOS into flash ROM ? <Enter> to continue or <ESC> to cancel”，这句话的意思是“你是否确认将这款 BIOS 装入 Flash ROM 中？按‘Enter’键继续或按‘ESC’键退出”。此时按“Enter”键确认。

步骤 7：在指示栏中，程序将显示“Flash ROM updated completed - PASS，Press any key to continue...”，意思是“Flash ROM 已经写入完成，请按任意键继续”，此时再按“Enter”键确认。

步骤 8：重新启动计算机，至此完成 BIOS 升级。

14.3.6 设置 UEFI

随着新一代信息技术的不断发展与进步，新的计算机主板大多支持 UEFI 引导模式，预装 Windows10 或者 Windows Server 2016 系统的新机型都采用 UEFI 启动模式，Windows10 和 Windows Server 2016 系统在 UEFI 模式下能够发挥最大的性能。下面介绍基于 BIOS 开启 UEFI 模式的步骤。

步骤 1：开机按“F2”键或“Delete”键进入 BIOS 设置的主页面（现在主流的计算机一般都使用“F2”键），如图 14.11 所示。

步骤 2：使用“→”方向键，切换到 Boot 对应的 Tab，进入 Boot 菜单，Boot 菜单包含管理计算启动模式和启动顺序的重要功能，如图 14.12 所示。

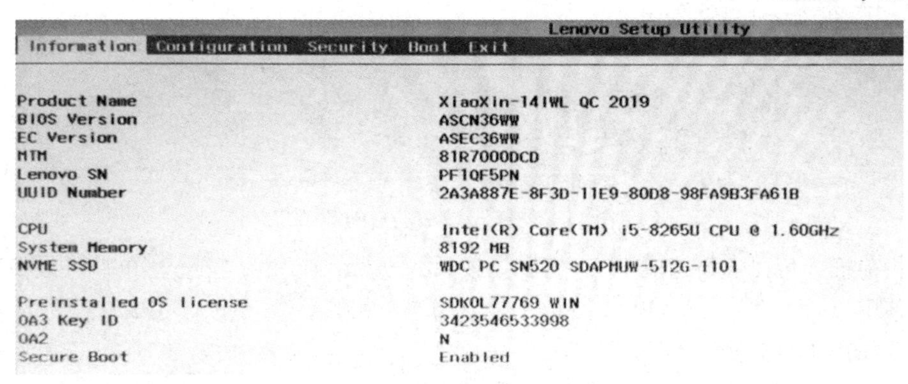

图 14.11 BIOS 主页

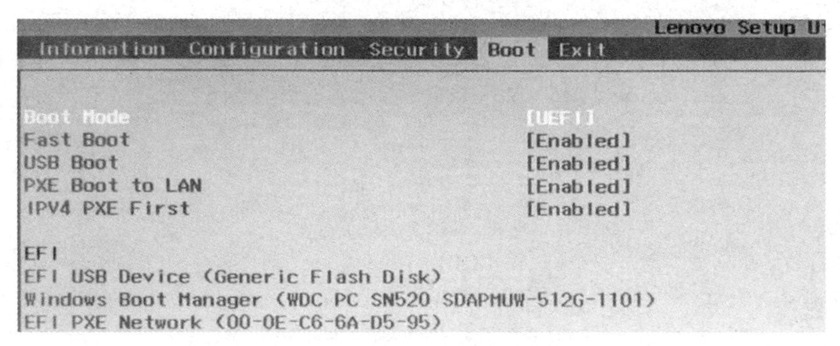

图 14.12 Boot 菜单

图 14.12 的上半部分是功能区，在 Boot Mode 中可以切换为目前流行的 UEFI 模式。Boot 菜单的功能区如图 14.13 所示，共有 5 个选项。

图 14.13 Boot 菜单的功能区

- Boot Mode：启动模式分 UEFI 和 Legacy，较新的计算机默认为 UEFI 模式，陈旧一些的计算机默认为 Legacy 模式。正常使用中随意修改启动模式会导致系统不能正常启动。旧一些的计算机更改为 UEFI 模式时，需要对硬盘文件系统进行转换（由老的 MBR 类型转换成 GUID 类型）并重新分区后才能安装系统，这个过程会导致硬盘数据丢失，请谨慎操作。
- Fast Boot：快速启动模式开关，默认为 Enabled，表示不会对计算机进行全面自检，可以加快开机速度。如果计算机出现问题可以修改为 Disable 模式，重启后计算机会进行全面自检。
- USB Boot：USB 设备启动开关，默认为 Enabled，表示允许 U 盘、移动硬盘等 USB 设备启动系统，如果需要使用 U 盘或移动硬盘安装系统需要打开该功能。
- PEX Boot Lan：网络启动开关，默认为 Enabled，表示允许通过网络启动系统。
- IPV4 PXE First：网络启动默认执行 IPv4，如为 Disable 则执行 IPv6。

图 14.12 的下半部分是启动顺序，系统默认的 EFI 启动顺序如图 14.14 所示。

```
EFI
Windows Boot Manager (WDC PC SN520 SDAPMUW-512G-1101)
EFI PXE Network (00-0E-C6-6A-D5-95)
```

图 14.14　Boot 菜单的启动顺序

开机前插入可以支持 EFI 模式的 U 盘或系统光盘，在进入 Boot 菜单后可以被正确识别到。使用“+”/“-”或“F5”/“F6”键调整启动顺序，插入支持 EFI 模式的 U 盘后的检测情况如图 14.15 所示。

```
EFI
EFI USB Device (Generic Flash Disk)
Windows Boot Manager (WDC PC SN520 SDAPMUW-512G-1101)
EFI PXE Network (00-0E-C6-6A-D5-95)
```

图 14.15　插入 U 盘后检测到的启动顺序

习　题

一、选择题

1．开机后，计算机首先进行设备检测，称为（　　）。

A．启动系统　　B．设备检测　　C．开机　　D．系统自检

2．BIOS 即 Base I/O System，称为（　　）。

A．输入/输出设备　　B．基本输出/输入设备

C．基本输入/输出系统　　D．基本输出/输入系统

3．进入 BIOS　SETUP 程序后，通常可以使用键盘的（　　）来进行选项的切换。

A．“ESC”键　　B．“Alt+Shift”键　　C．“Enter”键　　D．光标移动键

4. 用户计算机安装有 512MB 内存，计算机在启动时总共对内存进行了三次检测，耗费了大量的时间，如何解决这个问题？（　　）。

A．主板故障，更换主板

B．更改 CMOS 设置中的 Quick Power On Self Test 选项值

C．更改 CMOS 设置中的内存参数

D．内存故障，更换内存

二、填空题

1．市场上比较流行的主板 BIOS 主要有________、________和________三种。

2．进入 AWARD BIOS 的热键是________。

3．Integrated Peripherals 设置项的含义是________。

三、判断题

1．在微型计算机的主板中，BIOS 负责从开始通电（开机）到完成操作系统引导之前的各个部件和接口的检测、运行管理。（　　）

2. CMOS 设置的选项很多，应仔细对照说明书进行设置，若无特殊需求一般采用系统默认设置。（　　）

3．一般情况下，BIOS 写入保护的设置处于关闭状态，这样可以防止病毒入侵。（　　）

4．在 BIOS 设置中，若是激活 Quick Power On Self Test 选项，会增加开机等待时间。（　　）

5．在 BIOS 设置中，开启 System BIOS Cacheable（系统 BIOS 缓存）设置，可以提高系统性能。（　　）

四、简答题

1．简述 BIOS 和 CMOS 的区别和联系。

2．简述 BIOS 的基本功能。

3．BIOS 的种类有哪些。

4．简述在什么情况下需要设置 BIOS？

5．BIOS 的典型应用技巧有哪些？

6．升级 BIOS 的意义是什么？

7．什么是 UEFI BIOS？

五、实训题

1．进入 BIOS 设置界面。

（1）开机，观察屏幕上相关提示。

（2）按屏幕提示，按相应按键启动 BIOS 设置程序，进入 BIOS 设置界面。

（3）观察所启动的 BIOS 设置程序属于哪一种。

2．尝试用键盘选择项目。

（1）观察 BIOS 主界面相关按键使用的提示。

（2）依照提示，分别按上下左右方向键，观察光条的移动。

（3）按“Enter”键，进入子界面。再按“ESC”键返回主界面。

（4）尝试主界面提示的其他按键，并理解相关按键的含义。

3．逐一理解主界面上各项目的功能。

（1）选择第一个项目，按“Enter”键进入该项目的子界面。

（2）仔细观察子菜单，明确该项目的功能，依次明确其他项目的功能。

4．CMOS 设置。

（1）进入标准 CMOS 设置子界面。

（2）设置日期和时间。

（3）观察硬盘参数，设置硬盘启动顺序，退出子界面，保存设置。

5．设置启动顺序。

（1）进入启动顺序设置子界面。

（2）改变现有启动顺序，退出子界面，保存设置。

6．设置密码。

（1）选择密码设置选项。

（2）输入密码（两次），并用笔记下密码，退出子界面，保存设置。

（3）退出 BIOS 设置程序，并重新开机，观察新设置密码是否生效。

（4）取消所设置密码。

7．载入 BIOS 默认设置和优化设置。

8．尝试不保存设置而退出主界面。

9．比照教材或相关参考书，尝试其他项目的设置。

学习情境 3

计算机软件系统安装与维护

通常人们所说的计算机其实是指计算机系统，计算机系统包括硬件与软件两个部分。通过前面的两个学习情境我们认识了计算机的主要硬件，并且学习了计算机硬件的组装与拆卸过程。但是只有硬件的计算机是不能工作的，接下来我们将通过 6 个任务来学习计算机软件系统的安装与维护。

任务 15：设置硬盘分区与格式化

任务 16：安装 Windows 10 操作系统

任务 17：安装硬件驱动程序

任务 18：备份与恢复操作系统

任务 19：搭建虚拟系统实验平台

任务 20：使用常用工具软件

任务15 设置硬盘分区与格式化

知识目标

■ 了解无损数据的硬盘分区调整方式。

技能目标

■ 能使用分区工具对硬盘进行分区调整操作。

15.1 任务描述

本任务学习使用分区工具——DiskGenius 对硬盘进行分区和格式化，调整硬盘分区的大小，并对分区进行合并、分割、转换格式等操作。

15.2 相关知识

目前的硬盘可以分为固态硬盘（SSD 盘）、机械硬盘（HDD）和混合硬盘（HHD）。SSD 采用闪存颗粒来存储，HDD 采用磁性碟片来存储，HHD 是把磁性硬盘和闪存集成到一起的一种硬盘。绝大多数硬盘都是固定硬盘，被永久性地密封固定在硬盘驱动器中。

15.2.1 硬盘文件存储

本节介绍的是机械磁盘，磁盘是一种采用磁介质的数据存储设备，数据存储在密封于洁净的硬盘驱动器内腔的若干个磁盘片上。这些盘片一般是在以铝为主要成分的片基表面涂上磁性介质所形成的，在磁盘片的每一面上，以转动轴为轴心、以一定的磁密度为间隔的若干个同心圆就被划分成磁道（Track），每个磁道又被划分为若干个扇区（Sector），数据就按扇区存放在磁盘上（所以扇区是磁盘的基本存储单位，每个扇区的大小为 512byte）。

在每一磁面上都相应地有一个读写磁头（Head），所以不同磁头的所有相同位置的磁道就构成了所谓的柱面（Cylinder）。传统的硬盘读写都是以柱面、磁头、扇区为寻址方式的（CHS 寻址）。磁盘在上电后保持高速旋转（7200 转/min 以上，现在最高达到 10000 转/min），位于磁头臂上的磁头悬浮在磁盘表面，可以通过步进电机在不同柱面之间移动，对不同的柱面进行读写。所以在上电期间如果磁盘受到剧烈振荡，磁盘表面就容易被划伤，磁头也容易损坏。

磁盘的物理结构是由多个圆形磁片、机械手臂、磁片读写头以及主轴马达组成的，通过马达让磁盘转动、机械手臂控制磁头在盘片上移动来读取存储在磁盘上的资料。

所有的文件都存储在磁片上，磁片又可以划分为更小的单位——分别叫作扇区（Sector）和柱面（Cylinder）。每一个磁片都可以划分为不同半径的同心圆，不同磁片上的同一半径的同心圆就组成了柱面。每一个柱面都被均匀地分成了 512byte 大小的区域，这些区域就是扇区，扇区是磁盘中最小的存储单位。每个磁盘的第一个扇区非常重要，这里面的 512byte 记录了如下两个重要的信息。

- 主引导记录（Main Boot Record，MBR），存放开机管理程序，大小为 446byte。
- 分区表，记录这个磁盘分区的情况，大小为 64byte。

目前常用的硬盘分区工具有 DOS FDISK 命令、DiskGenius、DM、Ranish Partition Manager（Ranish PM）硬盘分区管理软件、Smart FDISK、Partition Magic（PQMAGIC）。使用最为方便的当属 DiskGenius，DiskGenius 就是利用分区表进行分区的软件工具，可以在有数据的前提下对硬盘进行重新设置分区、分区格式化、复制、移动、格式转换、更改硬盘分区大小、隐藏硬盘分区，以及多操作系统启动设置等操作。

15.2.2 BIOS 引导

1. BIOS 的引导方式

目前对硬盘系统的引导方式有两种：传统的 Legacy BIOS 和新型的 UEFI BIOS。

引导和分区方式有两种共同组合：Legacy BIOS+MBR 和 UEFI BIOS+GPT。

使用 Legacy BIOS 引导 Windows 操作系统的步骤是，首先使用 MBR 分区表下活动的主分区下的 bootmgr（启动管理器）文件导入根目录下 boot 文件夹里的 BCD（启动设置数据）文件，然后 BCD 文件根据自身的配置内容加载系统启动文件 winload.exe 来启动系统。Legacy BIOS+MBR 的引导组合多用于 Windows7 64 位及以下的操作系统。

UEFI BIOS 可同时识别 MBR 分区和 GPT 分区，所以在 UEFI 模式下，MBR 和 GPT 磁盘都可用于启动操作系统。不过由于微软限制，UEFI 模式下安装 Windows 操作系统时只能将系统安装在 GPT 磁盘中。UEFI BIOS 引导 Windows 系统时，是通过一个 FAT 格式分区下的 bootmgfw.efi 文件来导入 BCD 文件的，然后 BCD 文件根据自身的配置内容加载系统引导文件 winload.efi。

UEFI BIOS+GPT 引导时并不需要 MBR 的主引导记录，也不需要活动分区，只需要一个存放引导启动文件的 FAT 格式分区。

就目前情况而言，GPT 分区表磁盘不支持 32 位的 Windows 7 及 Windows 7 之前的系统，支持 64 位的 Windows 7、Windows 8、Windows 10 和 32 位的 Windows 8、Windows 10、Windows 11。GPT 磁盘多与 64 位 Windows 系统组合搭配。

2. 磁盘分区表格式

所谓的磁盘分区不可能对磁盘进行物理分割，磁盘的分区只能是逻辑上的。硬盘分区表有两种格式：MBR 和 GPT。

对于 Legacy+MBR 引导方式，磁盘的每个扇区大小为 512byte，其中 446byte 用来保存 MBR 的信息，64byte 用来保存分区信息。因为保存每组分区信息需要 16byte，因此一个硬盘的分区表中最多能保存 4 组分区信息。

分区表中能够保存的 4 个分区可以分为两个类型，主分区（Primary）与扩展分区（Extended）。一个硬盘最多可以分 4 个主分区，也就是如果 4 个分区全部为主分区，那么这块硬盘也就只能有 4 个分区了。如果主分区少于 4 个，那么就可以在分区表中保存 1～3 个主分区加一个扩展分区，而扩展分区是可以继续划分成逻辑分区的，逻辑分区可以格式化使用，也就是说扩展分区只不过是逻辑分区的“容器”。这样就解决了一块硬盘上只能有 4 个分区的问题。

- 分区就是对第一个扇区的分区表进行划分。
- 硬盘默认分区表只能写入 4 组分区信息。
- 这 4 组分区信息分为主分区与扩展分区。
- 扩展分区只能有 1 个，扩展分区不能被格式化使用，只能继续划分为逻辑分区，逻辑分区可以有若干个。
- 能够被格式化使用的是主分区和逻辑分区。
- 一块硬盘可以有 1～4 个主分区，1 个扩展分区，也可以没有扩展分区。

MBR 分区表不支持容量大于 2.2TB 的分区，不过目前一些厂商将大容量的硬盘升级到 4KB 的扇区，这个限制便消失了。如图 15.1 所示，将 1TB 的硬盘以 MBR 格式进行分区，该硬盘创建了 1 个主分区、1 个扩展分区，扩展分区中划分了 3 个逻辑分区进行使用。

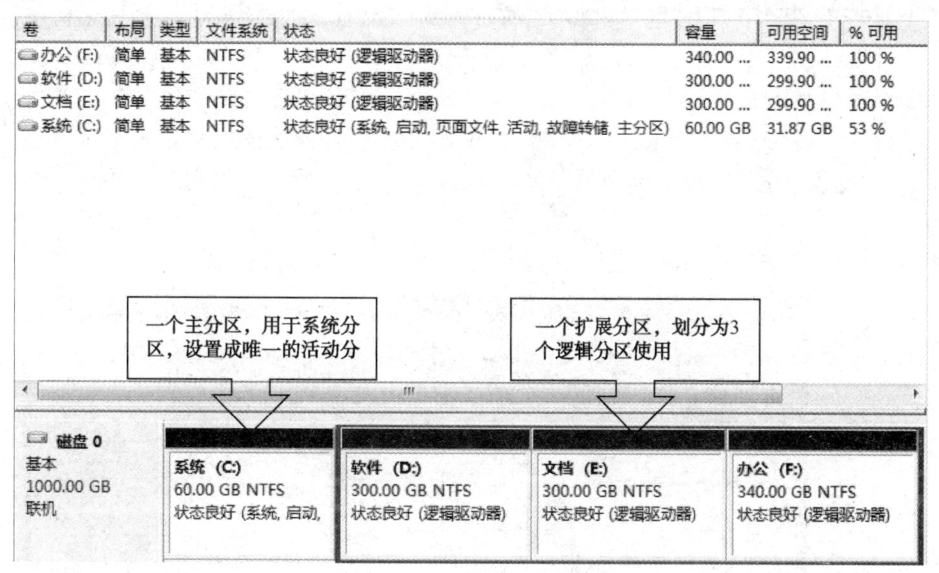

图 15.1　MBR 分区表示例

GPT 分区表对分区数量没有限制，打破了 MBR 最大支持磁盘 2.2TB 的限制，但在 Windows 系统上最多支持 128 个主分区。如图 15.2 所示，将 2TB 的硬盘以 GPT 格式进行分区，该硬盘共有 7 个主分区，分别为 2 个系统引导分区，1 个系统分区，3 个日常使用分区和剩下用于备份恢复系统的分区。

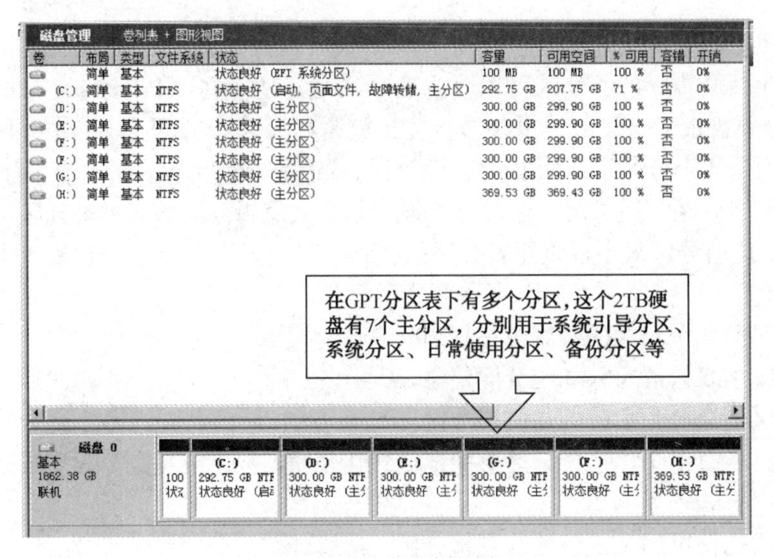

图 15.2　GPT 分区表示例

创建及调整硬盘分区

15.3　任务实施：创建及调整硬盘分区

1．MBR 分区实施步骤

对于一块新的硬盘，在使用之前要对其进行分区、格式化等相应的操作。打开 DiskGenius 软件，在主界面可以发现一块未初始化的硬盘的信息，首先对其进行分区。

步骤 1：启动 DiskGenius，如图 15.3 所示，选中要分区的硬盘，单击工具栏中的“新建分区”按钮，打开“建立新分区”对话框，如图 15.4 所示，设置分区的类型（可选“主磁盘分区”和“扩展磁盘分区”）、文件系统的类型（可选“FAT16”“FAT32”“NTFS”等）、标签和大小等。选择 NTFS 类型，支持单个 4GB 以上的文件传输。

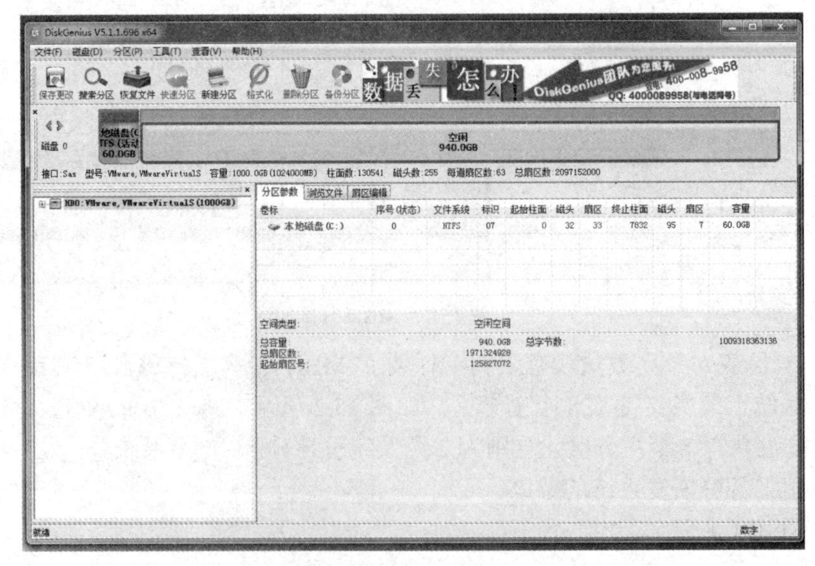

图 15.3　选择需要分区的硬盘

步骤 2：再次选中未分配的区域，单击工具栏中的“新建分区”按钮，设置分区类型及大小，设置方法同上。选择“扩展磁盘分区”，分配剩余硬盘容量，如图 15.5 和图 15.6 所示。

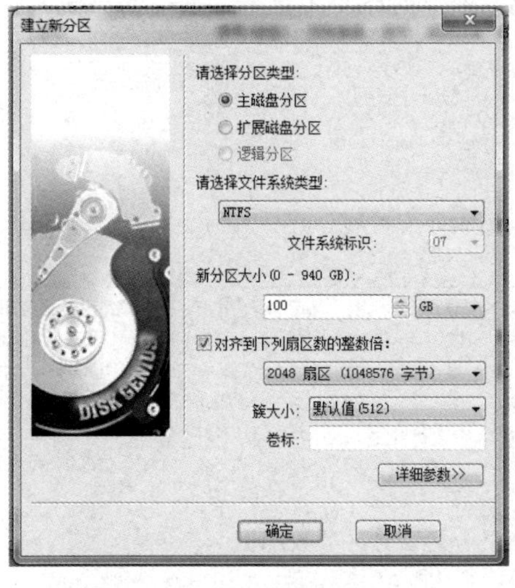

图 15.4　选中硬盘新建主分区图

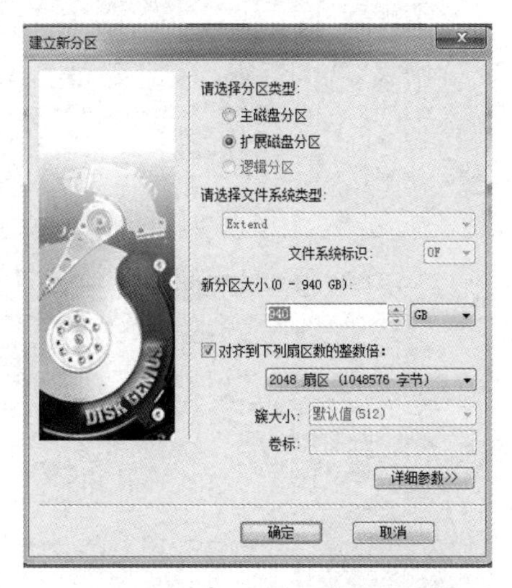

图 15.5　创建扩展磁盘分区

分区参数 | 浏览文件 | 扇区编辑

卷标	序号(状态)	文件系统	标识	起始柱面	磁头	扇区	终止柱面	磁头	扇区	容量
本地磁盘(C:)	0	NTFS	07	0	32	33	7832	06	7	60.0GB
扩展分区	1 N	EXTEND	0F	7832	95	8	130541	171	62	940.0GB

图 15.6　分区表分区参数示例

步骤 3：选中已经分配的扩展分区，单击工具栏中的“新建分区”按钮，创建逻辑分区。将扩展分区中的容量按照需求进行逻辑分区的分配，将 940GB 的容量分为 3 个逻辑分区进行使用。分配完毕后进行保存即可，软件会自动进行磁盘格式化，将主分区设置为活动分区并对所有分区依次设置驱动器号，如图 15.7 至图 15.9 所示。

图 15.7　创建逻辑分区

未格式化(4) NTFS 300.0GB	未格式化(5) NTFS 300.0GB	未格式化(6) NTFS 340.0GB

LS 容量:1000.0GB(1024000MB) 柱面数:130541 磁头数:255 每道扇区数:63 总扇区数:2097152000

(1000GB)

分区参数 浏览文件 扇区编辑

卷标	序号(状态)	文件系统	标识	起始柱面	磁头	扇区	终止柱面	磁头	扇区	容量
本地磁盘(C:)	0	NTFS	07	0	32	33	7832	95	7	60.0GB
扩展分区	1 N	EXTEND	0F	7832	95	8	130541	171	62	940.0GB
未格式化(4)	4 N	NTFS	07	7832	127	40	46995	0	45	300.0GB
未格式化(5)	5 N	NTFS	07	46995	33	15	86157	161	20	300.0GB
未格式化(6)	6 N	NTFS	07	86157	193	53	130541	171	62	340.0GB

图 15.8　根据需求分配扩展分区

分区参数 浏览文件 扇区编辑

卷标	序号(状态)	文件系统	标识	起始柱面	磁头	扇区	终止柱面	磁头	扇区	容量
本地磁盘(C:)	0	NTFS	07	0	32	33	7832	95	7	60.0GB
扩展分区	1 N	EXTEND	0F	7832	95	8	130541	171	62	940.0GB
未格式化(4)	4 N	NTFS	07	7832	127	40	46995	0	45	300.0GB
未格式化(5)	5 N	NTFS	07	46995	33	15	86157	161	20	300.0GB
未格式化(6)	6 N	NTFS	07	86157	193	53	130541	171	62	340.0GB

图 15.9　分配完毕后分区表分区参数示例

2. GPT 分区实施步骤

GPT 与 MBR 分区有着不同的引导方式，GPT 的分区都可以设置成主分区，且不需要活动分区。GPT 需要设置 FAT 格式的 ESP 分区和 MSR 分区进行引导系统启动。这里我们为了防止大家分区时格式选择错误，使用软件自带的“快速分区”功能。如图 15.10 所示，分区表类型中选择“GUID”（GPT 分区表），在下方勾选“创建新 ESP 分区”和“创建 MSR 分区”，分区数目即各个分区的大小根据自己需求分配即可。

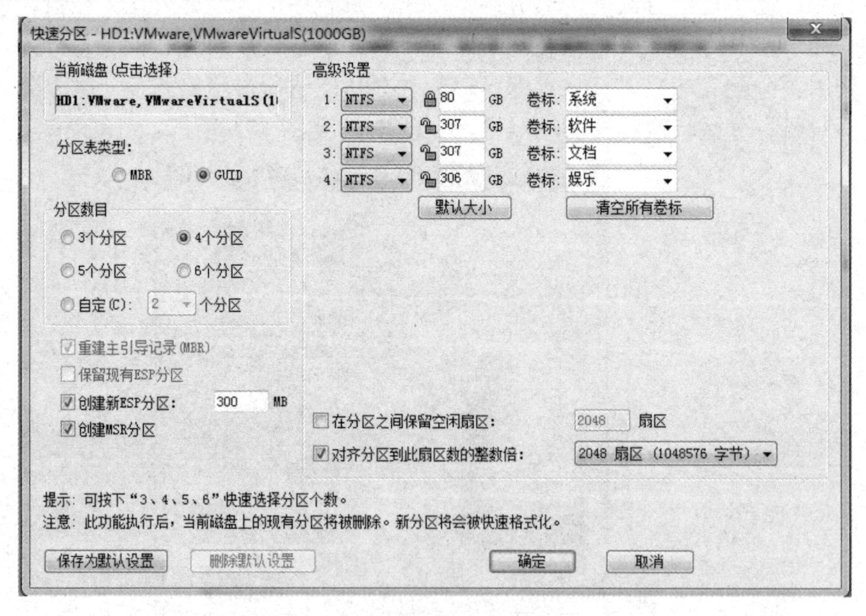

图 15.10　GPT 格式分区示例

单击“确定”按钮后，软件自动进行分区，并创建 FAT16 格式的 ESP 分区和 MSR 格式的 MSR 分区用于系统引导。其他分区均为主分区，可自由设置，如图 15.11 所示。

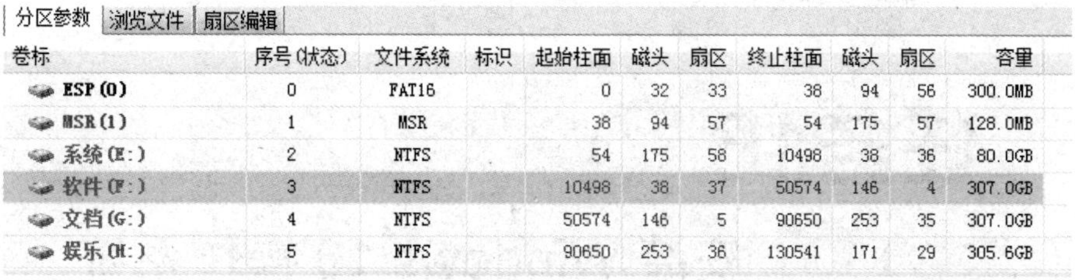

分区参数 | 浏览文件 | 扇区编辑

卷标	序号(状态)	文件系统	标识	起始柱面	磁头	扇区	终止柱面	磁头	扇区	容量
ESP (0)	0	FAT16		0	32	33	38	94	56	300.0MB
MSR (1)	1	MSR		38	94	57	54	175	57	128.0MB
系统 (E:)	2	NTFS		54	175	58	10498	38	36	80.0GB
软件 (F:)	3	NTFS		10498	38	37	50574	146	4	307.0GB
文档 (G:)	4	NTFS		50574	146	5	90650	253	35	307.0GB
娱乐 (H:)	5	NTFS		90650	253	36	130541	171	29	305.6GB

图 15.11　GPT 格式分区表分区参数示例

习　题

一、简答题

1．常见的分区工具软件有哪些？各有什么作用？

2．常见的分区操作有哪些？

二、实训题

1．网络调查。

在网上调查各类常见的分区工具软件，并比较各工具软件的功能、使用方法上的区别。

2．工具软件应用。

（1）创建分区。

（2）合并分区。

（3）调整分区大小。

（4）格式化硬盘分区。

（5）改变分区文件系统格式。

任务16 安装 Windows 10 操作系统

知识目标

- 熟悉操作系统的相关知识；
- 熟悉操作系统的安装方式；
- 熟悉操作系统安装过程中的注意事项。

技能目标

- 能安装不同版本的操作系统；
- 能应用不同的安装方式安装操作系统。

16.1 任务描述

在对硬盘进行分区并格式化完成后，就可以开始安装操作系统了。操作系统的版本有很多，用户可以根据自己的喜好来进行选择，但安装的步骤是类似的。目前，用户最常用的是 Windows 10 操作系统旗舰版（32 位/64 位）。

16.2 相关知识

16.2.1 Windows 10 操作系统简介

Windows 10 是美国微软公司所研发的新一代跨平台及设备应用的操作系统。Windows 10 可能是微软发布的最后一个 Windows 版本，下一代 Windows 将作为 Update 形式出现。Windows10 发布了 7 个版本，分别面向不同用户和设备。2015 年 7 月 29 日起，Windows 10 推送全面开启，Windows 7、Windows 8.1 用户可以升级到 Windows 10。2015 年 9 月，百度与微软正式宣布战略合作，百度成为中国市场上 Windows 10 Microsoft Edge 浏览器的默认主页和搜索引擎。Windows 10 各发行版本的划分及介绍如表 16.1 所示。

表 16.1　Windows 10 各发行版本的划分及介绍

版　本	介　绍
家庭版 Windows 10 Home	面向使用 PC、平板电脑和二合一设备的消费者。拥有 Windows 10 的主要功能：Cortana 语音助手（选定市场）、Edge 浏览器、面向触控屏设备的 Continuum 平板电脑模式、Windows Hello（脸部识别、虹膜、指纹登录）、串流 Xbox One 游戏的能力、微软开发的通用 Windows 应用（Photos、Maps、Mail、Calendar、Music 和 Video）
专业版 Windows 10 Professional	面向使用 PC、平板电脑和二合一设备的企业用户。除具有 Windows 10 家庭版的功能外，它还使用户能管理设备和应用，保护敏感的企业数据，支持远程和移动办公，使用云计算技术

续表

版　本	介　绍
企业版 Windows 10 Enterprise	以 Windows 10 专业版为基础，增添了大中型企业用来防范针对设备、身份、应用和敏感企业信息的现代安全威胁的先进功能，供微软的批量许可（Volume Licensing）客户使用，用户能选择部署新技术的节奏，其中包括使用 Windows Update for Business 的选项。作为部署选项，Windows 10 企业版将提供长期服务分支（Long Term Servicing Branch）
教育版 Windows 10 Education	以 Windows 10 企业版为基础，面向学校职员、管理人员、教师和学生。它将通过面向教育机构的批量许可计划提供给客户，学校将能够升级 Windows 10 家庭版和 Windows 10 专业版设备
移动版 Windows 10 Mobile	面向尺寸较小、配置触控屏的移动设备，例如智能手机和小尺寸平板电脑，集成有与 Windows 10 家庭版相同的通用 Windows 应用和针对触控操作优化的 Office。部分新设备可以使用 Continuum 功能，因此连接外置大尺寸显示屏时，用户可以把智能手机用作 PC
企业移动版 Windows 10 Mobile Enterprise	以 Windows 10 移动版为基础，面向企业用户。它将提供给批量许可客户使用，增添了企业管理更新，以及及时获得更新和安全补丁软件的方式
物联版 Windows 10 IoT Core	面向小型低价设备，主要针对物联网设备。微软预计功能更强大的设备——例如 ATM、零售终端、手持终端和工业机器人，将运行 Windows 10 企业版和 Windows 10 移动企业版
专业工作站版 Windows 10 Professional Workstation Edition	2017 年 8 月 11 号，微软正式推出 Windows 10 Pro for Workstations（工作站）系统。Windows 10 Pro for Workstations 属于 Windows 10 专业版系统的顶级版本，专为高端 PC 打造、拥有服务器级别的硬件支持，专为高负载场景设计。 Windows 10 专业工作站版加入了 ReFS 文件系统（专注于容错及大数据运算，自带容错）、永固内存、快速文件分享（优化计算机之间的文件传输，注重于高速传输及低 CPU 使用）、扩展的硬件支持（支持 Intel Xeon 和 AMD Opteron 处理器，支持 4 颗 CPU 及最高 6TB 内存）
专业教育版 Professional Education Edition	“教育版”基于“企业版”制作，比“专业版”多了很多企业级功能。从名称上看“教育专业版”应该是基于“专业版（Windows 10 Pro）”制作的，然后添加了面向教育行业（for Education）的功能，所以该版本在功能上也许不如标准教育版丰富

要想流畅地使用 Windows 10 操作系统的强大功能，计算机的硬件配置就必须满足一定的要求，Windows 10 操作系统的最低和标准配置要求分别如表 16.2 和表 16.3 所示。

表 16.2　Windows 10 操作系统安装最低配置要求

设备名称	基本要求	备　注
CPU	1GHz 及以上处理器	
内存	2GB 及以上	现行安装程序不允许低于 1GB 的物理内存
硬盘	20GB 以上可用空间	
显卡	有 WDDM1.0 或更高版驱动的集成显卡，显存 128MB 以上	显存 128MB 为打开 Windows Aero 特效的最低配置，不打开的话 64MB 也可以
其他设备	DVD-R/RW 驱动器或者 U 盘等其他储存介质	安装使用。如果需要可以用 U 盘安装 Windows 10，这需要制作 U 盘引导

表 16.3 Windows 10 操作系统安装推荐配置要求

设备名称	基本要求	备 注
CPU	2GHz 及以上的 32 位或 64 位处理器	
内存	4GB（32 位）/4GB（64 位）及以上	
硬盘	30GB 以上可用空间	不要低于 20GB
显卡	有 WDDM1.0 驱动的支持 DirectX 10 以上级别的独立显卡	显卡支持 DirectX 9 就可以开启 Windows Aero 特效
其他设备	DVD R/RW 驱动器或者 U 盘等其他储存介质	安装使用

16.2.2 操作系统的安装方式

一般来说，Windows 10 中文专业版的安装方式可以分为三种：升级安装、多系统共存安装和全新安装。

1．升级安装

当用户需要以覆盖原有系统的方式进行升级安装时，可必将以前的 Windows 7 或 Windows 8 等操作系统升级到 Windows 10 中文专业版。不过需要注意的是，Windows 7 和 Windows 8 操作系统的平台分为基于 x86（32 位）的核心代码和基于 64 位的核心代码，故安装 Windows 10 操作系统时一定要注意对应，如果要安装的是 32 位 Windows 10 操作系统，进行升级安装，可以将 32 位的 Windows 7/8 顺利升级为 Windows 10 操作系统；但是如果想安装 64 位的 Windows 10 操作系统，那么就需要以 64 位的 Windows 7/8 来进行升级安装，否则会安装失败。如果升级安装失败，推荐按第三种方式进行全新安装。

2．多系统共存安装

当用户需要以双系统共存的方式进行安装，即保留原有的系统时，可以将 Windows 10 中文旗舰版安装在一个独立的分区中，与计算机中原有的系统相互独立，互不干扰。双系统共存安装完成后，会自动生成开机启动时的系统选择菜单。需要说明的是，如果用户原有的操作系统不是中文版的，而现在所安装的 Windows 10 为中文版，则由于语言版本不同，只能进行双系统共存安装，而不能进行升级安装。

3．全新安装

如果硬盘没有安装其他操作系统，那么就可以直接进行全新安装。建议尽量采用全新安装的方式安装 Windows 10 操作系统。

在安装操作系统之前，需要注意以下几点。

（1）考虑用户需求，选择性地安装操作系统。每种操作系统所提供的服务略有不同，根据需求选择适当的操作系统。

（2）如果要安装多个操作系统，则每个系统单独占用一个分区。安装时，按照先低版本后高版本的顺序进行。

（3）如果重新安装操作系统，应注意备份系统盘的重要数据及硬件驱动程序。某些软件要在注册表中写入数据，系统的重新安装也可能导致软件不能继续使用。

（4）如果计算机的物理内存大于 4GB，建议采用 64 位的操作系统，因为 32 位的操作系统最大可识别的物理内存只有 3.25GB。

16.3　任务实施：安装 Windows 10 操作系统

安装 Windows 10 操作系统

步骤 1：首先，准备一张 Windows 10 专业版（32 位）的安装光盘，在 BIOS 中设置使用光盘启动计算机，然后将 Windows 10 的安装光盘放在光驱中，启动计算机。

步骤 2：计算机启动之后，如图 16.1 所示，按任意键进入光盘安装界面。

图 16.1　按任意键进入光盘安装界面

步骤 3：光盘启动后，开始加载安装程序文件，如图 16.2 所示。

图 16.2　系统加载安装程序文件

步骤 4：安装程序文件加载完成后出现 Windows 10 安装界面，因为 Windows 10 安装光盘是简体中文版的，所以这里全部选择默认值，单击“下一步”按钮，如图 16.3 所示。

步骤 5：单击“现在安装”按钮开始安装，如图 16.4 所示。

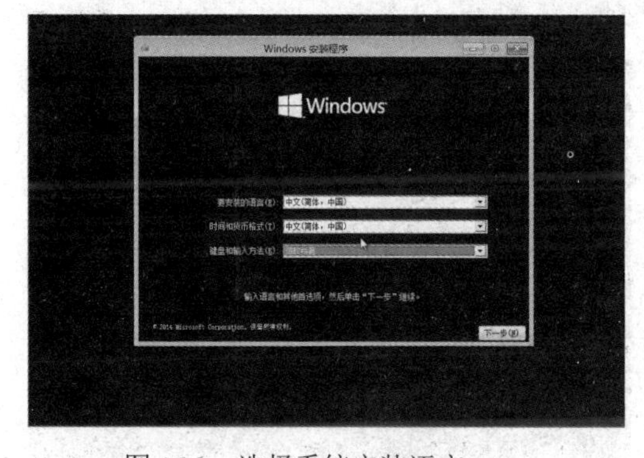

图 16.3　选择系统安装语言

图 16.4　确认无误开始安装

步骤 6：出现许可协议条款，在“我接受许可条款”选项前面打钩，接着单击“下一步”按钮，如图 16.5 所示。

步骤 7：出现安装类型选择界面，因为我们不是升级安装，所以选择“自定义（高级）”选项，如图 16.6 所示。

步骤 8：出现安装位置选择界面，在这里选择安装系统的分区，如果要对硬盘进行分区或格式化操作，单击“新建”按钮进行新的分区的创建，如图 16.7 所示。

步骤 9：这里可以对硬盘进行分区，也可以对分区进行格式化。选择好安装系统的分区后，单击“下一步”按钮。由于 Windows 10 在安装时会自动对所在分区进行格式化，所以这里我们可以无须对安装系统的分区进行格式化，如图 16.8 所示。

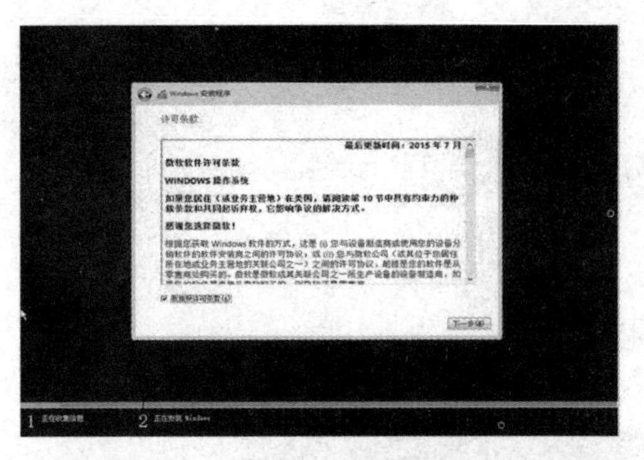

图 16.5　选择是否同意安装条款

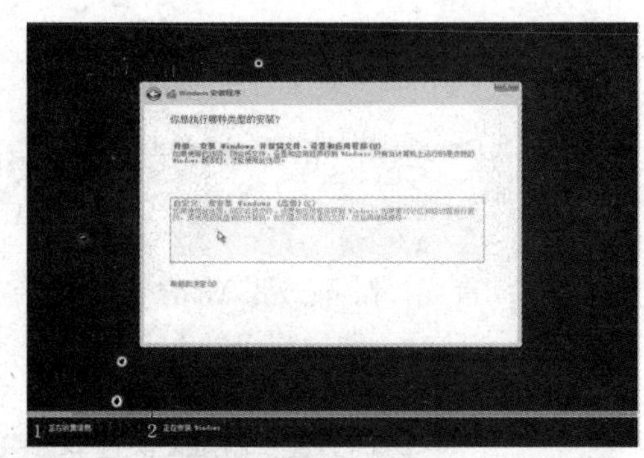

图 16.6　选择安装类型

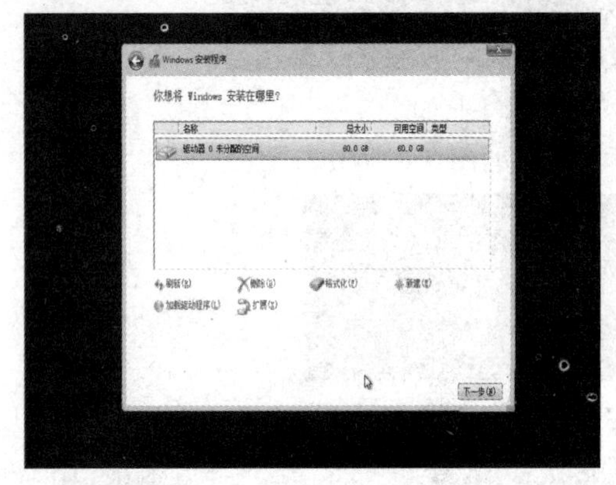

图 16.7　选择安装系统的分区

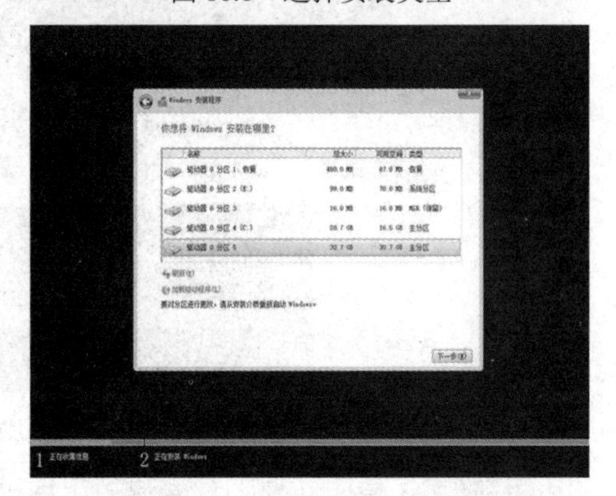

图 16.8　分区进行格式化

步骤 10：Windows 10 开始安装，如图 16.9 所示。

步骤 11：安装完成后，计算机需要重新启动，如图 16.10 所示。

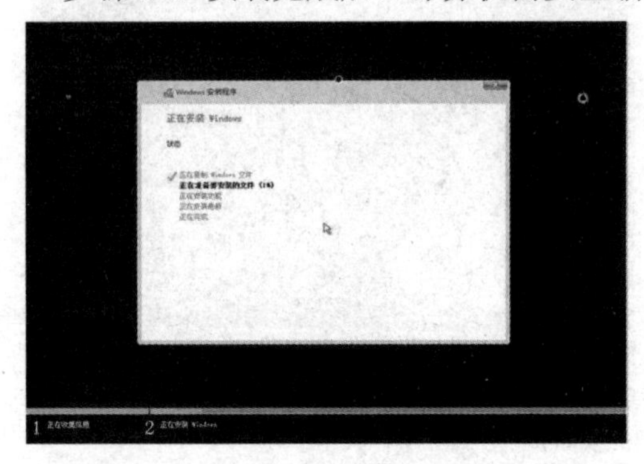

图 16.9　正在安装系统

图 16.10　安装成功后重启计算机

步骤 12：计算机重新启动后开始更新注册表设置。

步骤 13：启动服务。

步骤 14：这时才进入最后的完成安装阶段，完成后计算机需要再次重新启动。

步骤 15：计算机重新启动后，安装程序为首次使用计算机做准备，尝试进行 Internet 连接测试，如图 16.11 所示。

步骤 16：为账户设置密码，如果这里不设置密码（留空），以后计算机启动时就不会出现输入密码的提示，而是直接进入系统，如图 16.12 所示。

图 16.11　检查 Internet 连接　　　　图 16.12　设置账户密码

步骤 17：对系统进行个性化设置，根据自己的情况选择相应的选项，如图 16.13 所示。

步骤 18：对系统的浏览器和错误报告进行设置，如图 16.14 所示。

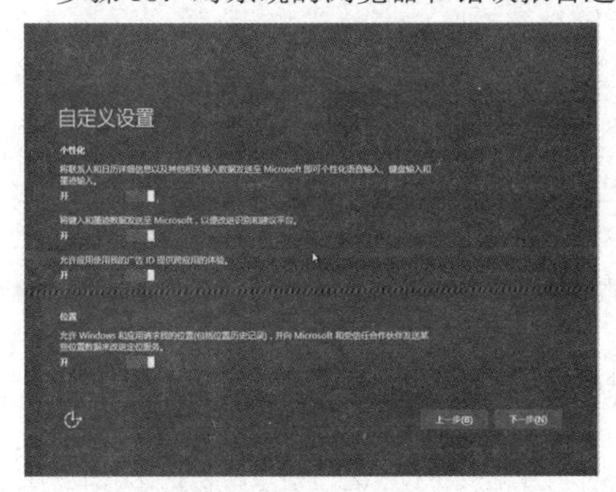

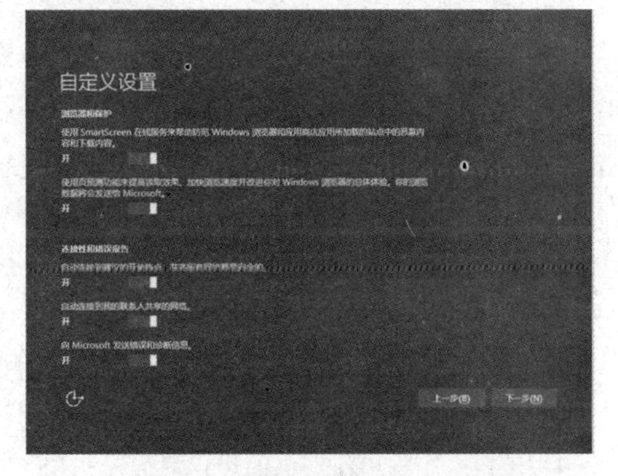

图 16.13　个性化设置　　　　图 16.14　设置浏览器及错误报告

步骤 19：根据之前的设置，系统开始初始化应用，如图 16.15 所示。

步骤 20：完成设置，准备桌面，出现欢迎页面，如果没有设置登录密码，则直接进入系统桌面，如图 16.16 所示。因为 64 位的 Windows 10 与 32 位的 Windows 10 安装方法相同，就不再赘述。

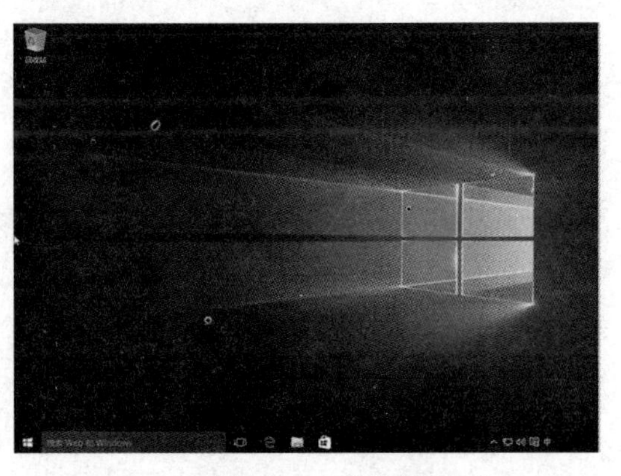

图 16.15　初始化应用　　　　图 16.16　系统桌面

习　题

一、选择题

1．下列选项属于操作系统的安装方式的是（　　）。

A．完全安装　　B．升级安装

C．多系统共存安装　　D．自动安装

2．以下不是文件系统类型的选项是（　　）。

A．FAT　　B．DOS　　C．FAT32　　D．NTFS

3．美国 Microsoft 公司推出了操作系统 Windows 10，它是（　　）位的操作系统。

A．16 位　　B．32 位　　C．64 位　　D．32+64 位

二、填空题

1．安装 Windows 10 操作系统时，CPU 至少需要达到__________GHz，内存至少需要________GB，至少有________GB 可用硬盘空间。

2．Windows 10 操作系统常见的版本有________、________、________、_________、________、移动版、移动企业版、专业工作站版和物联网核心版。

三、判断题

1．一台计算机可以同时安装多个操作系统。（　　）

2．一个硬盘分区后，每个分区都可以安装一种操作系统。（　　）

3．不同的操作系统有不同的文件系统。（　　）

4．操作系统为用户提供的操作界面是指用户可以用某种方式和命令启动、控制和操作计算机。（　　）

5．没有安装任何软件的计算机被称为裸机。（　　）

6．如果在微型计算机系统中安装了一块以上的硬盘，则需要对硬盘的主、从跳线进行设置，否则系统不能进行确认。（　　）

7．Windows 7 可以顺利升级为任意 Windows 10 系统。（　　）

四、简答题

1．试简述正常安装操作系统的一般过程。

2．操作系统安装时需注意哪些事项？

3．如何将已安装的 Windows XP 系统换成 Windows 10 系统？

五、实训题

安装 Windows 10 操作系统：

（1）将系统光盘放入光驱中，开机，等待系统从光盘引导；

（2）根据提示，按任意键进入光盘安装界面；

（3）按安装界面提示一步一步往下进行。

任务17 安装硬件驱动程序

知识目标

- 理解驱动程序的概念；
- 熟悉驱动程序的格式；
- 熟悉安装驱动程序的方法。

技能目标

- 能安装硬件驱动程序；
- 能更新硬件驱动程序。

17.1 任务描述

在操作系统安装成功之后，为保证各硬件设备都能正常工作并发挥其最佳性能，应及时安装各硬件设备的驱动程序。

17.2 相关知识

17.2.1 驱动程序的概念和存储格式

1. 驱动程序的概念

驱动程序（Device Driver）的全称是“设备驱动程序”，它相当于硬件的接口，操作系统只能通过这个接口控制硬件设备的工作。驱动程序是直接工作在各种硬件设备上的软件，正是通过驱动程序，各种硬件设备才能正常运行。假如某设备的驱动程序未能正确安装，则该设备不能正常工作。

操作系统安装完成后，首要的工作就是安装硬件设备的驱动程序。多数情况下，硬盘、光驱、键盘、鼠标等设备在安装操作系统时已经安装了驱动程序，而显卡、声卡、扫描仪、打印机等外部设备就需要安装驱动程序。同时，不同版本和不同类型的操作系统对硬件设备的支持也是不同的，一般情况下系统的版本越高，其所支持的硬件设备也就越多。

2. 驱动程序的存储格式

其实在 Windows 操作系统中，驱动程序一般由.dll、.drv、.vxd、.sys、.exe、.386、.ini、.inf、.cpl、.dat、.cat 等扩展名的文件组成，大部分文件都存放在“Windows System”目录下。还有的驱动程序文件存放在“Windows”和“Windows\System32”目录下。

其中，以.inf 为扩展名的文件被称为描述性文件。它是从 Windows 95 时代开始引入的专门记录、描述硬件设备安装信息的文件，包括设备的名称、型号、厂商，以及驱动程序的版本、日期等，是以纯文本的方式并用特定的语法格式来记载的。通过读取这些文件信息，操作系统就知道安装的是什么设备、应当如何安装驱动程序及要拷贝哪些文件等。

其余扩展名的文件被称为实体文件，这些文件是直接跟硬件设备打交道的。要注意，.cat文件是微软数字签名文件，存放在“Windows\System\CatRoot”目录中。

17.2.2 查看硬件设备信息

1. 查看硬件设备信息和驱动程序信息

在Windows操作系统中，设备管理器是管理计算机硬件设备的工具，用户可以借助设备管理器来查看计算机中安装的硬件设备，设置设备属性，安装或更新驱动程序，停用或卸载设备，查看设备是否被操作系统识别，驱动程序是否安装正确等。

在Windows7/8操作系统中：右击“我的电脑”，在弹出的快捷菜单中选择“属性”选项，打开“系统”窗口，单击“设备管理器”按钮，弹出“设备管理器”窗口。

在Windows10操作系统中，右击“此电脑”，在弹出的快捷菜单中选择“属性”选项，打开“系统”窗口，如图17.1所示，单击左侧“设备管理器”按钮，弹出“设备管理器”窗口，如图17.2所示，这时看到的是当前系统中的所有硬件设置。

图17.1 “系统”窗口

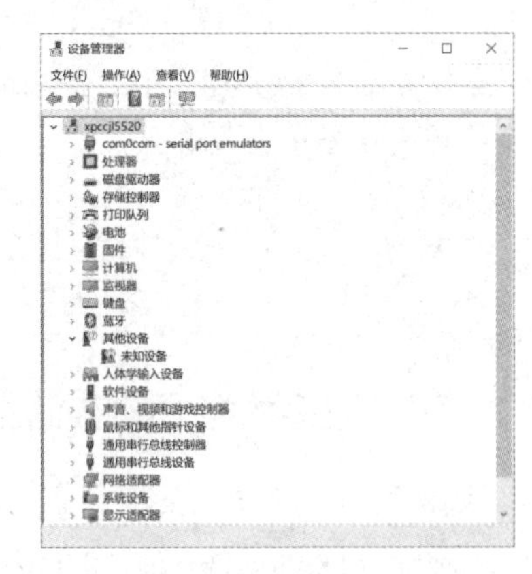

图17.2 “设备管理器”窗口

2. 认识Windows设备管理器中的问题符号

在“设备管理器”窗口中，如果某个硬件没有被操作系统识别或该设备有问题，会被标识出来。

（1）红色“×”号。设备管理器列表中出现红色“×”号表示该硬件可能被手动禁用或已经损坏，或者与系统存在严重冲突，目前不能使用。

解决办法：右击该设备，在弹出的快捷菜单中选择“启用”命令。

（2）黄底黑色的感叹号或问号。如果看到某个设备前显示了黄色的问号或感叹号，前者表示该硬件未能被操作系统所识别，后者指该硬件未安装驱动程序或驱动程序安装不正确。

解决办法：首先，可以右击该硬件设备，在弹出的快捷菜单中选择“卸载”命令，然后重新启动系统，大多数情况下操作系统会自动识别硬件并自动安装驱动程序。不过，某些情况下可能需要插入驱动程序盘，再按照提示进行操作。

17.2.3 安装驱动程序的原则

驱动程序是驱动硬件工作的特殊程序，安装驱动程序是软件安装过程的必经步骤。安装时，可以遵循以下的原则。

（1）安装顺序。安装完 Windows 操作系统后应当立即安装主板芯片组驱动程序。首先安装板载设备，然后是内置板卡，最后才是外围设备的驱动程序，即主板驱动→显卡驱动→声卡驱动→其他板卡驱动→外设驱动。

（2）驱动程序的版本。安装主板驱动程序一般是新版本优先，一般来说新版的驱动程序应该比旧版的更好。厂商提供的驱动程序优先于公版的驱动程序，但 Beta 版驱动程序一般不推荐使用，因为还在测试阶段，Bug 较多。

获取硬件驱动程序一般情况下有以下三种途径。

（1）使用操作系统提供的驱动程序。Windows 或 Linux 操作系统中附带了大量的通用驱动程序，用户在安装系统后，无须单独安装系统中已有的驱动程序。

（2）使用硬件附带的驱动程序盘中提供的驱动程序。一般来说，各种硬件设备的生产厂家都会开发专门的驱动程序，采用光盘的形式在销售硬件时一并免费提供给用户。

（3）通过网络下载。许多硬件厂商还会将相关驱动程序放到网上供用户下载，下载时选择适合的版本下载即可。

17.3 任务实施

安装硬件设备的驱动程序通常有以下几种方式。

1．直接安装驱动程序

使用硬件设备厂家赠送的驱动程序或从硬件设备官网下载的驱动程序，一般都采用直接安装方法，用户用鼠标双击可执行文件即可直接安装。

2．手动安装驱动程序

如果从网上下载的驱动程序文件是压缩文件，解压后也没有可执行文件，就需要手动安装驱动程序。

（1）打开“设备管理器”窗口，找到带有黄色问号的“Enlink Virtual Ethernet Adapter”，双击打开“Enlink Virtual Ethernet Adapter 属性”窗口，如图 17.3 所示。单击“驱动程序”选项卡→“更新驱动程序”标签，打开“更新驱动程序 Enlink Virtual Ethernet Adapter”窗口，如图 17.4 所示。

（2）在“设备管理器”窗口，右击带有黄色问号的“Enlink Virtual Ethernet Adapter”标签，在弹出的快捷菜单中选择“更新驱动程序”命令，如图 17.5 所示，也可打开如图 17.4 所示对话框。

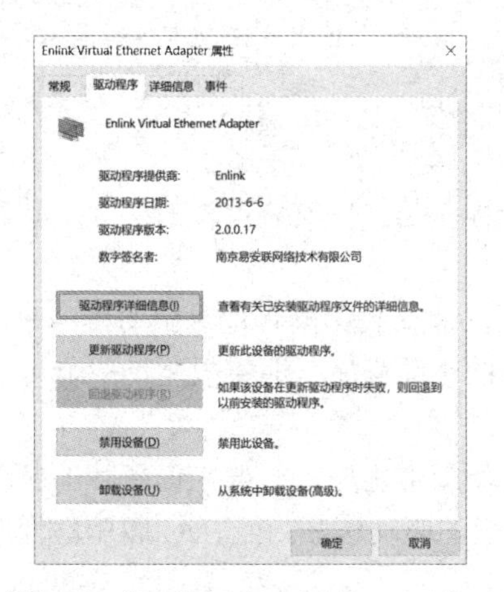

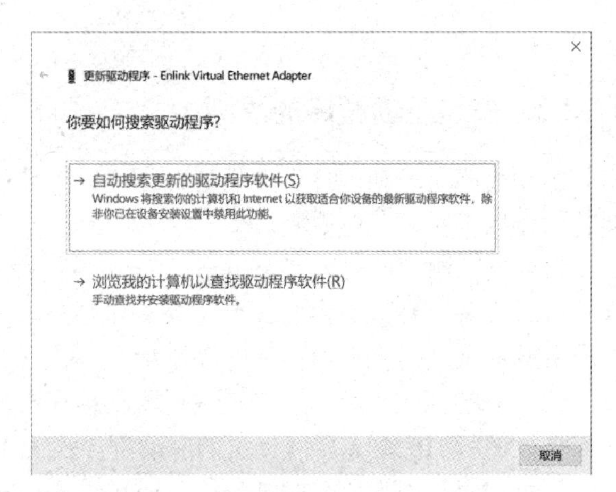

图 17.3 “Enlink Virtual Ethernet Adapter 属性”窗口

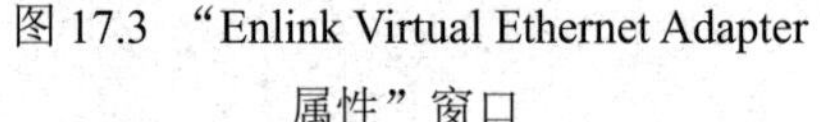

图 17.4 “更新驱动程序 Enlink Virtual Ethernet Adapter”窗口

（3）在图 17.4 中，选择“浏览我的计算机以查找驱动程序软件（R）”选项，打开“浏览计算机上的驱动程序”窗口，如图 17.6 所示，可以选择单击“浏览”按钮找到驱动程序的存放位置，也可单击“让我从计算机上的可用驱动程序列表中选取（L）”选项，系统自动安装。

（4）找到驱动程序后系统会自动安装。

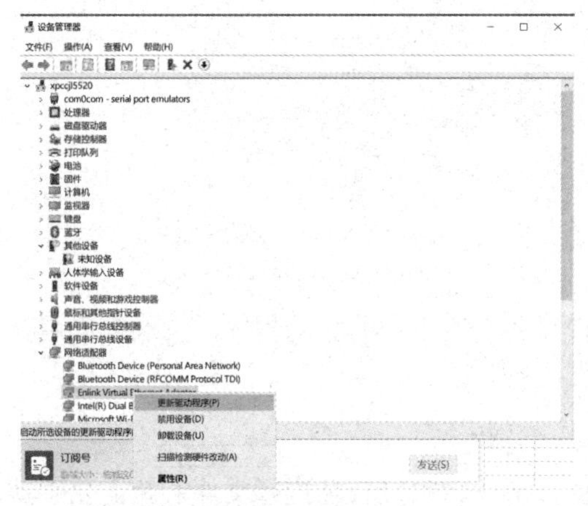

图 17.5 选择“更新驱动程序”命令

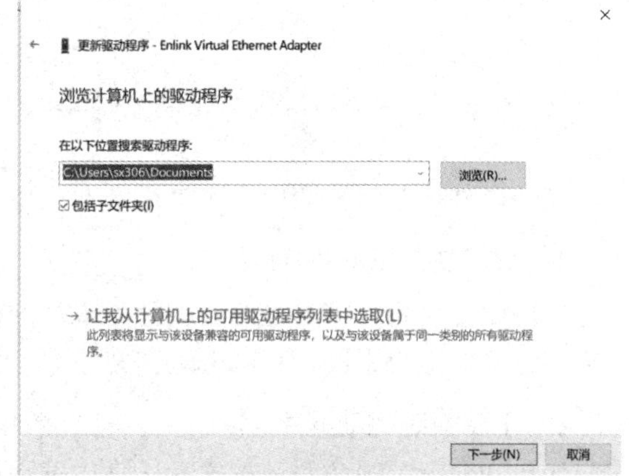

图 17.6 “浏览计算机上的驱动程序”窗口

3．升级驱动程序

硬件的驱动程序需要及时更新才能使计算机硬件的性能提升，升级方法如下。

（1）从硬件设备的官网下载最新的网上驱动程序。

（2）打开“设备管理器”窗口，单击预更新左侧的“>”，打开其下面的硬件列表，右击预更新的硬件设备，在弹出的快捷菜单中选择“更新驱动程序”命令，以下步骤同上面。

4．卸载驱动程序

（1）在图 17.5 中，在弹出的快捷菜单中选择“卸载设备”命令。

（2）弹出“卸载设备”窗口，单击“卸载”按钮，这样就在设备管理器中删除了所选设备。

5．使用驱动精灵修复或更新驱动程序

驱动精灵是一款集驱动管理和硬件检测于一体的、专业级的驱动管理和维护工具。驱动精灵为用户提供驱动备份、恢复、安装、删除、在线更新等实用功能。

（1）从网上下载最新的驱动精灵并安装到计算机中。

（2）驱动精灵在启动时会扫描计算机系统硬件，当发现有驱动故障时，会在主界面“基本状态”栏中显示，单击右侧的“立即解决”按钮即可。

习　题

一、选择题

1．安装驱动程序时，一般情况下用户都要（　　）。

A．先重启计算机　　B．安装好后重启计算机

C．安装好后不用重启计算机　　D．关闭计算机后重启计算机

2．下面（　　）是不需要安装驱动程序的。

A．CPU　　B．USB 设备　　C．网卡　　D．主板

3．关于驱动程序，下面说法中错误的是（　　）。

A．驱动程序是用来向操作系统提供一个访问、使用硬件设备的接口的。

B．驱动程序实现操作系统和系统中所有硬件设备之间的通信程序。

C．驱动程序能告诉系统硬件设备所包含的功能。

D．驱动程序是一个不可以升级的程序。

二、填空题

1．驱动程序有________、________和________三种类型。

2．驱动程序的安装模式有两种，分别是________和________。

3．驱动程序安装过程遵循的一般原则是________，就是先安装________的驱动程序，然后再安装________和________等驱动程序。

4．硬件需要驱动程序才能正常工作，一般来说，驱动程序有________、________和________等三个功能。

5．对________设备，只要根据生产厂商的使用说明，将要添加的设备安装在计算机上，然后启动操作系统，则该系统会自动检测出新安装的设备并安装该设备所需的相应驱动程序。

三、简答题

1．驱动程序的存储格式都有哪些？

2．驱动程序的安装原则是什么？

3．硬件驱动程序的常见安装方法有哪些？

任务18 备份与恢复操作系统

知识目标

- 熟悉系统备份及恢复工具；
- 了解系统备份的意义；
- 熟悉系统备份及恢复的注意事项。

技能目标

- 能使用工具对操作系统进行备份及恢复；
- 能使用 Windows 10 自带的备份还原功能。

18.1 任务描述

在完成了计算机系统和各种驱动程序、软件的安装后，就需要对计算机系统进行备份，这样在使用过程中如果系统出现崩溃、系统运行缓慢或者不能清除病毒的入侵时，可以利用备份将计算机系统快速恢复到备份时的正常状态，这样可以免去重新安装操作系统与驱动程序的烦琐步骤。

18.2 相关知识

18.2.1 备份及恢复工具介绍

备份系统最好在安装完驱动程序后就进行，这时的系统最干净，也最不容易出现问题。当然也可以在安装各种应用软件后进行备份，这样在还原系统是可省去重装操作系统、驱动程序以及各种应用软件等很多操作。

随着经典的 Windows7 操作系统于 2020 年 1 月 14 日正式退出历史舞台，Windows10 操作系统正式成为微软公司主推的操作系统，并且随着版本的不断更新，Windows10 操作系统日趋稳定。但在 2021 年 10 月 5 日微软发布 Windows11 后，相信在不久的将来，Windows11 将会正式替代 Windows10 成为新一代主流操作系统。

Windows10 操作系统或者新的计算机备份还原不能用以前的方式了，Windows10 的系统通常采用 UEFI 安装方式，系统和引导由两个分区构成。由于很多传统的备份及恢复工具一次只能备份、还原一个分区，备份就需要做两次，同时还原也需要做两次。如果用户少备份了一次，后面还原后可能会引起计算机无法启动。

目前网络上基于 Windows10 操作系统的备份及恢复工具软件有不少，但仍存在很多工具软件对 Windows10 操作系统兼容性不好的情况，一旦选择不当，很容易导致备份或者还原失败。根据 Windows10 备份及恢复的场景，可分为基于操作系统运行工具、基于光盘或 U 盘引导两种情况。

（1）基于操作系统运行工具。该场景下可运行操作系统中自带的备份及恢复工具软件，方便、快捷地实现系统的备份、恢复等操作，前提条件是操作系统能正常启动。

Windows10 操作系统提供了系统备份和还原功能，利用该功能可以直接将各硬盘分区中的数据备份到一个隐藏的文件夹作为还原点，以便在计算机出现问题时，快速将各硬盘分区还原至备份区前的状态。但这个功能有个缺陷，就是在 Windows 操作系统无法启动时，无法还原系统。

（2）基于光盘或 U 盘引导。该场景下需要借助于带有系统引导功能的光盘、U 盘，实用性较强，尤其是当操作系统无法正常启动时，用之前做好的备份进行系统还原比较方便。

18.2.2 备份及恢复注意事项

（1）在备份系统前，最好将一些无用的文件删除以减少镜像文件的体积。通常无用的文件有：Windows 的临时文件夹、IE 临时文件夹下的临时文件及 Windows 的内存交换文件。这些文件通常要占去很大的硬盘空间。

（2）在备份系统前，整理目标盘和源盘，以加快备份速度。

（3）在备份系统前及恢复系统前，最好检查一下目标盘和源盘，纠正磁盘错误。

（4）在恢复系统时，最好先检查一下要恢复的目标盘是否有重要的文件还未转移。

（5）在选择压缩率时，建议不要选择最高压缩率，因为最高压缩率非常耗时，而压缩率又没有明显的提高。

（6）在新安装了软件和硬件后，最好重新制作备份映像文件，否则很可能在恢复后出现一些莫名其妙的错误。

18.3 任务实施

18.3.1 使用工具备份与恢复系统

1. 基于系统运行工具备份及恢复系统

目前网络上的系统备份及恢复工具很多，本节以傲梅备份推出的“傲梅轻松备份免费版”为例介绍 Windows10 操作系统的备份及还原方法。

（1）备份 Windows10 系统。

步骤 1：运行“傲梅轻松备份免费版”。单击左侧导航栏的“备份”按钮，在右侧的功能区中单击“系统备份”按钮，如图 18.1 所示。

步骤 2：用户可以根据个人需要对“任务名称”进行更改，该名称可以帮用户区别不同的备份任务。在“步骤 1”中系统盘和引导盘被设置成为默认的备份内容，只需要在此处选择一个镜像文件的保存位置，如图 18.2 所示。

提示：可以根据用户需要进行个性化的备份设置，包括了备注、压缩、加密和拆分备份等多种功能，如图 18.3 所示。

步骤 3：单击“开始备份”按钮，即开始进行备份操作，如图 18.4 所示。系统备份完成后，单击“完成”按钮退出即可。备份系统所花的时间与系统中的有效数据大小有关，例如系统占用了 30GB 的空间，则可能会花 10 分钟时间，而如果系统只占用了 10GB 的空间，则 5 分钟即可以完成备份。

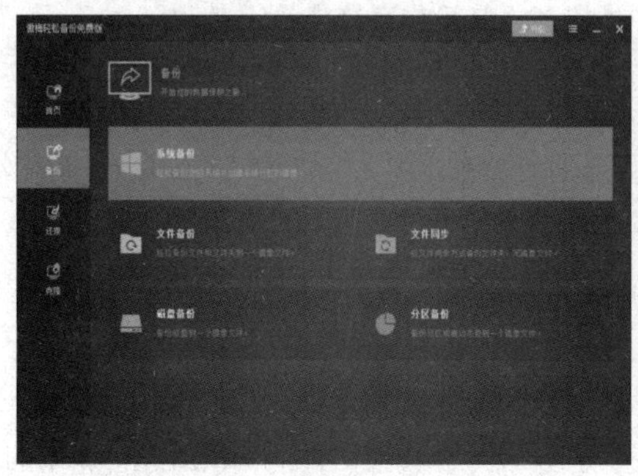
图 18.1 选择“系统备份”

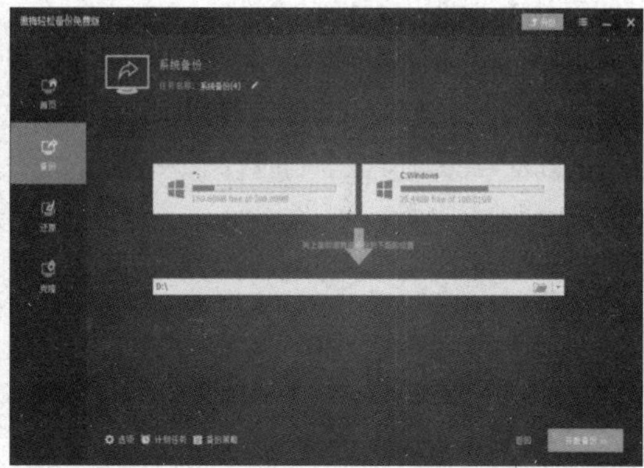
图 18.2 选择镜像文件保存位置

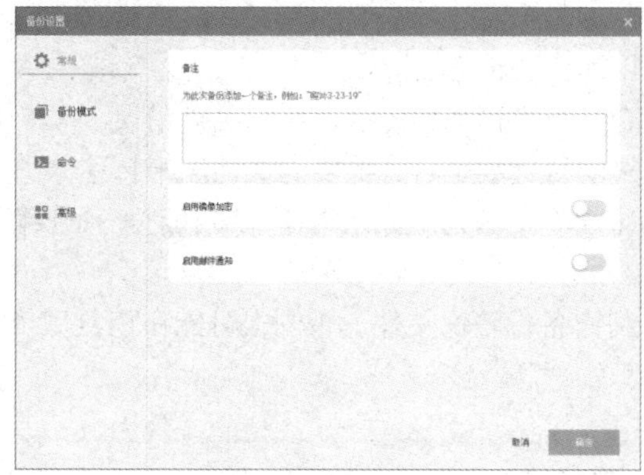
图 18.3 备份设置

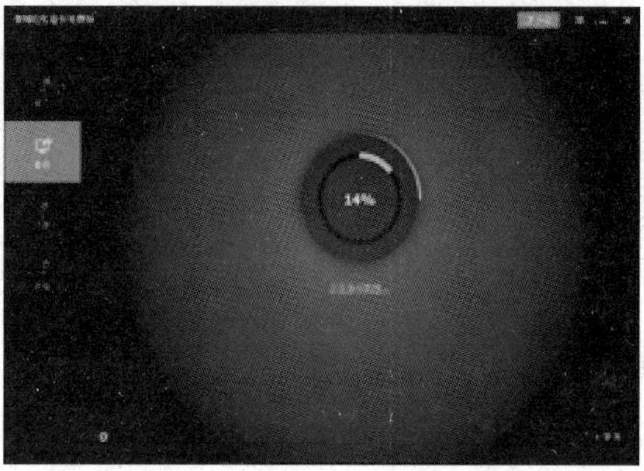

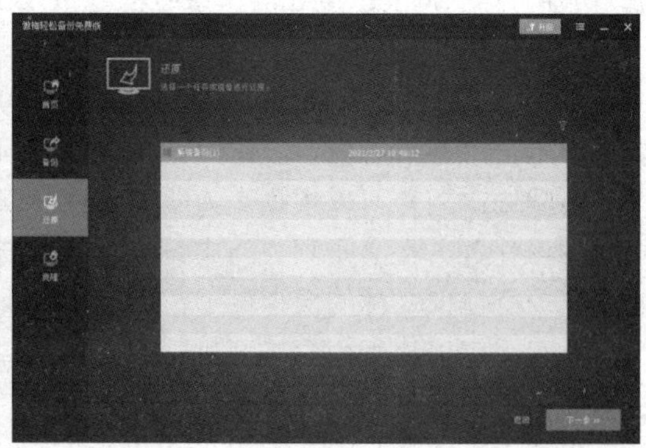

图 18.4 备份进度

（2）恢复 Windows10 系统。

步骤 1：打开“傲梅轻松备份”免费版，单击左侧导航栏的“还原”按钮，在右侧的功能区中单击“选择任务”按钮，找到“系统备份”任务，单击“下一步”按钮，如图 18.5 所示。

步骤 2：选择之前做好的一个系统备份，如图 18.6 所示，再单击“下一步”按钮。

图 18.5 选择任务

图 18.6 选择一个系统备份

步骤 3：在“镜像信息”窗口中选择“还原这个系统备份”选项，如图 18.7 所示，单击“下一步”按钮，如图 18.8 所示。

步骤 4：在如图 18.8 所示的“操作摘要”窗口中，确认相关设置是否正确，因为之前备份的是引导分区和系统分区两个分区，此处提示还原的也是两个分区。确认没有问题后单击“开始还原”按钮即可。

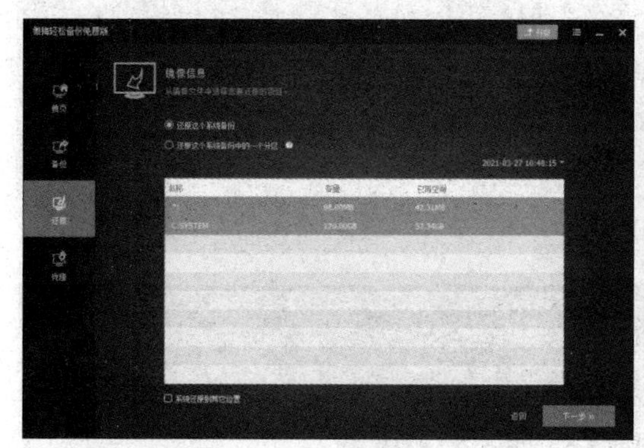

图 18.7　选择还原项目

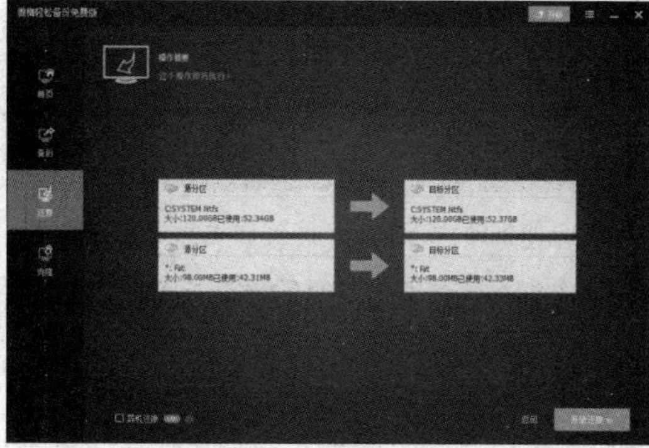

图 18.8　确认还原信息

步骤 5：在开始还原后，会出现如图 18.9 所示的提示信息，提示需要在重启模式下完成系统还原操作，单击“是”按钮即可。注意提示信息中要求镜像文件的存放路径中不能出现非英文字符。

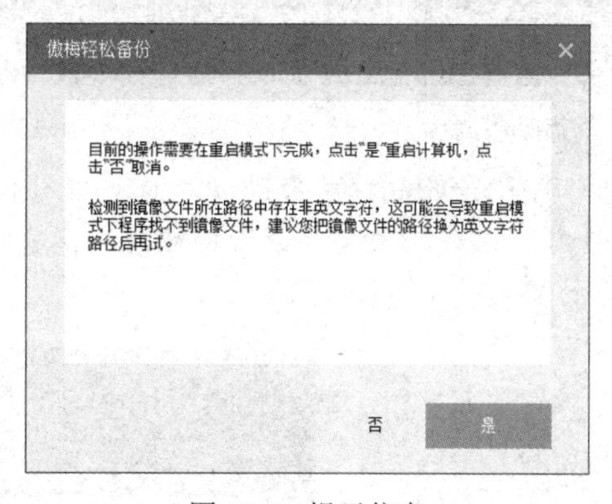

图 18.9　提示信息

2. 基于 U 盘引导备份及恢复系统

本部分以傲梅备份推出的“轻松备份免费版”介绍基于 U 盘引导备份及恢复系统的操作步骤。

步骤 1：首先，制作可启动 U 盘。准备一个 8GB 以上容量的 U 盘，启动“轻松备份免费版”工具软件，单击“首页”右侧的“工具”按钮，如图 18.10 所示，选择“创建可启动盘”命令，打开如图 18.11 所示的“创建可启动盘”窗口。

步骤 2：在窗口中选择 PE 的启动模式为“创建支持 UEFI 启动的可启动盘”，单击“下一步”按钮，如图 18.12 所示。

步骤 3：在对话框中选择 PE 的启动模式为“创建支持 UEFI 启动的可启动盘”，单击“下一步”按钮，如图 18.13 所示，选择制作目标为“USB 启动盘”，在“USB 启动盘”列表中选择合适的 USB 设备。

图 18.10　选择“创建可启动盘”工具

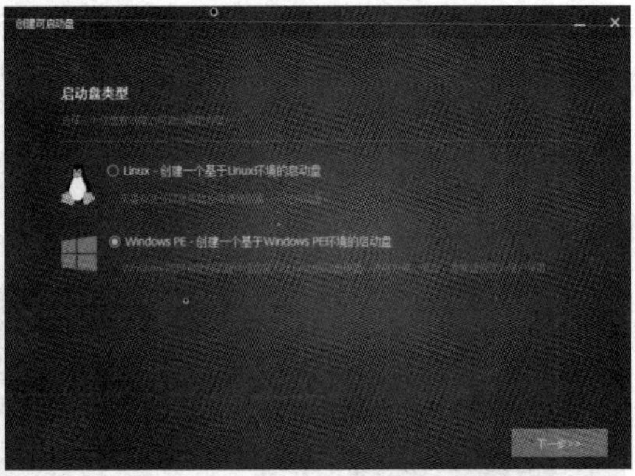

图 18.11　“创建可启动盘”窗口

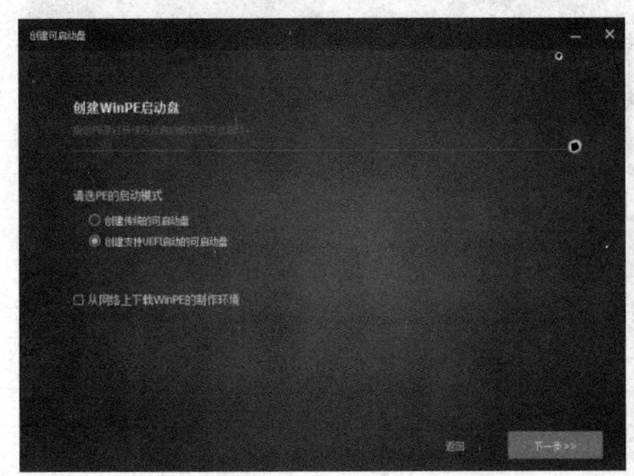

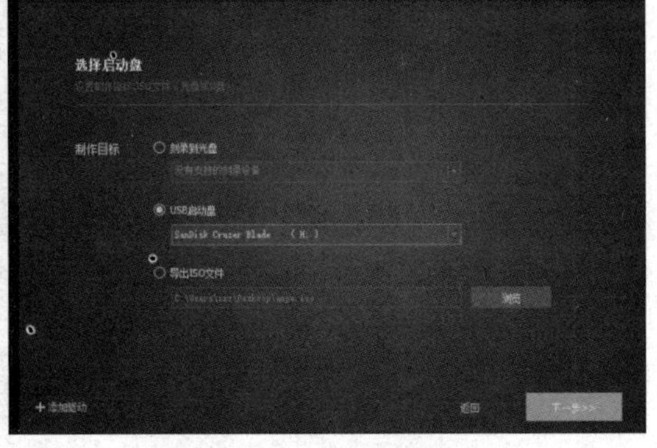

图 18.12　选择 PE 的启动模式

图 18.13　选择制作目标

步骤 4：单击“下一步”按钮开始创建可启动盘，弹出如图 18.14 的提示信息，确认 U 盘中没有数据需要备份的情况下，直接单击“是”按钮确认格式化 U 盘，继续完成制作，如图 18.15 所示。

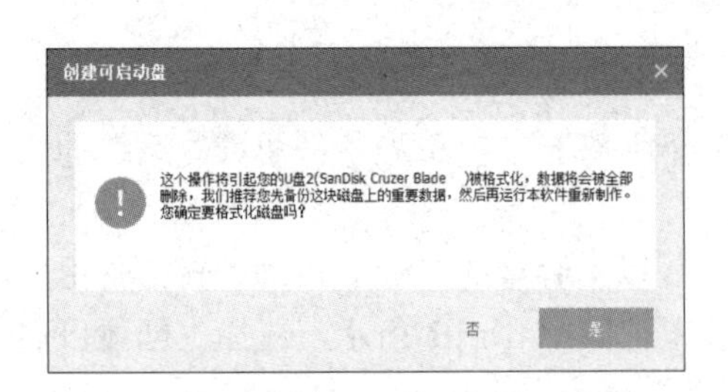

图 18.14　确认格式化 U 盘

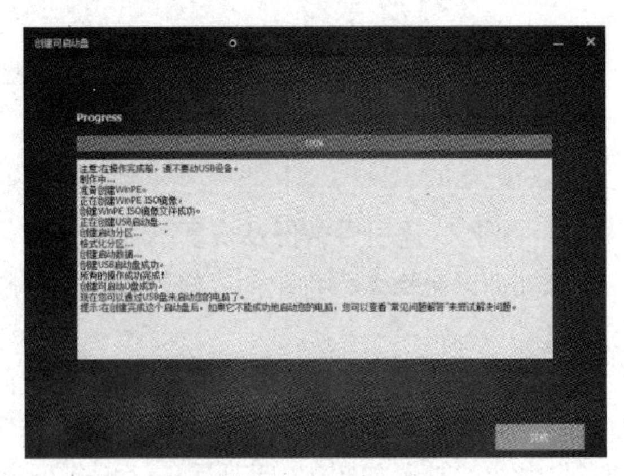

图 18.15　制作完成

步骤 5：将计算机启动方式设成 U 盘启动，插入刚刚制作的可启动 U 盘，让计算机从 U 盘启动，启动后会自动运行傲梅轻松备份工具，操作方法与前面介绍的备份和恢复 Windows10 的方法基本一致。

18.3.2 使用 Windows 10 自带的备份与还原功能

下面我们就以 Windows 10 系统备份为例，来向大家介绍一下如何使用 Windows 10 系统自带的备份功能完成系统的备份、还原操作。

1. Windows 10 备份系统

（1）单击“开始”→“设置”→“更新和安全”菜单命令，打开“设置”窗口，选择“更新和安全”选项，单击左侧“备份”选项，如图 18.16 所示。

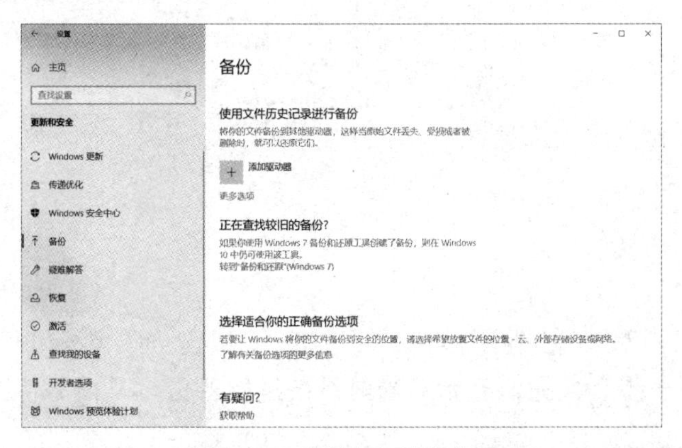

图 18.16 “设置-备份”窗口

（2）单击右侧“转到备份和还原 Windows7”选项，打开“备份和还原（Windows 10）”窗口，如图 18.17 所示。这个页面左边还有两个备份选项。

- 创建系统镜像：这个是将备份系统做成一个镜像文件，可以拷贝到别的同型号同配置的计算机上安装。
- 创建系统修复光盘：这个是将备份系统做成一个修复光盘（需要光驱才行）。

（3）单击“设置备份”按钮。弹出“设置备份-正在启动 Windows 备份”窗口，如图 18.18 所示。弹出“选择要保存备份的位置”窗口，选择要备份的位置，如选择“存储空间（G:)”选项，如图 18.19 所示。

图 18.17 “备份和还原”窗口

图 18.18 “设置备份-正在启动 Windows 备份”窗口

设置备份文件的位置有两点要注意，一是如果有条件，最好是备份到其他外部存储里面，如 U 盘或者移动硬盘（因为怕本机硬盘损坏）；如果要备份到本机硬盘上，选择空间够大的那个盘备份。二是还可以备份到网络上，比如网盘等（只要有网络更方便恢复系统）。

（4）再次选择备份内容：一种是让 Windows 选择，另一种是自行选择，如图 18.20 所示。选择“让我选择”选项，打开“你希望备份哪些内容？”窗口，选择需要备份的存储空间及文件夹，如图 18.21 所示。

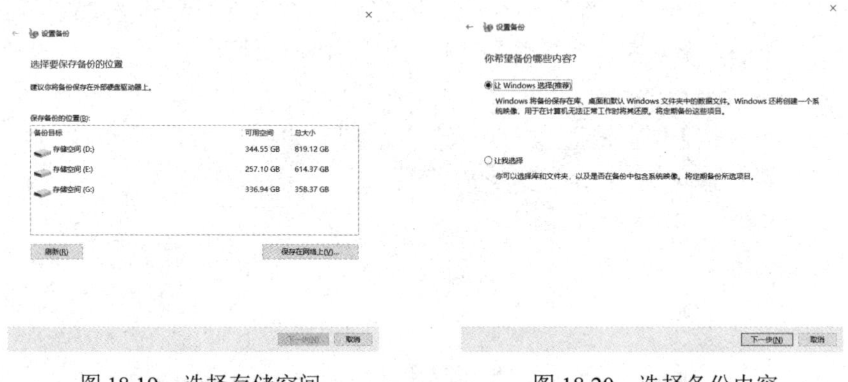

图 18.19　选择存储空间　　　　图 18.20　选择备份内容

（5）单击“下一步”按钮，开始对当前系统进行备份，只需等待完成备份即可，如图 18.22 所示。

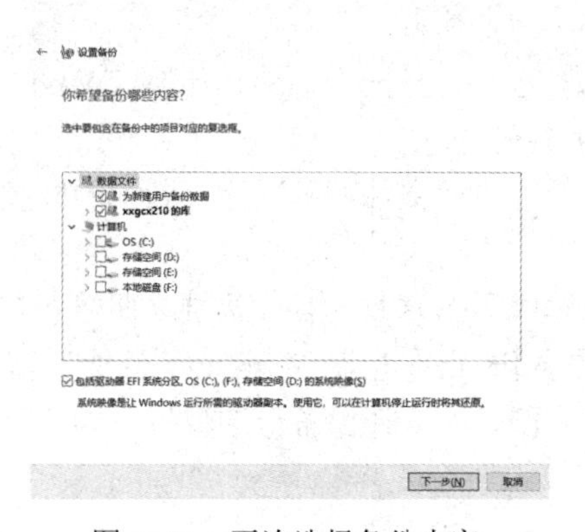

图 18.21　再次选择备份内容

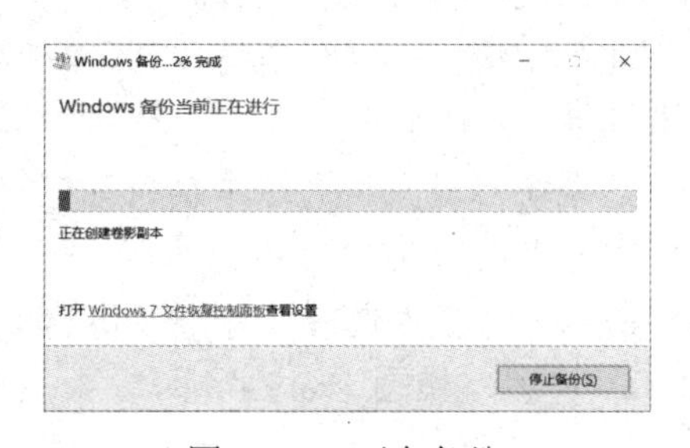

图 18.22　正在备份

（6）在第（3）步，还可以选择“创建系统镜像”或“创建系统修复光盘”选项，请读者自行尝试。

2．Windows 10 还原系统

恢复系统和备份系统的前面两步是一样的，只不过是将选择备份换成选择恢复，有两个恢复选项，说明如下。

（1）重置此电脑：该选项是用来恢复原厂预装的操作系统的，原厂预装系统存放在硬盘上的隐藏分区中。选择此选项后，弹出如图 18.23 所示的选项。

选择“保留我的文件”选项，还原时只是恢复系统参数和软件安装，个人文件都还会保留下来；选择“删除所有内容”选项，会恢复出厂设置，所有文档都不会留下，用户根据实际情况按照提示操作即可还原系统。

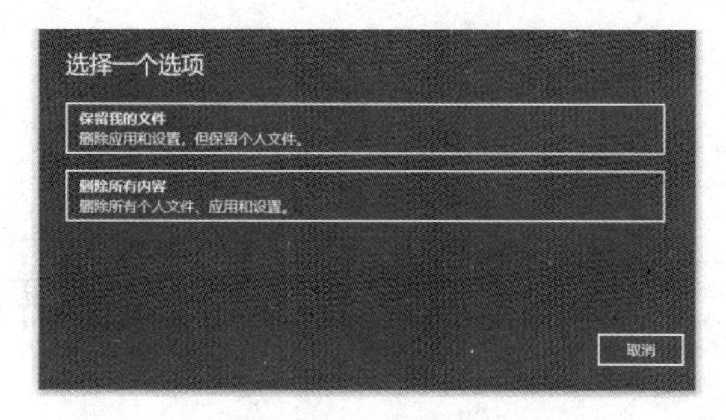

图 18.23　还原选项

（2）高级启动选项：可以通过设备或磁盘启动，更改 Windows 启动设置，或者从系统映像中还原 Windows 系统。选择该选项后，将立即重新启动计算机。重启之后进入如图 18.24 所示的界面，在此处选择“疑难解答”选项，如图 18.25 所示；选择“高级选项”选项，如图 18.26 所示；在高级选项里选择“系统还原”选项，然后选择一个账号继续就可以进行还原了。

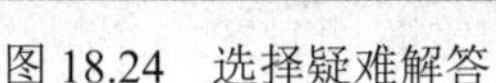
图 18.24　选择疑难解答

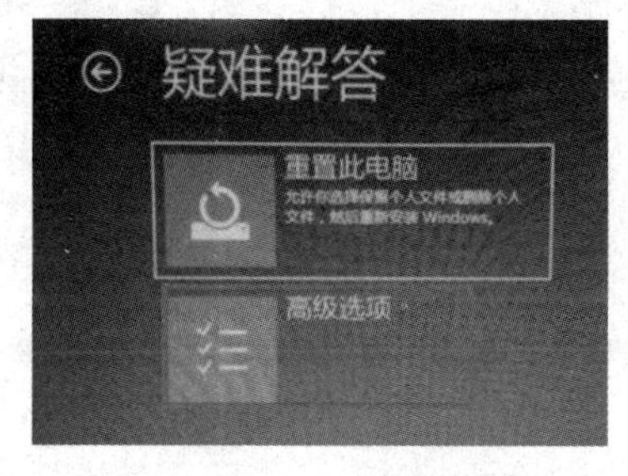

图 18.25　选择高级选项

图 18.26　选择系统还原

如果计算机上有多个时间节点的备份映像，还原时会要求选择按哪个节点进行还原操作。

习　　题

一、填空题

1．在恢复系统时一定要先检查一下________盘是否有重要的文件。

2．Windows10 系统常见的启动方式有________。

3．Windows10 系统备份时需要备份________分区和________分区。

4．在 Windows10 系统备份之前通常需要清理系统中无用的文件，系统中无用的文件主要有：________、________及________。

二、简答题

1．常用的系统备份与恢复工具有哪些？

2．备份与恢复工具软件的主要功能有哪些？

三、实训题

1．使用可启动 U 盘备份和恢复 Windows10 操作系统。

2．使用 Windows10 操作系统自带的备份和还原功能。

任务19 搭建虚拟系统实验平台

知识目标

- 熟悉 VMware 虚拟机的概念；
- 熟悉虚拟机与虚拟系统的区别；
- 理解为什么要使用虚拟机；
- 熟悉 VMware 虚拟机的基本配置；
- 熟悉 Windows Server 2012 的安装过程；
- 熟悉 Virtual PC 虚拟机安装工具。

技能目标

- 能够安装 VMware 虚拟机；
- 能进行虚拟机的基本配置；
- 能够在 VMware 中新建虚拟机；
- 能够在新建的虚拟机下安装 Windows Server 2012 系统；
- 能使用 Virtual PC 工具安装虚拟机。

19.1 任务描述

随着计算机技术的不断发展，新技术层出不穷，有些时候我们需要同时跨多个操作系统进行数据的采集和传输。因此，虚拟化的技术越来越多地被人们所使用，如当我们想要学习 Linux 或者 UNIX 而又不想要重装系统时便可以使用虚拟系统实验平台，这样既不用重装系统，又可以达到学习或者搭建相应测试环境的目的。目前主流的虚拟系统实验平台有 VMware Workstation 和 Windows Virtual PC。

19.2 相关知识

19.2.1 基本概念

在使用虚拟系统之前，需要首先了解一些相关的专用名词。

（1）虚拟机。虚拟机（Virtual Machine）是指通过软件模拟计算机系统的功能，且运行在一个完全隔离的环境中的完整计算机系统。通过虚拟机软件，可以在一台物理计算机上模拟出一台或多台虚拟的计算机。这些虚拟的计算机（简称虚拟机）完全可以像真正的计算机那样进行工作，如可以安装操作系统、安装应用程序、访问网络资源等。对于用户而言，它只是运行在物理计算机上的一个应用程序，但是对于在虚拟机中运行的应用程序而言，它就是一台真正的计算机。

（2）主机。主机是指运行虚拟机软件的物理计算机，即用户所使用的计算机。

（3）客户机系统。客户机系统是指虚拟机中安装的操作系统，也称“客户操作系统”。

（4）虚拟机硬盘。虚拟机硬盘是虚拟机在主机上创建的一个文件，其容量大小受主机硬盘的限制，即存放在虚拟机硬盘中的文件大小不能超过主机硬盘的大小。

（5）虚拟机内存。虚拟机运行所需内存是由主机提供的一段物理内存，其容量大小不能超过主机的内存容量。

19.2.2 虚拟软件的优点

使用虚拟软件，用户可以同时运行 Linux 的各种发行版、Windows 的各种版本、UNIX 等各种操作系统，甚至可以在同一台计算机上安装多个 Linux 发行版或多个 Windows 操作系统版本。在虚拟机的窗口上，模拟了多个按键，分别代表打开虚拟机电源、关闭虚拟机电源和 Reset 键等。这些按键的功能和计算机真实的按键一样，使用非常方便。虚拟机特别适合用于学习和测试。

虚拟机在主机上运行，要占用主机的部分资源，对 CPU 和内存的占用最为明显。虚拟机要占用本机上的物理内存，当虚拟机启动时，它要占用分配给它的内存来运行安装的操作系统，这时正在运行的操作系统就在（主机内存-虚拟机内存）中运行。因此，用户想让虚拟机很好地运行，其主机的内存必须足够大、CPU 核心数足够多。

19.2.3 虚拟系统与虚拟机的区别

虚拟系统是通过生成现有操作系统的全新虚拟镜像实现的，它具有与真实 Windows 系统完全一样的功能，进入虚拟系统后，所有操作都是在这个全新的独立的虚拟系统里面进行的，可以独立安装运行软件，保存数据，拥有自己的独立桌面，不会对真正的系统产生任何影响，而且具有能够在现有系统与虚拟镜像之间灵活切换的一类操作系统。虚拟系统不会降低计算机的性能，启动虚拟系统不需要像启动 Windows 系统那样耗费时间，运行程序更加方便快捷。

目前流行的虚拟机软件有 VMware 和 Virtual PC，他们都能在 Windows 系统上虚拟出多个计算机，用于安装各种操作系统。

1．VMware

VMware（中文名威睿）虚拟机软件，是全球桌面到数据中心虚拟化解决方案的领导厂商。全球不同规模的客户依靠 VMware 来降低成本和运营费用、确保业务持续性、加强安全性并走向绿色。VMware 总部设在加利福尼亚州的帕罗奥多市（Palo Alto）。

VMware 在虚拟化和云计算基础架构领域处于全球领先地位，所提供的解决方案可通过降低复杂性以及更灵活、敏捷地交付服务来提高 IT 效率。VMware 提供能够解决企业独有业务难题的云计算模式，提供的方法可在保留现有投资并提高安全性和控制力的同时，加快向云计算的过渡。

VMware 可以在一台计算机上同时运行多个操作系统。与“多启动”系统相比，VMware 采用了完全不同的概念。“多启动”系统在一个时刻只能运行一个系统，在切换系统时需要重新启动计算机；而 VMware 是真正的同时运行，多个操作系统在主系统的平台上，就像标准 Windows 应用程序那样切换，且每个操作系统都可以进行虚拟的分区、格式化等操作，而不影响真实硬盘中的数据，用户甚至可以通过网卡将几台虚拟机连接为一个局域网，非常方便。但是因为虚拟机使用计算机的一部分硬件资源，因此在虚拟机中安装的系统受硬件配置的限制，性能有所降低。

2．Windows Virtual PC

Windows Virtual PC 是 Microsoft 虚拟化技术，通过此技术可以在一台计算机上同时运行多个操作系统，并且只需单击一下，便可直接在运行 Windows 的计算机上的虚拟 Windows 环境中运行许多应用程序。

19.3 任务实施

19.3.1 开启 VT 功能

Virtualization Technology（VT），中文译为虚拟化技术，英特尔（Intel）和 AMD 的大部分 CPU 均支持此技术，名称分别为 VT-x、AMD-V。VT 开启之后对虚拟机和海马玩等安卓模拟器的性能有非常大的提高。

如果计算机的 CPU 不支持虚拟技术，那么即使安装了 VMware，也无法虚拟出多台虚拟机，所以在安装 VMware 之前，要先开启 VT 功能；其次要安装虚拟机的计算机配置要高，如内存至少为 8GB，硬盘闲置空间至少在 30GB 以上，安装 64 位 Windows 操作系统。

进入 BIOS 设置，将“Intel Virtualization Technology”或者“Virtualization Technology”选项设置成“Enable”，然后保存设置即可。也可以用 VT 检测工具（SecurAble）检测 CPU 是否支持虚拟化技术。

19.3.2 安装 VMware 虚拟机

步骤 1：下载 VMware Workstation15 Pro 虚拟机安装包（若没有购买许可证，可以有 30 天的试用期）。

双击运行 VMware Workstation Pro 程序，打开如图 19.1 所示安装向导界面，单击“下一步”按钮，弹出“最终用户许可协议”窗口，如图 19.2 所示，阅读 VMware 虚拟机用户许可协议，勾选“我接受许可协议中的条款”单选框，单击“下一步”按钮。

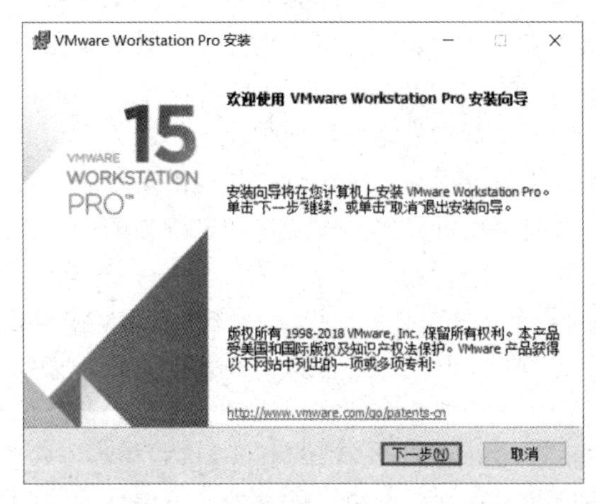

图 19.1 VMware Workstation Pro 安装向导

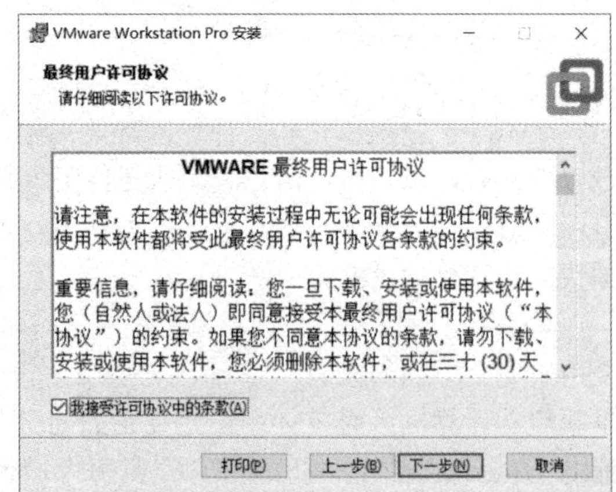

图 19.2 最终用户许可协议

步骤 2：弹出“自定义安装”窗口，如图 19.3 所示，选择安装目录。默认是安装在 C 盘目录下的，可单击“更改”按钮自定义安装路径。确认完成后单击“下一步”按钮。

步骤 3：弹出“用户体验设置”窗口，如图 19.4 所示，这里选择默认设置即可，直接单击“下一步”按钮。

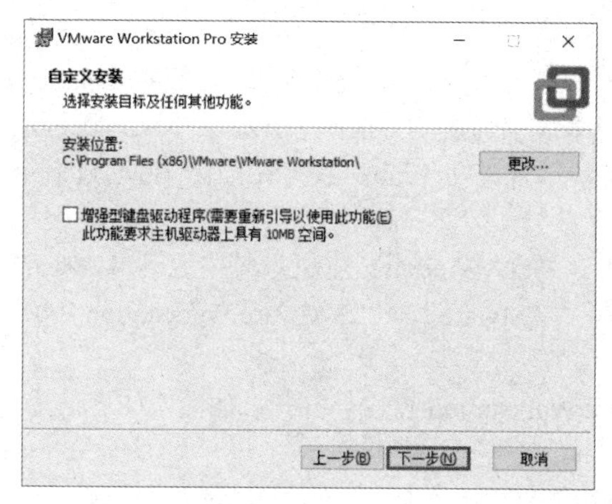

图 19.3　自定义安装

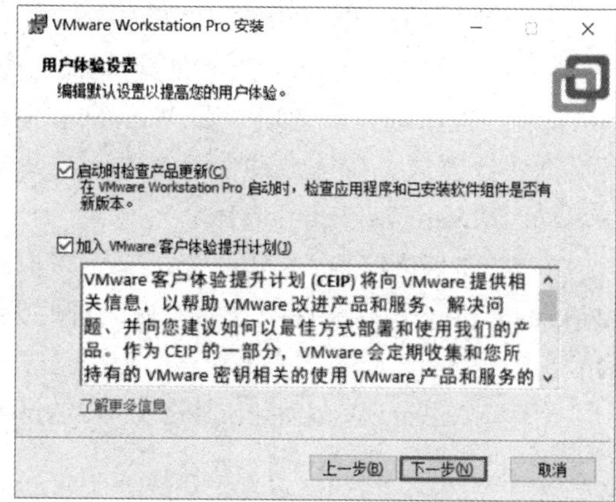

图 19.4　用户体验设置

步骤 4：弹出“快捷方式”窗口，如图 19.5 所示，设置是否创建快捷方式，为了方便以后使用，建议全部勾选“桌面”和“开始菜单程序文件夹”复选框。单击“下一步”按钮继续。

步骤 5：弹出“已准备好安装 VMware Workstation Pro”窗口，单击“安装”按钮，开始安装。等待 VMware Workstation Pro 安装完成后就会看到“VMware Workstation Pro 安装向导已完成”窗口，如图 19.6 所示，单击“完成”按钮退出安装向导。

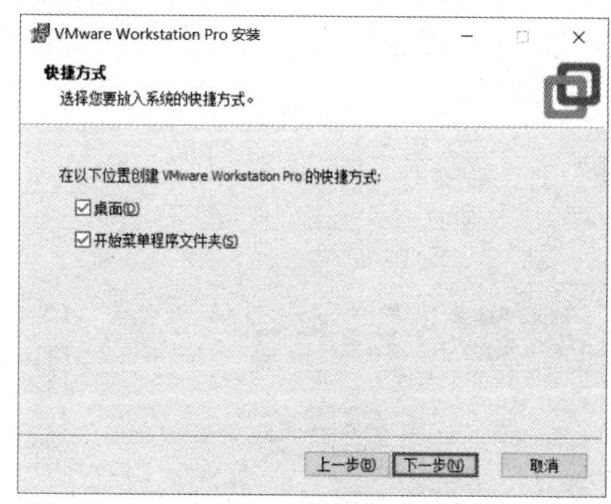

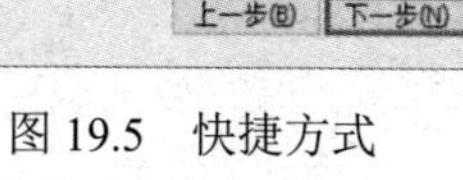

图 19.5　快捷方式

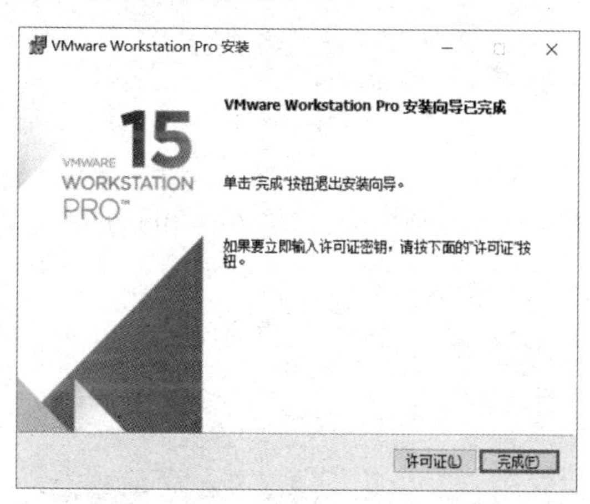

图 19.6　安装向导已完成

步骤 6：在图 19.6 所示窗口中，单击“许可证”按钮，弹出“输入许可证密钥”窗口，如图 19.7 所示，输入许可证密钥，单击“输入”按钮，再单击“完成”按钮。

如果安装期间未输入 Workstation Pro 许可证密钥，可以稍后指定许可证密钥：在 VMware Workstation Pro 中选择“帮助”→“输入许可证密钥”菜单命令，然后在“Workstation 激活”窗口中输入许可证密钥。还可以通过“Workstation 激活”窗口购买许可证密钥和查看评估许可证的状态。

19.3.3 创建和配置虚拟机

将虚拟机工具软件安装到计算机中后，就可以创建和配置虚拟机了。

1. 启动 VMware Workstation Pro

VMware Workstation Pro 的具体启动方法取决于主机系统平台以及在 Workstation Pro 安装过程中选择的选项。在 Windows 主机系统中的启动方法除了开始菜单项，还可能有桌面快捷方式、快速启动快捷方式，或两者的组合。在 Linux 主机系统中，可通过命令行启动 VMware Workstation Pro。

本书在 Windows 主机系统中安装虚拟机。要在 Windows 主机系统中启动 VMware Workstation Pro，请选择“开始”→“程序”→“VMware”→“VMware Workstation Pro”命令。

启动 VMware Workstation Pro 后，VMware Workstation 窗口会打开，如图 19.8 所示。

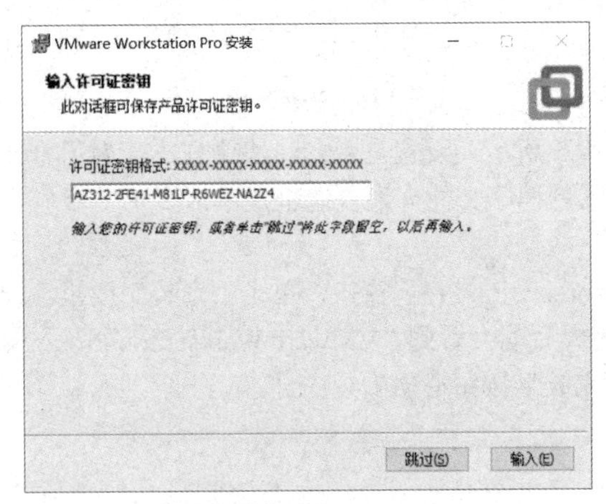

图 19.7 输入许可证密钥

图 19.8 VMware Workstation 窗口

单击“Workstation”下拉菜单，选择“编辑”→“首选项”菜单命令，如图 19.9 所示，打开“首选项”窗口，如图 19.10 所示。

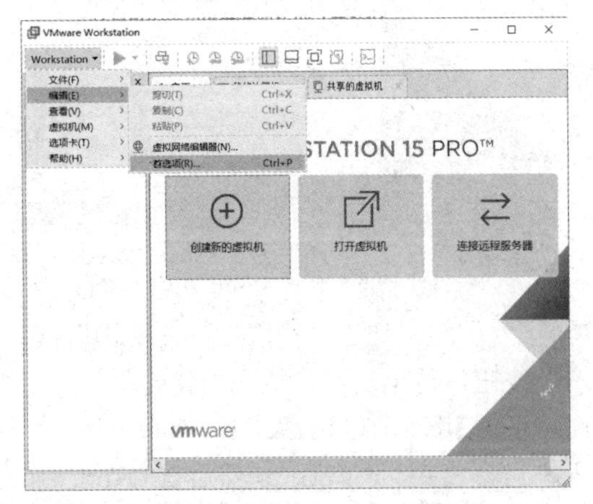

图 19.9 Workstation 菜单命令

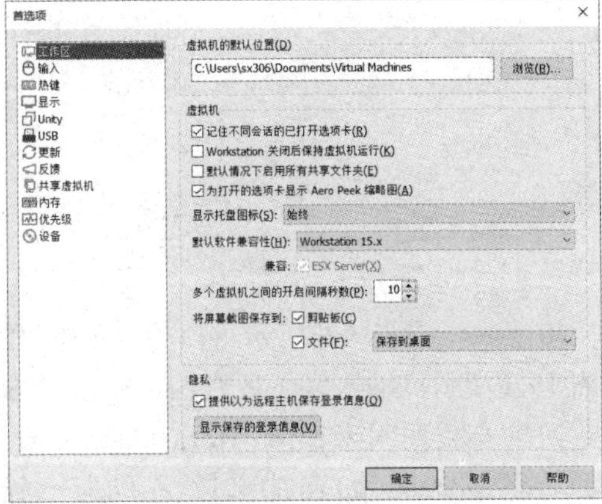

图 19.10 “首选项”窗口

VMware 的参数很多，一般情况下，可以不用设置这些参数，保持其默认设置即可。

2．创建虚拟机

步骤 1：在图 19.8 中，如果主机未连接到远程服务器，请选择“Workstation”下拉菜单中“文件”→“新建虚拟机”菜单命令。弹出“新建虚拟机向导”窗口，如图 19.11 所示。如果主机已连接到远程服务器，请选择“文件”→“新建虚拟机”→“在此计算机上”菜单命令。

步骤 2：选择配置类型。

- “典型（推荐）”：向导将提示你指定或接受基本虚拟机设置的默认设置。典型配置类型适用于大多数情况。
- “自定义（高级）”：需要选择硬件兼容性设置。你必须选择自定义配置类型以执行以下操作：创建与默认硬件兼容性设置不同的虚拟机版本，指定 SCSI 适配器的 I/O 适配器类型，指定是创建 IDE、SCSI、SATA 还是 NVMe 虚拟磁盘，使用物理磁盘而不是虚拟磁盘，使用现有的虚拟磁盘，或者分配所有虚拟磁盘空间而不是允许磁盘空间逐渐增大到最大磁盘容量。

硬件兼容性设置决定了虚拟机的硬件功能。

本任务选择“典型（推荐）”单选项，单击“下一步”按钮。

步骤 3：弹出“安装客户机操作系统”对话框，如图 19.12 所示。

- 使用物理光盘：选择插入了安装光盘的物理驱动器。
- 使用 ISO 映像：请键入或浏览到客户机操作系统 ISO 映像文件所在的位置。
- 稍后安装操作系统：创建一个具有空白磁盘的虚拟机需要在完成虚拟机的创建后手动安装客户机操作系统。

本任务选择“稍后再安装客户机操作系统”单选项，单击“下一步”按钮。

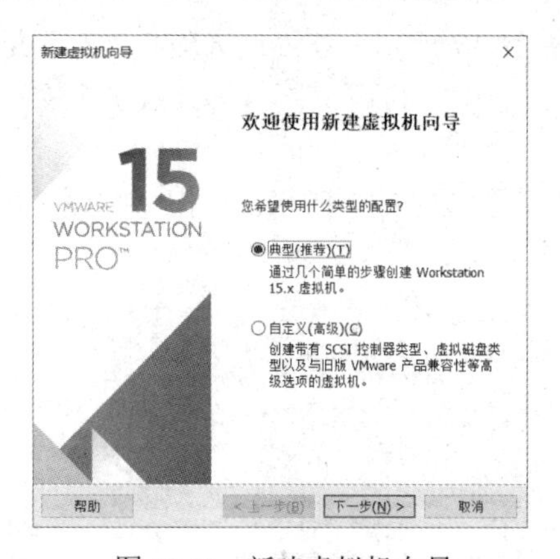

图 19.11　新建虚拟机向导

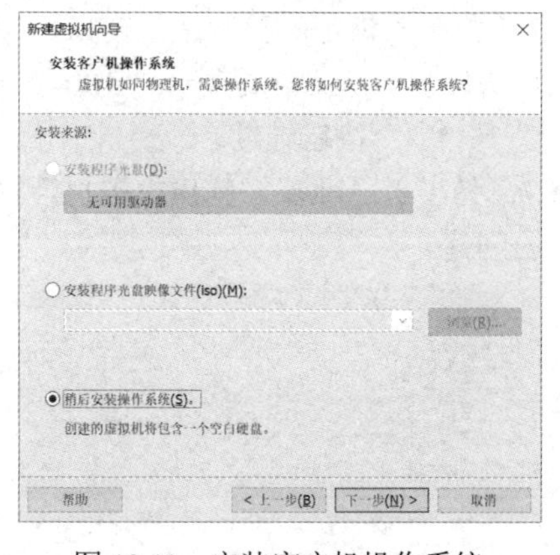

图 19.12　安装客户机操作系统

步骤 4：弹出“选择客户机操作系统”窗口，如图 19.13 所示，在“客户机操作系统”栏选中“Linux”，在“版本”下拉列表中选择要安装的操作系统的版本，如选择“CenOS 7 64 位”，单击“下一步”按钮继续。

步骤 5：弹出“命名虚拟机”窗口，如图 19.14 所示，在“虚拟机名称”框中可以更改虚拟机的名称，系统会根据前面选择的操作系统和版本，自动设置虚拟机名称，默认即可；在“位置”框中选择虚拟机文件安装的位置，单击“浏览”按钮，弹出“浏览文件夹-虚拟机位置”窗口，如图 19.15 所示，选择或新建虚拟机位置，然后单击“确定”按钮，返回“命名虚拟机”窗口。如图 19.16 所示，可以看到“位置”框已改变，单击“下一步”按钮继续。

图 19.13　选择客户机操作系统　　　　图 19.14　命名虚拟机

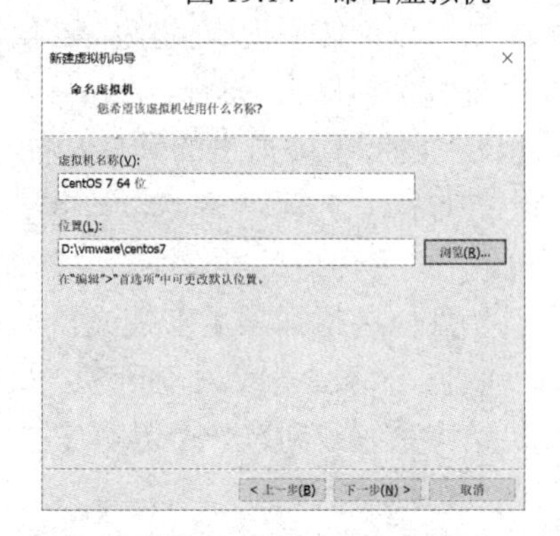

图 19.15　浏览文件夹-虚拟机位置　　　　图 19.16　更改虚拟机位置

步骤 6：弹出“指定磁盘容量”窗口，如图 19.17 所示，在“最大磁盘大小”框中设置创建虚拟机的磁盘大小，这里输入“100”。单击选中“将虚拟磁盘拆分成多个文件”单选项，单击“下一步”按钮继续。

步骤 7：弹出“已准备好创建虚拟机”窗口，如图 19.18 所示，单击“完成”按钮，完成虚拟机的创建。

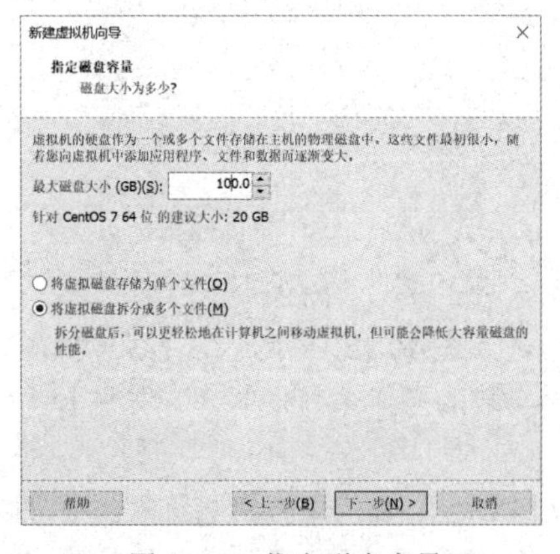

图 19.17　指定磁盘容量　　　　图 19.18　已准备好创建虚拟机

步骤 8：创建完成后，如图 19.19 所示，在虚拟机中安装操作系统。

步骤 9：当然也可以在创建虚拟机的过程中安装操作系统，在图 19.12 中选中“安装程序光盘映像文件”，单击“浏览”按钮，找到安装程序光盘映像文件，如图 19.20 所示。单击“打开”按钮，返回“安装客户机操作系统”窗口，如图 19.21 所示，单击“下一步”按钮继续。

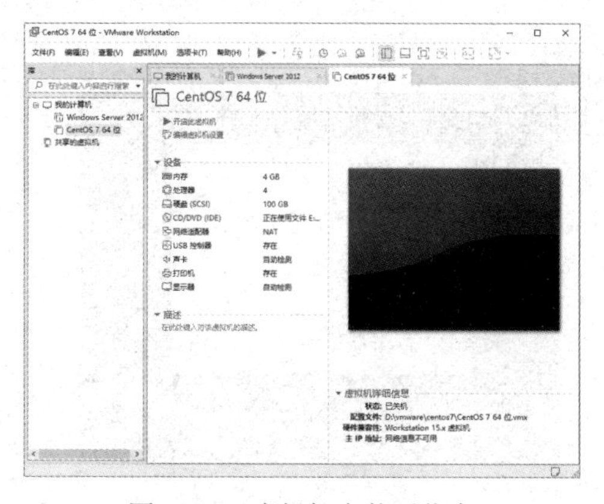

图 19.19　虚拟机安装后信息

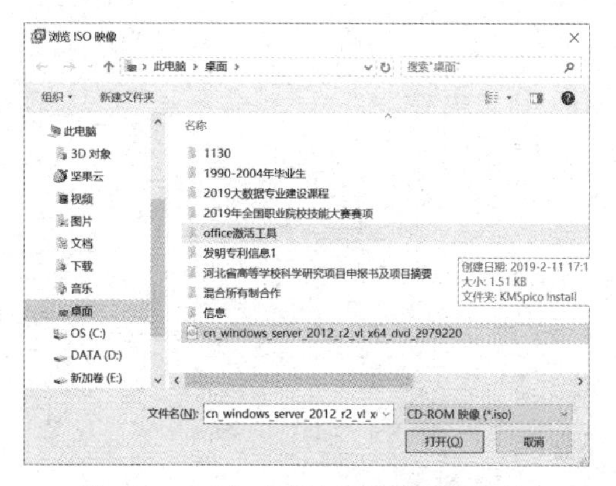

图 19.20　选择安装程序光盘映像文件

步骤 10：弹出“简易安装信息”窗口，如图 19.22 所示，在“Windows 产品密钥”框中输入该产品密钥，在“要安装的 Windows 版本”下拉框中选择安装的 Windows 版本。在此也可以不输入密钥，单击“下一步”按钮继续。

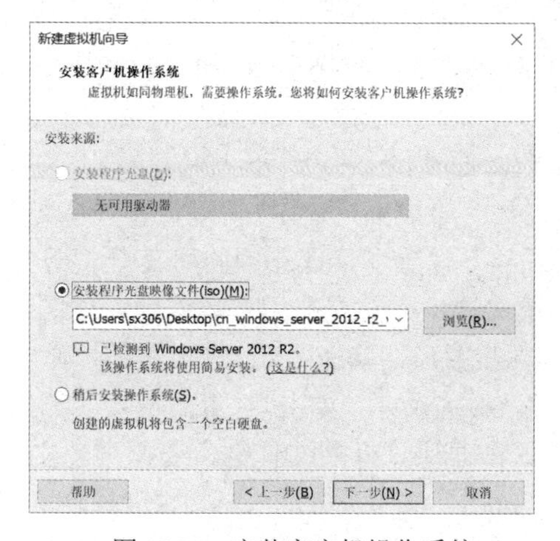

图 19.21　安装客户机操作系统

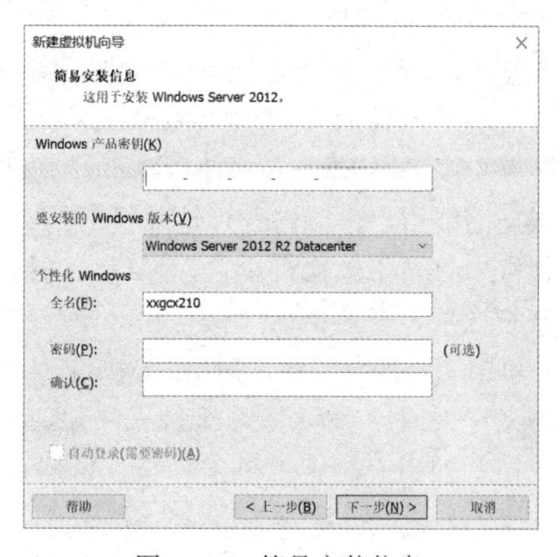

图 19.22　简易安装信息

步骤 11：弹出提示框，如图 19.23 所示，提示“您未输入 Windows 产品密钥，Windows 将在没有密钥的情况下安装，但是稍后必须手工激活。您要继续吗？”，单击“是”按钮继续。

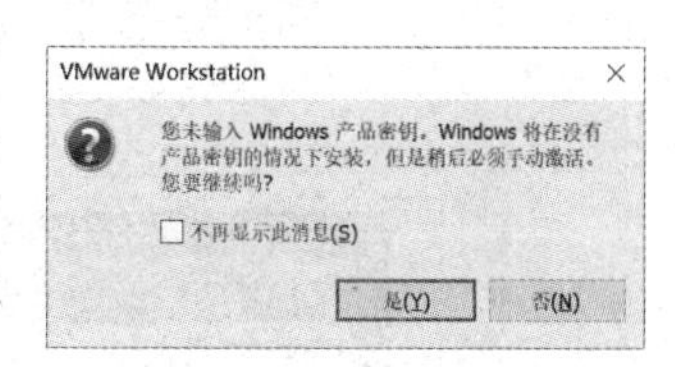

图 19.23　安装提示框

步骤 12：弹出“命名虚拟机”窗口，系统默认给虚拟机命名和设置保存位置，在这里也可以更改虚拟机名称和位置，单击“下一步”按钮继续。

步骤 13：弹出“指定磁盘容量”窗口，单击“下一步”按钮，弹出“已准备好创建虚拟机”窗口。

步骤 14：单击“自定义硬件”以自定义硬件配置。弹出“硬件”窗口，如图 19.24 所示，可以设置虚拟机内存、处理器、网络适配器等，也可以在创建完虚拟机后修改虚拟硬件设置。

步骤 15：单击“关闭”按钮，返回如图 19.18 所示的“已准备好创建虚拟机”窗口，单击“完成”按钮，虚拟机将开始准备安装 Windows Server 2012。

步骤 16：系统自动按照“复制 Windows 文件”→“准备要安装的文件”→“安装功能”→

“安装更新”→“完成”的步骤完成 Windows Server 2012 系统的安装，如图 19.25 所示。

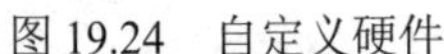

图 19.24 自定义硬件

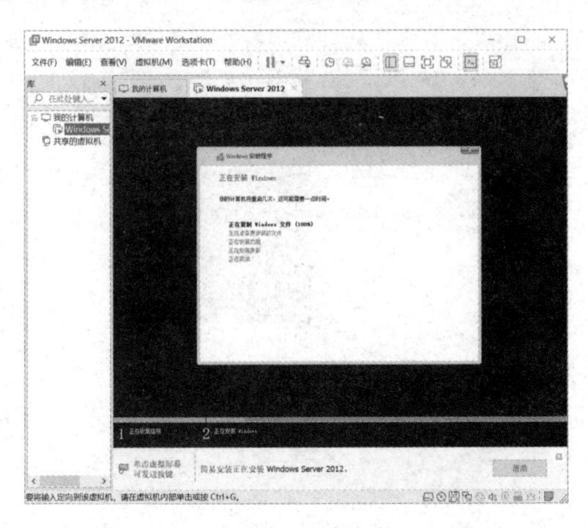

图 19.25 虚拟机开始安装 Windows

步骤 17：完成安装后，Windows Server 2012 在虚拟机中启动，如图 19.26 所示。关闭“服务器管理器”窗口，返回 Windows Server 2012 窗口。这时候在虚拟机中就运行了 Windows Server 2012，可以像一台独立主机一样使用。

步骤 18：设置虚拟机上网。VMware 上网有三种方式：直接上网、通过主机共享上网、通过 VMware 内置的 NAT 服务共享上网。

步骤 19：在 VMware 中使用物理计算机中的文件夹。

根据需要用户可以将物理计算机中的文件夹共享给虚拟机使用。可以设置共享文件夹，在虚拟机中打开“虚拟机设置”窗口，选择“选项”选项卡，在左侧的列表中选择“共享文件夹”选项，在右侧的“文件夹共享”栏中单击选中“总是启用”单选项，如图 19.27 所示。单击“添加”按钮，弹出“添加文件夹向导”窗口，单击“下一步”按钮，弹出“添加共享文件夹向导-命名共享文件夹”窗口，如图 19.28 所示，单击“主机路径”右侧的“浏览”按钮，弹出“浏览主机文件夹”窗口，显示物理计算机的文件夹，选择一个文件夹，如图 19.29 所示，如 D:\常用软件，单击“确定”按钮，返回“指定共享文件夹属性”窗口，如图 19.30 所示，选中“启用此共享”复选框。单击“完成”按钮，返回“虚拟机设置”窗口，单击“确定”按钮。

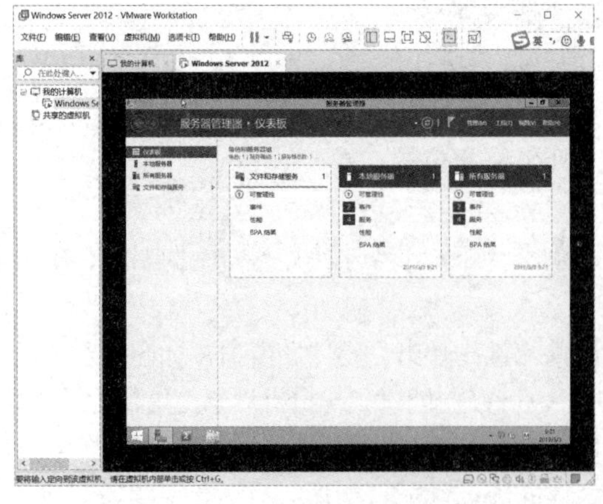

图 19.26 运行 Windows Server 2012

图 19.27 虚拟机设置-文件夹共享

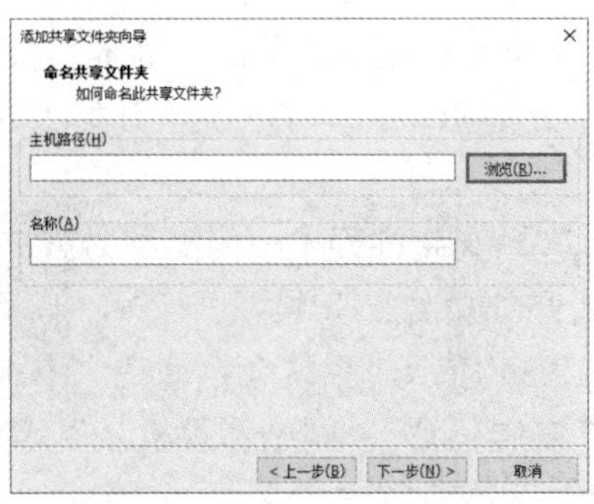

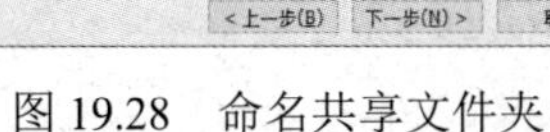

图 19.28　命名共享文件夹

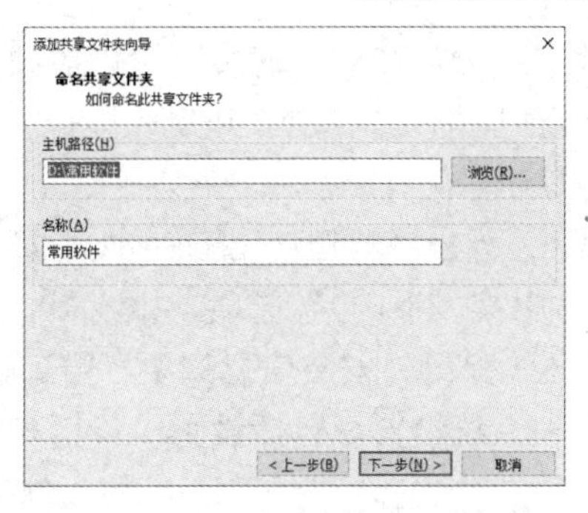

图 19.29　选择共享文件夹路径

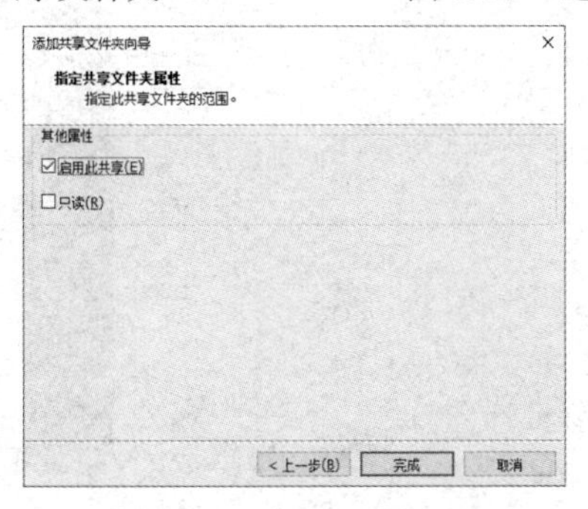

图 19.30　指定共享文件夹属性

19.3.4　在 VMware 中安装 CentOS 7 Linux 系统

在 VMware 中安装操作系统的操作与在计算机中安装操作系统基本相同，只是需要先将创建的 U 盘虚拟硬盘移除。

下面就以通过 ISO 文件安装 CentOS 7 Linux 操作系统为例进行讲解。

步骤 1：启动 VMware Workstation，打开创建好的 CentOS 7 虚拟机，单击左上角的“编辑虚拟机设置”超链接。

步骤 2：弹出“虚拟机设置”对话框，如图 19.31 所示，选择“CD/DVD”，在右侧“设备状态”框“连接”下，选中“使用 ISO 映像文件”单选项，单击“浏览”按钮，弹出“浏览 ISO 映像”窗口，如图 19.32 所示，单击找到的映像文件，再单击“打开”按钮，返回“虚拟机设置”窗口。

图 19.31　虚拟机设置

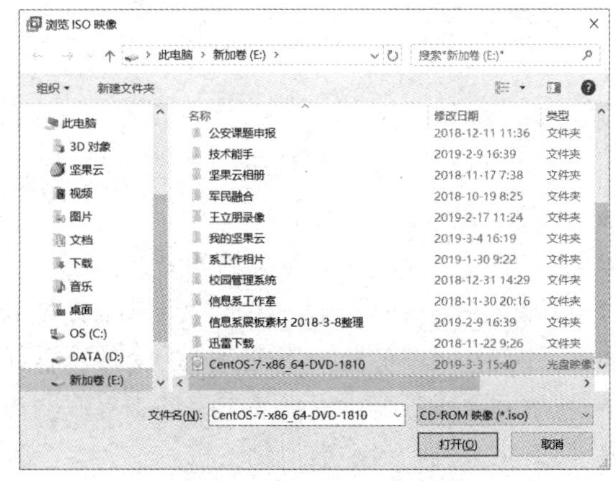

图 19.32　浏览 ISO 映像文件

步骤 3：为加快安装速度，可以更改内存、处理器等设置。单击“确定”按钮，返回 VMware 窗口，右击，选择“开启此虚拟机”命令，此虚拟机启动的同时，开始安装 CentOS 7 Linux 系统。

步骤 4：弹出“欢迎使用 CENTOS 7”窗口，选择安装过程中使用哪种语言，选择“中文”“简体中文（中国）”选项，如图 19.33 所示，单击“继续”按钮。

步骤 5：弹出“安装信息摘要”窗口，如图 19.34 所示，系统会自动完成本地化设置、软件设置和系统设置，包括设置“日期和时间”“安装位置”“网络和主机名”等信息。

图 19.33　欢迎使用 CEMTOS 7

图 19.34　安装信息摘要

其中“安装位置”显示“没有选择磁盘”，单击“安装位置”图标，弹出“安装目标位置”窗口，如图 19.35 所示，选择“本地标准磁盘”，单击“完成”按钮，返回“安装信息摘要”窗口。

单击“软件选择”图标，弹出“软件选择”窗口，如图 19.36 所示，在这里可以选择 CentOS 7 安装的基本环境和已选环境的附加选项。

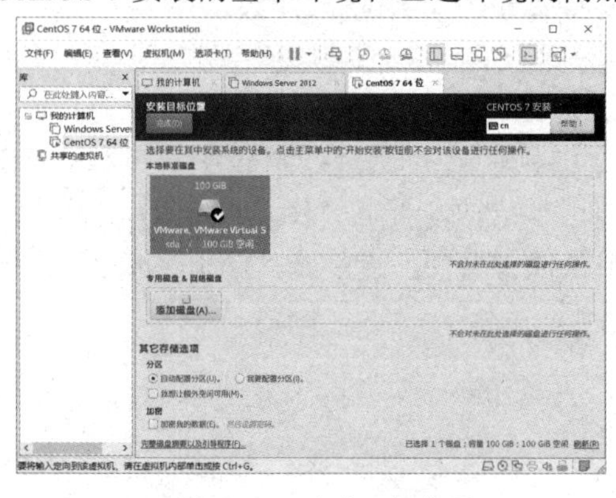

图 19.35　安装目标位置

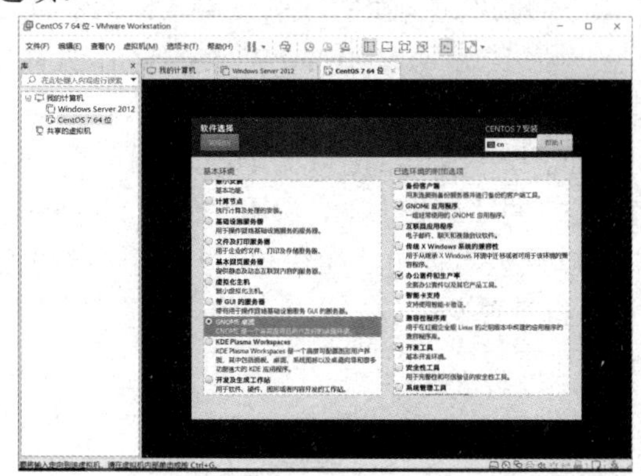

图 19.36　软件选择

- 基本环境：基本功能。
- 计算节点：执行计算及处理的安装。
- 基础设施服务器：用于操作网络基础设施的服务器。
- 文件及打印服务器：用于企业的文件、打印及存储的服务器。
- 基本网页服务器：提供静态及动态互联网内容的服务器。
- 虚拟化主机：最小虚拟化主机。
- 带 GUI 的服务器：带有用于操作网络基础设施服务 GUI 的服务器。

- GNOME 桌面：非常直观且对用户友好的桌面环境。
- KDE Plasma WorkSpaces：高度可配置图形用户界面，其中包括面板、桌面、系统图标及桌面向导和很多功能强大的 KDE 应用程序。
- 开发及生成工作站：用于软件、硬件、图形或者内容开发的工作站。

本任务在“基本环境”中选择“GNOME 桌面”，在右侧的“已选环境的附加选项”中选择“GNOME 应用程序”“办公套件和生产率”“开发工具”，选择完之后单击“完成”按钮，返回“安装信息摘要”对话框，Linux 会自动监测安装包之间的依赖关系。检测完成后，单击“开始安装”按钮。

步骤 6：弹出“配置”窗口，开始安装。同时显示没有设置 Root 密码和不会创建任何用户。

单击“ROOT 密码”，弹出“ROOT 密码”设置窗口，如图 19.37 所示，设置密码后单击“完成”按钮，返回配置窗口。

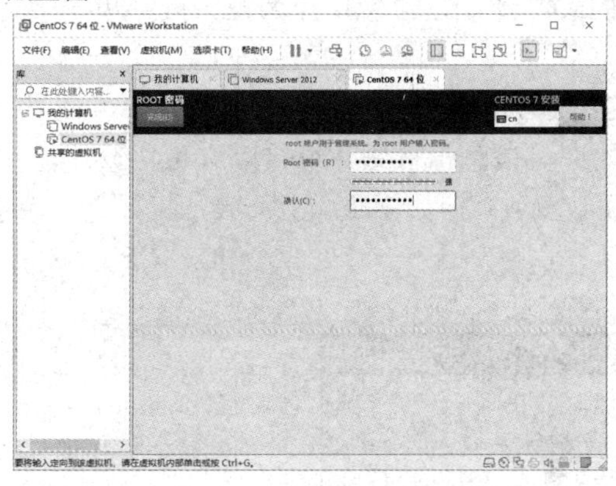

图 19.37　设置 Root 密码

步骤 7：完成安装后，系统要求重新启动，如图 19.38 所示，单击“重启”按钮。

步骤 8：系统重新启动后，进行初始设置，在安装系统前没有设置网络和主机，因此显示“未连接”，如图 19.39 所示。

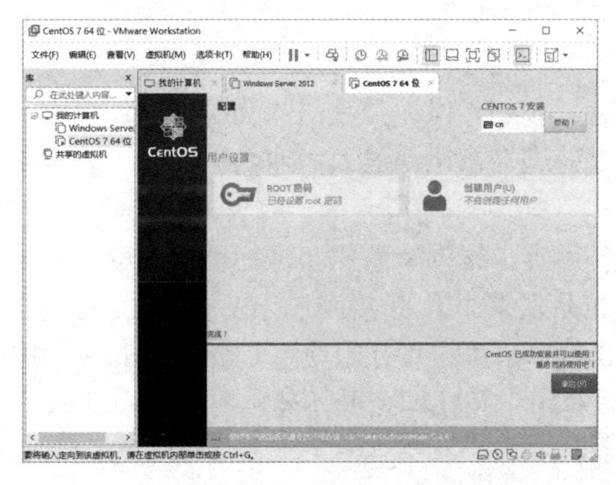

图 19.38　重新启动系统

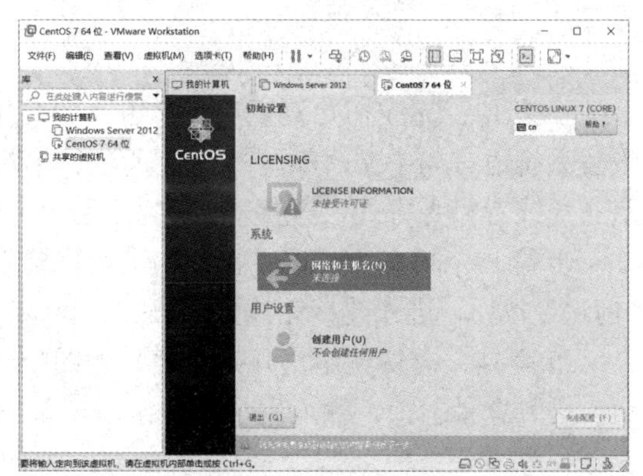

图 19.39　初始设置窗口

步骤 9：单击“网络和主机名”图标，弹出“网络和主机名”窗口，如图 19.40 所示。单击“以太网”右侧的“关闭”滑块，使其变为“打开”，同时配置 IP 地址、子网掩码、默认路由和 DNS，如图 19.41 所示。

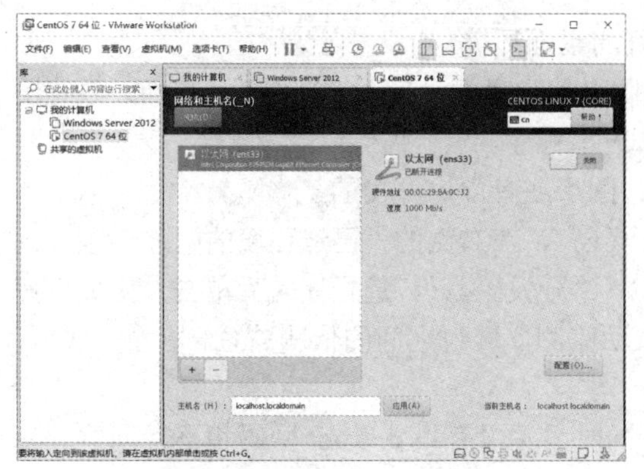

图 19.40　打开“以太网”

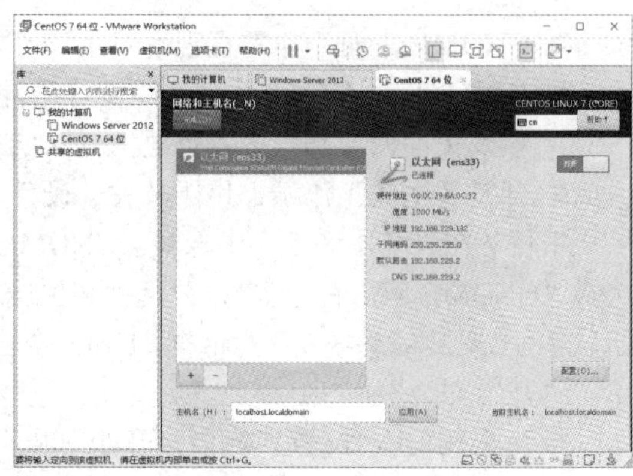

图 19.41　配置网络和主机名

步骤 10：单击“完成”按钮，返回“初始设置”窗口。单击“创建用户”图标，打开“创建用户”窗口，如图 19.42 所示，设置用户名及密码。单击“完成”按钮，返回“初始设置”窗口。

步骤 11：单击“LICENSE INFORMATION（未接受许可证）”图标，打开“许可信息”窗口，这里是一些软件的许可信息，首先你得接受许可协议才能使用这些软件，所以勾选左下方的“我同意许可协议（A）”，如图 19.43 所示。配置完成后单击“完成”按钮即可。

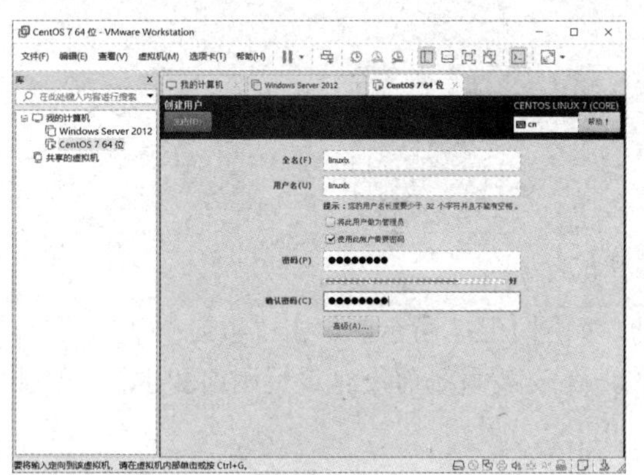

图 19.42　创建用户

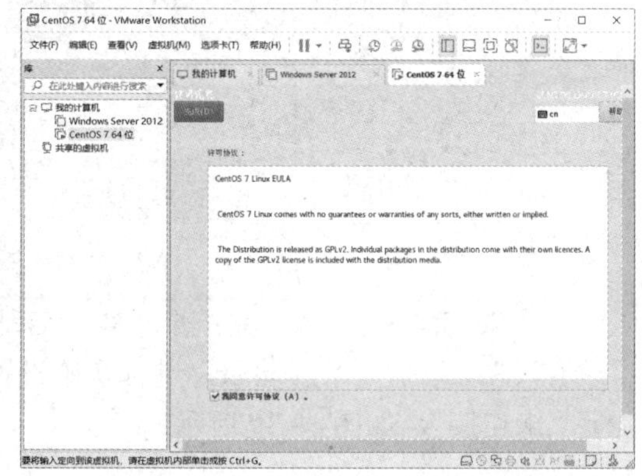

图 19.43　许可信息

步骤 12：完成初始设置后，单击“完成配置”按钮，登录后便进入系统的欢迎界面，设置系统语言为中文，如图 19.44 所示。单击“前进”按钮，进入“输入”窗口，选择键盘布局或者输入方式，设置输入键盘为汉语即可。

步骤 13：单击“前进”按钮。进入位置服务设置，根据个人需要进行设置即可。单击“前进”按钮，进入连接在线账号设置，该选项也是依据个人需求而定，也可选择“跳过”。

步骤 14：一切就绪，开始用吧！如图 19.45 所示，单击“开始使用 CentOS Linux”按钮，进入登录窗口，输入用户名和密码，单击“登录”按钮即可开始使用 CentOS Linux。

19.3.5　安装 VMware Tools

用户在使用虚拟操作系统进行操作时，经常需要在虚拟系统和本机系统之间进行切换，此时需要频繁地按下“Ctrl+Alt”组合键。为了解决虚拟系统和本机系统之间的切换，VMware

提供了一个 VMware Tools 工具。

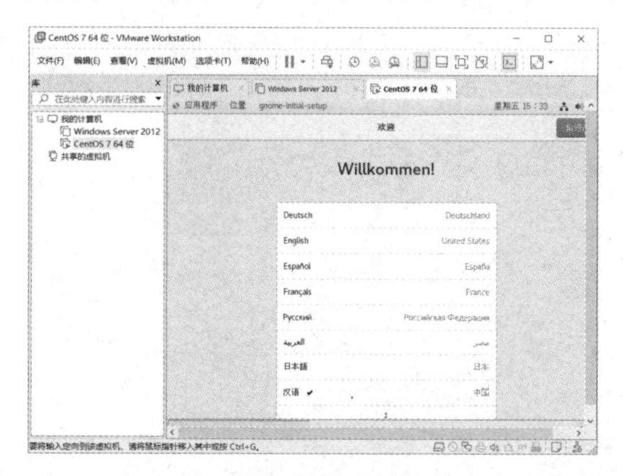

图 19.44　设置系统语言

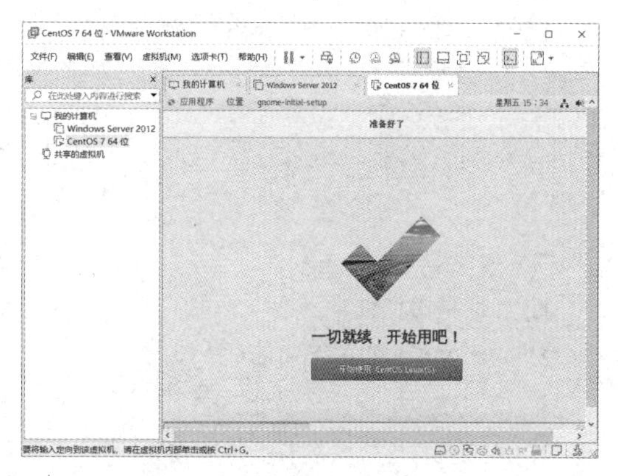

图 19.45　虚拟机重新启动

VMware Tools 是虚拟机 VMware Workstation 自带的一款工具，主要实现虚拟硬件的驱动、鼠标的无缝移出移入、共享剪贴板、共享主机上的文件夹等功能。它能使物理主机与虚拟机之间的文件共享，同时支持自由拖曳文件，鼠标也可以在虚拟机与主机之间自由移动（不用再按“Ctrl+Alt”组合键），且虚拟机的屏幕也可以实现全屏化。

步骤 1：启动并登录虚拟机中的 Windows Server 2012，单击“虚拟机”→“安装 VMware Tools”菜单命令。此时在虚拟机系统的光驱里会自动载入 VMware Tools 文件的镜像，双击光驱自动播放。

步骤 2：在安装过程中如弹出“安装程序无法继续，Microsoft Runtime DLL 安装程序未能完成安装”，出现这个问题的时候不要单击“确定”按钮，按“win+R”组合键调出“运行”程序，输入“%temp%”，进入 C:\Users\ ADMINI~1\AppData\Local\Temp，找到类似{537B7F85- 2B95-44ED -8D90-765F6F36D666}~setup，以~setup 结尾的文件夹，进入该文件夹，运行里面的程序进行安装即可。

步骤 3：弹出“欢迎使用 VMware Tools 的安装向导”窗口，单击“下一步”按钮，弹出“选择安装类型”窗口，从中选择 VMware Tools 的安装类型，本任务选择“典型安装”，如图 19.46 所示。

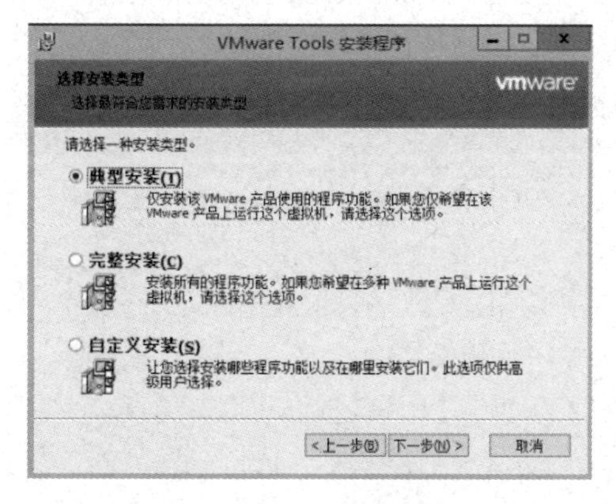

图 19.46　选择安装类型

步骤 4：单击“下一步”按钮，开始复制文件，安装完成后，系统提示用户需要重新启动计算机才能使 VMware Tools 配置生效。

步骤 5：单击“Yes”按钮，重新启动虚拟机后，可以看到“任务栏”右下角的通知区域中多了一个 VMware Tools 图标。

习　题

一、简答题

1. 什么是虚拟机？
2. 常用的虚拟机产品有哪些？
3. 使用虚拟机有什么好处？
4. 虚拟机与虚拟系统有哪些区别？
5. VMware 虚拟机下如何设置 BIOS？
6. 如何实现虚拟机下系统与实际计算机系统中鼠标的切换？
7. 如何实现虚拟机操作系统中的截图？
8. 在虚拟机下安装 Windows Server 2012 系统需要准备什么？

二、实训题

1. 王博是一名嵌入式专业的学生，他有一台笔记本电脑，目前安装的是 Windows Server 2008 系统，由于学习需要在笔记本电脑上安装 Linux 与 Windows Server 2012 系统，他实验多次，如果在自己的笔记本电脑上同时安装三个操作系统会造成系统频繁死机，请问如何解决上述问题？王博同学有如下要求：

（1）在不破坏 Windows Server 2008 系统的前提下进行；

（2）Windows Server 2012 系统要求内存 500MB 以上，硬盘 80GB 以上；

（3）能够实现系统之间的通信；

（4）在 Windows Server 2012 与 Linux 系统下可以上网。

2. 在实训 1 中我们提到王博提出了四个要求，在实训任务 1 后我们的任务是安装、创建并且设置一个虚拟机环境。本次的实训任务如下：

（1）创建一个 mywin8 虚拟机；

（2）完成在 mywin8 虚拟机上安装 Windows Server 2012 操作系统；

（3）创建一个 mylinux 虚拟机；

（4）查阅资料完成在 mylinux 虚拟机上安装 Redhat Linux 7.2 操作系统。

任务20 使用常用工具软件

知识目标

- 熟悉压缩文件的格式；
- 熟悉光盘的种类和光盘刻录的方式；
- 熟悉计算机病毒的特点、危害、种类和预防方法；
- 熟悉计算机病毒的检测方法和清除方法；
- 熟悉常见即时通信软件及其主要功能；
- 熟悉常见的音频格式和音频工具软件；
- 熟悉常见的视频格式和视频工具软件。

技能目标

- 能使用压缩工具对文件进行压缩和解压缩；
- 能够运用刻录工具制作不同类型的光盘。

20.1 任务描述

在日常使用计算机的过程中，经常会涉及各种应用，如从网上下载各种网络资源、压缩打包各种文件、将数据文件刻录成光盘进行存储、查杀计算机感染的病毒和木马、使用即时通信软件进行网上交流、播放音乐和观看视频、恢复丢失的文件等。

随着应用软件市场的不断发展，各类应用软件都很丰富，功能也不尽相同，用户需要掌握如何选择合适的工具软件并熟练运用各种工具软件。

20.2 相关知识

20.2.1 压缩工具简介

数据压缩是指应用一种或多种算法对源数据进行处理来减少源数据的数量；解压缩是指运用一种或多种算法，对被压缩过的数据进行处理，复原原来数据。数据压缩分为无损压缩和有损压缩，衡量压缩算法优劣的是压缩比。人们利用各种各样的压缩算法研制出来了许多压缩工具，常见的压缩工具软件如下。

（1）WinRAR 压缩软件。WinRAR 是一款功能强大的文件压缩/解压缩工具，支持目前绝大多数的压缩文件格式，包含强力压缩、分卷、加密和自解压模块。

WinRAR 具有简单易用、压缩比率高、压缩速度快的特点，压缩比率高达 50%以上，是压缩/解压缩 RAR 格式文件的首选软件。WinRAR 既可以解开 ZIP 格式的压缩文件，又可以生成 ZIP 压缩格式的文件。RAR 格式一般要比 WinZIP 的 ZIP 格式高出 10%～30%的压缩率。

WinRAR 完全支持市面上最通用的 RAR 及 ZIP 压缩格式，并且还可以支持 CAB、ARJ、LZH、TAR、GZ、ACE、UUE、BZ2、JAR、ISO 等多种类型的压缩文件。除支持这些压缩格式的解压缩功能外，还有分片压缩、资料恢复、资料加密等功能，并且可以将压缩文件储存为自动解压缩文件，方便他人使用。

（2）360 压缩软件。360 压缩是新一代的压缩软件，永久免费，相比传统压缩软件更快、更轻巧，支持解压主流的 RAR、ZIP、7Z、ISO 等多达 40 种类型的压缩文件。360 压缩内置云安全引擎，可以检测木马，更安全。360 压缩的主要特点是快速轻巧、兼容性好、更安全、更漂亮，大幅简化了传统软件的烦琐操作，还改进了超过 20 项的使用细节，拥有全新的界面。

（3）好压（HaoZip）压缩软件。HaoZip 压缩软件是一款强大的压缩文件管理器，是完全免费的新一代压缩软件，相比其他压缩软件占用系统资源更少，有更好的兼容性，压缩率比较高。

HaoZip 压缩软件的功能包括强力压缩、分卷、加密、自解压模块、智能图片转换、智能媒体文件合并等。使用简单方便，配置选项不多，在资源管理器中就可以完成所有工作，并且具有估计压缩功能，可以在压缩文件之前得到用 ZIP、7Z 两种压缩工具的各三种压缩方式下的大概压缩率；还具有强大的历史记录功能、固实压缩、智能图片压缩和多媒体文件处理功能。

此外，还有微压、快压、风云压缩器、WinZIP、2345 好压等多达数十种压缩工具，用户可以根据自己的使用习惯和软件的功能特性进行选择。

20.2.2 杀毒工具简介

计算机病毒是指一种能够通过自身复制传染，起破坏作用的计算机程序，它通过非授权入侵并隐藏在可执行程序或数据文件中，在特定的条件下开始运行并对计算机系统进行破坏。

目前，国内外的杀毒软件有很多，比较常用的有 360 杀毒、腾讯电脑管家、金山毒霸、瑞星、赛门铁克、卡巴斯基等，在使用杀毒软件时一定要及时更新其病毒库，以保证能对最新的病毒进行查杀。

（1）360 杀毒。360 杀毒是 360 安全中心出品的一款免费的云安全杀毒软件。它创新性地整合了五大领先查杀引擎，包括国际知名的 BitDefender 病毒查杀引擎、Avira（小红伞）病毒查杀引擎、360 云查杀引擎、360 主动防御引擎，以及 360 第二代 QVM 人工智能引擎。

360 杀毒具有查杀率高、资源占用少、升级迅速等优点。零广告、零打扰、零胁迫，一键扫描，快速、全面地诊断系统安全状况和健康程度，并进行精准修复，带来安全、专业、有效、新颖的查杀防护体验。其防杀病毒能力得到多个国际权威安全软件评测机构认可，荣获多项国际权威认证。据艾瑞咨询数据显示，360 杀毒月度用户量已突破 3.7 亿，一直稳居安全查杀软件市场份额头名。

（2）腾讯电脑管家。腾讯电脑管家（Tencent PC Manager/原名 QQ 电脑管家）是腾讯公司推出的免费软件，拥有云查杀木马、系统加速、漏洞修复、实时防护、网速保护、电脑诊所、健康小助手、桌面整理、文档保护等功能。在针对网络钓鱼欺诈及盗号打击方面和安全防护及病毒查杀方面的能力已达到国际一流安全查杀软件水平。除了腾讯电脑管家，腾讯公司还开发了腾讯手机管家，用于移动端的管理与病毒查杀。

（3）金山毒霸。金山毒霸（Kingsoft Antivirus）是中国著名的反病毒软件。金山毒霸融合了启发式搜索、代码分析、虚拟机查毒等经业界证明成熟可靠的反病毒技术，使其在查杀病毒种类、查杀病毒速度、未知病毒防治等多方面达到世界先进水平，同时金山毒霸具有病毒防火墙实时监控、压缩文件查毒、查杀电子邮件病毒等多项先进的功能。紧随世界反病毒技术的发展，为个人用户和企事业单位提供完善的反病毒解决方案。从 2010 年 11 月 10 日起，金山毒霸（个人简体中文版）的杀毒功能和升级服务永久免费。

（4）瑞星杀毒软件。瑞星杀毒软件（Rising Antivirus，RAV）采用获得欧盟及中国专利的六项核心技术，形成全新软件内核代码，其“整体防御系统”可将所有互联网威胁拦截在用户计算机以外。瑞星杀毒软件深度应用“云安全”的全新木马引擎“木马行为分析”“启发式扫描”等技术，保证将病毒彻底拦截和查杀，再结合“云安全”系统的自动分析处理病毒流程，能第一时间极速地将未知病毒的解决方案实时提供给用户。

20.2.3 即时通信软件简介

即时通信软件是指通过即时通信技术来实现在线聊天、交流的软件，随着新一代信息技术的不断发展，其功能日益丰富，逐渐升级为软件集成管理平台。即时通信软件有两种架构形式，一种采用 C/S 架构，即客户端/服务器形式，用户使用时需要下载安装客户端软件，典型的代表有微信、QQ、钉钉、阿里旺旺等。另一种采用 B/S 架构，即浏览器/服务器端形式，这种形式的即时通信软件直接借助互联网媒介，客户端无须安装任何软件，即可以体验与服务器端的沟通对话，典型的代表有京东客服、旺旺在线等。

（1）QQ。QQ 是腾讯公司开发的一款基于 Internet 的即时通信（IM）软件，支持在线聊天、视频电话、点对点断点续传文件、共享文件、网络硬盘、自定义面板、QQ 邮箱等多种功能，并可与移动通信终端以多种通信方式相连。QQ 是目前使用最广泛的聊天软件之一。

（2）微信。微信（WeChat）是腾讯公司于 2011 年 1 月 21 日推出的一个为智能终端提供即时通信服务的免费应用程序，同时支持在 PC 端使用。微信支持跨通信运营商、跨操作系统平台通过网络快速发送免费（需消耗少量网络流量）语音短信、视频、图片和文字，同时，也可以使用通过共享流媒体内容的资料和基于位置的社交插件“摇一摇”“漂流瓶”“朋友圈”“公众平台”“语音记事本”等服务插件。微信提供公众平台、朋友圈、消息推送等功能，用户可以通过“搜索号码”“附近的人”、扫二维码等方式添加好友和关注公众平台，同时还可以将内容分享给好友以及将用户看到的精彩内容分享到微信朋友圈。

（3）钉钉。钉钉（DingTalk）是阿里巴巴集团专为中国企业打造的免费沟通和协同的多端平台，提供 PC 版、Web 版、Mac 版和手机版，支持手机和计算机间文件互传。钉钉帮助企业通过系统化的解决方案（微应用），全方位提升企业沟通和协同效率。

（4）阿里旺旺。阿里旺旺是淘宝和阿里巴巴为商人、网购用户量身定做的免费网上商务沟通软件，可以帮助用户轻松找客户，发布、管理商业信息，及时把握商机，随时洽谈做生意，使用简捷方便。它包含阿里旺旺（淘宝版）、阿里旺旺（贸易通版）、阿里旺旺（口碑网版）三个版本，提供了互通聊天、动态表情、截屏发图等功能，已经被越来越多的商业用户、网购用户所使用。

随着移动互联网的发展，互联网即时通信也在向移动化方向扩张，阿里、微软、腾讯、Yahoo 等重要即时通信提供商都提供通过手机接入互联网进行即时通信的业务，用户可以通过手机与其他已经安装了相应客户端软件的手机或计算机收发消息。

20.2.4 刻录工具简介

为了更好地将各种类型的数据文件保存起来，可以借助光盘刻录软件方便地实现数据的光盘存储。由于刻录机的工作是通过刻录软件来实现的，所以刻录机的工作状态和刻录软件有着非常密切的关系。目前刻录软件中较为出名的有Nero Burning Rom和Adaptec Easy CD Creater 等。

（1）Nero Burning Rom。这是功能非常全面的刻录软件，支持的刻录机数目最多，从内置到外置都能很好地支持。该软件更新速度很快，是目前支持光盘格式最丰富的刻录工具之一，它可以制作数据 CD、Audio CD 或包含音轨和数据两种模式的混合 CD；还可以制作 Video CD、Super Video CD、可引导系统的启动光盘、Hybrid 格式 CD 和 UDF 格式 CD 等。它还支持长文件名的烧录，可以将所有的文件直接存成.nrg 格式的 ISO Image 文档，方便多次烧录及保存资料。

（2）Adaptec Easy CD Creator。Adaptec Easy CD Creator 是较为简单的刻录软件，能完成大部分的刻录工作，但对外置刻录机的支持度就稍微差一些，如并口和 USB 接口的都不太理想，经常在关闭盘片时停顿或失败。

20.2.5 音视频播放软件简介

音频和视频是用户日常生活中经常接触到的多媒体文件，通常所说的音频是指存储在计算机或网络中的声音文件，可以用音频软件进行播放。常见的音频文件格式包括 CD、WAVE、AIFF、AU、MP3、MIDI、WMA、RealAudio、VQF、OggVorbis、AAC、APE、AMR 等。通常所说的视频又称影片、视讯、视像、录像、动态影像，包括在计算机本地和网络中播放的两种类型。常见的视频文件格式包括 DAT、RA、RM、RMVB、MOV、AVI、WMV、MPG、MPEG、FLV、F4V、FLV1、3GP、MP4、AMV、SWF、ASF、DIVX、XVID、3GP2、MPEG1、MPEG2、MPEG3、MPEG4、H264 等。

1. 常见音频播放软件

常见的音频播放软件有百度音乐、QQ 音乐、酷我音乐盒和酷狗音乐等。

（1）百度音乐（原千千静听）。百度音乐是百度公司针对千千静听重新打包整合的一个全新音乐类客户端产品，目前已涵盖数百万正版 MV 资源，可以给用户提供全方位的音乐体验。

（2）QQ 音乐。QQ 音乐是腾讯公司推出的网络音乐平台，是中国互联网领域正版数字音乐服务的领先平台，同时也是一款免费的音乐播放器。QQ 音乐始终走在音乐潮流最前端，向广大用户提供方便流畅的在线音乐和丰富多彩的音乐社区服务。

（3）酷我音乐盒。酷我音乐盒是一款融歌曲和 MV 搜索、在线播放、同步歌词为一体的音乐聚合播放器，是国内首创的聚合多种音乐资源的播放软件，具有“全”“快”“炫”三大特点。

（4）酷狗音乐。酷狗（KuGou）音乐是国内最大也是最专业的 P2P 音乐共享软件之一，主要提供在线文件交互传输服务和互联网通信，采用了 P2P 的先进构架设计研发，为用户设计了高传输效果的文件下载功能。通过它能实现 P2P 数据分享传输，可以方便、快捷、安全地实现音乐查找、即时通信、文件传输、文件共享等网络应用。

此外，还有网易云音乐、微软 Zune 播放器、Winamp 播放器、多米音乐、搜狗音乐盒、谷歌音乐盒等多种音频播放工具软件，用户可以根据自己的习惯和偏好来选择。

2. 常见视频播放软件

常见的视频播放软件有暴风影音、迅雷看看、QQ 影音、百度影音等。

（1）暴风影音。暴风影音软件是由北京暴风网际科技有限公司推出的视频播放软件，采用 NSIS 封装，为标准的 Windows 安装程序，提供对常见绝大多数影音文件和流媒体文件的支持。

（2）迅雷看看。迅雷看看是迅雷公司推出的一款基于 P2P Streaming 技术的播放软件，向用户提供包括电影、电视剧、动漫、综艺等各类节目播放、电视台线上直播、高清晰下载等服务。

（3）QQ 影音。QQ 影音是由腾讯公司推出的一款支持任何格式影片和音乐文件的本地播放器。QQ 影音首创轻量级多播放内核技术，安装包小，CPU 占用少，播放更加流畅清晰，支持所有的视频和音乐文件格式。QQ 影音同时还支持视频截图、剧情连拍、视频截取、GIF 截取、音视频转码、音视频压缩和合并等功能。

（4）百度影音。百度影音是由百度公司推出的一款播放器，支持主流媒体格式的视频、音频文件，可实现本地播放和在线点播，提供视频截取、自动添加相似视频文件、边下载边播放等功能。

此外，还有各大视频网站推出的视频播放工具，如优酷客户端、搜狐视频客户端、PPS 影音、PPTV 客户端、CNTV 客户端等视频播放工具，用户可以根据自己的偏好和习惯来选择。

20.3 任务实施

20.3.1 使用压缩工具

1. 建立新压缩文件

建立一个新压缩文件的过程是：选择要被压缩的文件，右击，在弹出的快捷菜单中选择“WinRAR”→“添加”命令，输入要建立的新压缩文件名称，选择压缩方式进行压缩。或者双击 WinRAR 图标启动 WinRAR 程序，如图 20.1 所示，单击“添加”按钮可以直接进行操作，系统自动输入与原文件相同的文件名，如图 20.2 所示。压缩的格式可以选择 RAR，也可以选择 ZIP；压缩的方式有很多种，可以通过单击下拉列表进行选择，一般选择“标准”方式。单击“确定”按钮就完成了对文件的压缩工作，并得到压缩文件，如图 20.3 所示。

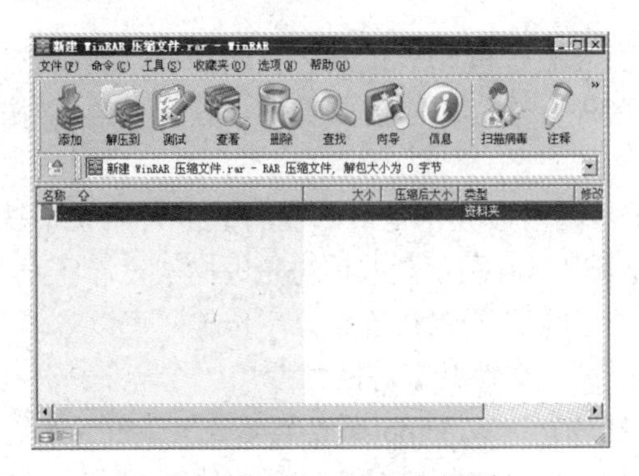

图 20.1　WinRAR 主界面

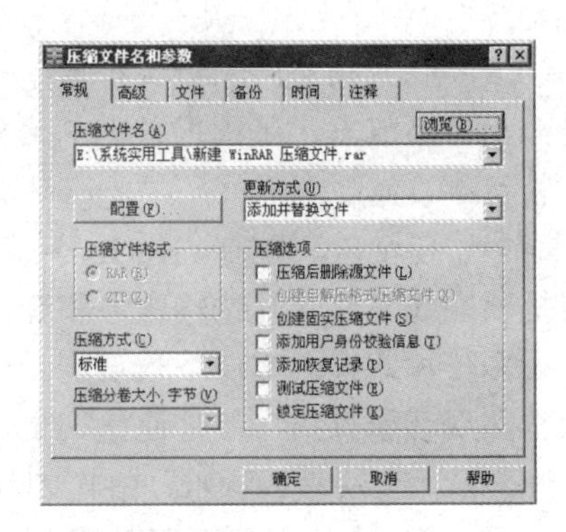

图 20.2　压缩文件

2．解压缩文件

压缩文件的目的是传输时减小文件的尺寸。压缩文件只有传输和保存时有用，真正使用时还要将其解开，即还原成原来的样子，如图 20.4 所示，选择要解压缩的目标地址，单击“确定”按钮即可解压缩。

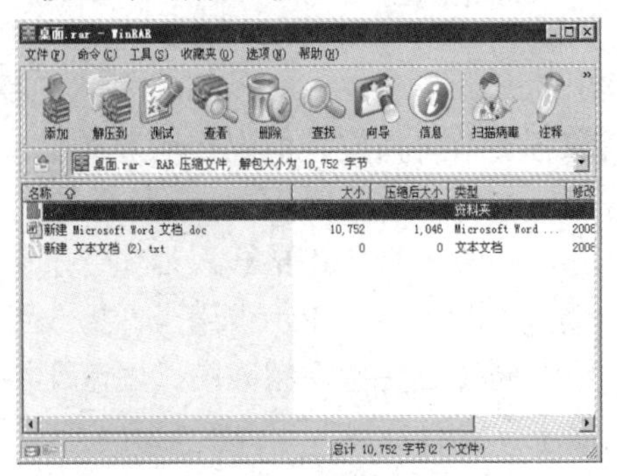

图 20.3　压缩文件

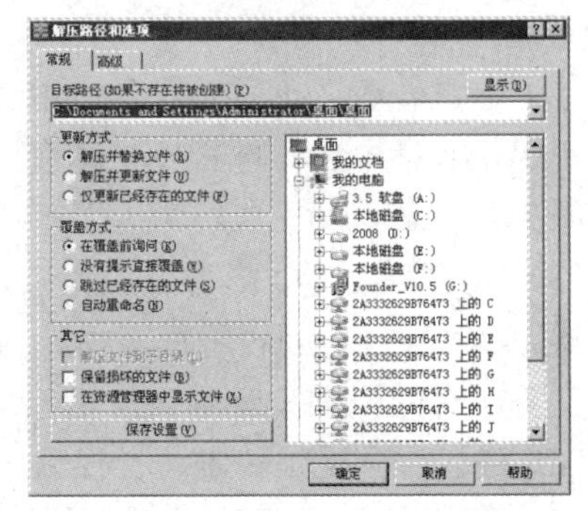

图 20.4　解压缩文件

3．创建自解压缩文件

压缩文件的扩展名是.rar，该类文件需要使用 WinRAR 程序进行解压缩，如果没有安装 WinRAR 程序，就无法解压缩。WinRAR 提供了一种自解压缩功能，它首先将 RAR 文件转换成 EXE 文件，直接执行 EXE 文件就能自动解压缩。

在压缩文件时，勾选“压缩选项”中的“创建自解压”格式压缩文件选项，创建的压缩文件就成为自解压缩文件了。双击自解压缩文件，设置解压缩的目的地址即可还原压缩前的文件，如图 20.5 所示。

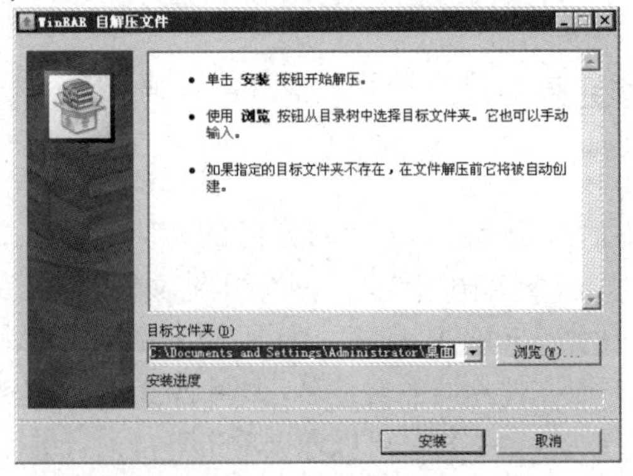

图 20.5　自解压缩文件

20.3.2 使用刻录工具

1. 刻录数据光盘

在 Nero 最基本的数据刻录功能中，提供了 CD、DVD、Blu-ray 光盘的刻录功能，也提供了复制光盘和 DVD 功能，可以根据自己的实际需要来进行选择。本节以 Nero Burning ROM 12 版本为例进行介绍。

步骤 1：在工具栏上单击“新建”按钮，打开“新编辑”对话框，如图 20.6 所示，在左侧上方的下拉列表中选择刻录的盘片类型（CD/DVD/Blu-ray），选择光盘数据类型为“CD-ROM（UDF）”，单击右侧的“新建”按钮。将需要刻录的文件或文件夹拖曳到左边的列表中，在列表底部可查看到已经添加的数据容量，容量一定不要超过刻录盘的指定容量，否则将无法进行刻录，如图 20.7 所示。

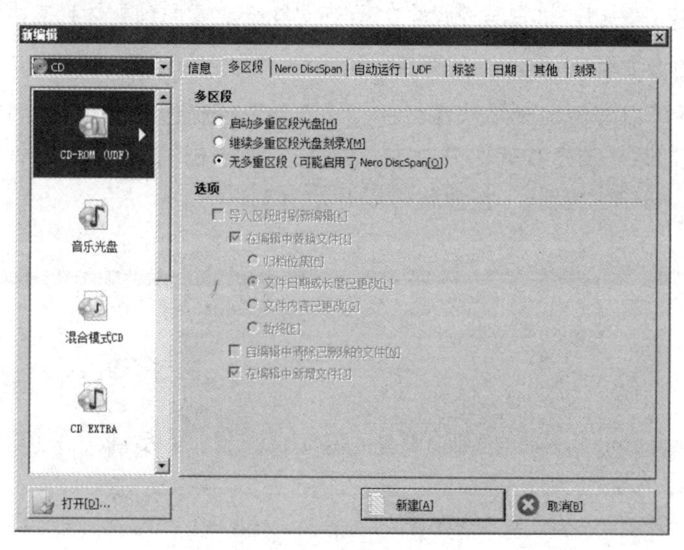

图 20.6 刻录光盘

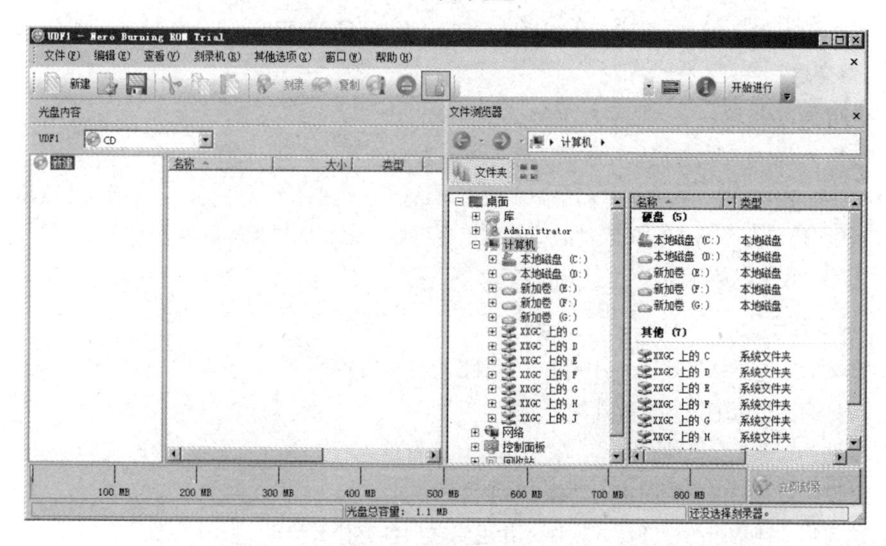

图 20.7 添加数据

步骤2：选择工具栏上刻录机列表中的刻录器，单击底部的“立即刻录”按钮即可开始刻录了。在刻录的过程中请尽量不要执行其他操作，以免影响刻录的正常运行而导致刻录失败。

2．制作音频CD

Nero可制作的音频CD包括普通的音频光盘、MP3光盘和WMA光盘。Nero内置了WMA、MP3、AAC、VQF、PCM、WAV等常用的音频格式编码器，可直接用它来进行音频转换，以制作各种格式的音频光盘。

刻录音频CD的方法和刻录普通数据光盘的方法类似，选择刻录的光盘数据类型为“音乐光盘”，只是将普通的数据文件换成音频文件即可。

3．制作启动CD

选择刻录的光盘数据类型为“CD-ROM（启动）”，选择“启动”选项卡，设置映像文件（默认为Nero安装路径下的DosBootimage.IMA文件），切换到“标签”选项卡，设置光盘名称，单击“新建”按钮，将安装光盘中的所有文件全部添加到文件列表中即可开始刻录。

4．刻录映像文件

利用Nero可以方便地刻录映像文件，只需要选择制作映像功能，添加映像文件，选择速率即可刻录。而复制光盘就更简单了，先选择源驱动器，再选择目标驱动器，在下面选择刻录的份数，单击“复制”按钮就可以开始复制。

习　题

一、选择题

1．NeroBurning Rom主界面的底部是刻录光盘大小与进度标尺条，标尺条上有一条黄线和一条红线，黄线表示光盘的大小为（　　）。

A．600MB　　B．650MB　　C．700MB　　D．750MB

2．下列选项中（　　）不是杀毒软件。

A．赛门铁克　　B．金山毒霸　　C．ZoneAlarm　　D．瑞星

二、填空题

1．使用WinZip________处理RAR格式的压缩文件。

2．使用WinZip对文件进行压缩后，其扩展名为________。

3．在WinRAR的“档案文件名字和参数”对话框中，通过选择________选项来生成压缩后的EXE文件，这样即使在没有WinRAR软件的计算机上也可以对该文档进行解压缩。

4．WinRAR可以解压缩________格式的文件。

三、简答题

1．常见的文件压缩工具软件有哪些？它们各有什么特点？

2．常见的文件压缩方式有哪几种？

3．常见的刻录工具软件有哪些？它们各有什么特点？

4．试说明即时通信软件的常用功能有哪些？

5．试列举几种常用的音频播放软件，并说明它们各有什么特点。

6．试列举几种常用的视频播放软件，并说明它们各有什么特点。

学习情境 4

计算机的日常维护及故障处理

从前面的 3 个学习情境中我们认识了计算机的主要硬件，学习了硬件的组装与拆卸过程，学会了计算机系统的安装与维护。在现实生活中同样的计算机由不同的人使用，可能寿命及计算机的速度都是不一样的，因为这涉及计算机硬件和软件系统的维护。计算机系统的日常维护分为 3 个任务。

任务 21：计算机日常维护

任务 22：处理计算机常见故障

任务 23：维护计算机外设

任务21 计算机日常维护

知识目标

- 了解计算机硬件维护的基本知识；
- 了解计算机使用的日常注意事项；
- 了解计算机软件维护的常见工具。

技能目标

- 能熟练使用常用的清洁、维护工具；
- 能对计算机硬件进行日常维护操作；
- 能对计算机软件进行日常维护操作。

21.1 任务描述

对一台家用台式计算机的各个主要部件进行基本的硬件维护操作，可以降低计算机硬件系统的故障率；对家用台式计算机的软件系统进行基本的维护操作，可以确保计算机性能正常发挥，保证计算机系统长期稳定地工作。

21.2 相关知识

同型号的计算机有人用了几年都照样运转良好，而有人用了不到半年就经常发生运行速度慢、蓝屏、死机，甚至不能启动等状况，关键就在于日常对计算机的维护和保养有没有做好。本任务主要介绍计算机硬件日常使用过程中的注意事项及如何对硬件进行日常的保养和维护操作，以及计算机软件系统的日常维护操作。

21.2.1 保持良好的工作环境

环境对计算机寿命的影响是不可忽视的，要使自己的计算机长期稳定运行，必须注意如下事项。

（1）控制温度。计算机理想的工作温度是10～21℃，太高或太低都会影响计算机配件的寿命。计算机应摆放在宽敞的空间内，周围要保留散热空间，不要与其他杂物混放。

（2）防尘。空气中灰尘含量对计算机影响也较大，灰尘太多，天长日久就会腐蚀各配件和电路板；含量过少，则会产生静电反应。显示器是一个极强的“吸尘器”，显示器内部灰尘厚积，天气转潮时，容易导致电路板短路等损坏显示器的事故。

计算机应放置于整洁的房间内，尤其是计算机工作台要定期除尘。灰尘几乎会对计算机的所有配件造成不良影响，从而缩短其使用寿命或影响其性能。应定期对机箱内部、滚轮鼠标的滚轮和滚轴、光电鼠标的底部四个护垫等进行除尘。不要用酒精或洗衣粉等擦拭显示器屏幕，如果有需要可以用清水，但清水一定要吸附于纸巾或抹布之上，不可以让清水流进任何配件之内。

（3）防磁。计算机周围严禁磁场，磁场会对显示器、磁盘等造成严重影响。音箱尽量不要置于显示器附近，不要将磁盘放置于音箱之上。电磁干扰来源主要是音响设备、电机、大功能电器、电源，以及较大功率的变压器，如 UPS、电视机、电冰箱，甚至日光灯等。定期（如一个月等）使用显示器上的消磁按钮进行消磁，但注意千万不要频繁地使用它。

（4）控制湿度。理想的湿度环境为 30%～80%的相对湿度。湿度太高会影响一些配件性能的发挥，甚至造成一些配件的短路；湿度太低则容易产生静电。不要在电脑桌上放置茶杯，更不能将其置于主机、显示器、键盘之上，一旦水洒到上面，后果严重。

另外，计算机在长时间没有使用的情况下，由于潮湿或灰尘、汗渍等，会引起计算机配件的损坏。建议定期开机运行一下，以便驱除主机内的潮气。

（5）防静电。环境干燥的情况下，应谨防静电对计算机配件的影响。此时若需直接接触电路板，请首先对自身放电（例如用手摸摸水管等），或采取其他绝缘措施（如戴上接地手套）。

（6）防震。计算机工作时不要搬动主机箱或使其受到冲击震动，对于硬盘来讲这是非常危险的操作。

（7）正确开机和关机。开机的顺序是：先开外设（如打印机、扫描仪、UPS 电源、MODEM 等），显示器电源不与主机相连的，还要先打开显示器电源，再开主机。关机顺序则相反：先关主机，再关外设。其原因在于要尽量减少对主机的损害，因为在主机通电时，关闭外设的瞬间，会对主机产生较强的冲击电流。关机时，应注意先关闭所有程序，退出 Windows 操作系统，再按正常关机顺序退出，否则有可能损坏应用程序。

不能频繁地开、关机，因为这样对各配件的冲击很大，尤其是对硬盘的损伤更严重。一般关机后距下一次开机时间至少应为 10 秒钟。特别注意在计算机工作时，应避免进行关机操作，如计算机正在读写数据时突然关机，很可能会损坏驱动器（硬盘、光驱等）；更不能在机器正常工作时搬动机器。

如果电压不够稳定，最好给计算机配一个稳定的电源。如果经常停电，考虑数据的安全，最好给计算机配一个 UPS 电源，有些 UPS 电源还具备稳压功能。不要在开机的状态下插拔各种配件或接口（支持热插拔的设备除外，如 USB 设备），否则，可能会造成烧毁相关芯片或电路板等严重后果。

（8）保管相关物品。应妥善保管计算机各种板卡及外设的驱动程序光盘及说明书，尤其是主板说明书。

21.2.2 计算机软件系统的日常维护

软件故障在计算机故障中所占比例很大，特别是频繁地安装和卸载软件，会产生大量的垃圾文件，降低计算机的运行速度，因此，软件系统也需进行维护。操作系统的优化也可以看作计算机软件维护的一个方面。

1. 软件系统维护主要内容

（1）软件清理。随着系统使用的时间越长，系统中的各种软件越来越多，有些软件是用户临时安装之后忘记卸载的，有些软件是在安装其他软件的过程中被捆绑安装的，有些软件同时存在多个版本。对于这些情况都有必要进行软件清理，避免影响系统运行和出现软件系统兼容性问题。

（2）系统启动项清理。在使用系统的过程中，各种软件都会开启自动启动选项，启动项过多将会严重影响开机启动速度和系统运行速度。

（3）系统自动更新。自动更新可以为计算机的许多漏洞打上补丁，也可以避免病毒利用系统漏洞攻击计算机，所以应该设置好系统的自动更新。自动更新可以通过操作系统自带的自动更新功能实现，也可以通过系统维护应用软件来实现。

（4）安装防病毒软件和防木马软件。安装杀毒软件可有效地预防病毒的入侵。网络共享软件很多都捆绑了一些插件，安装时应注意选择和辨别。

（5）驱动程序升级。为了更好地发挥硬件性能，有必要对硬件的驱动程序进行升级操作，注意，升级的硬件驱动程序必须是原厂发布的驱动程序。

（6）备份重要的文件。很多初学者习惯将文件保存在系统默认的文档里，在此建议将默认文档的存放路径转移到非系统盘。另外，还需要对重要的文件进行定期备份，以防因硬盘故障导致数据文件丢失。

（7）开启定期维护。清除垃圾文件（包括清理回收站中的垃圾文件），整理磁盘碎片，用杀毒软件深入查杀病毒和木马，都是计算机日常维护中的重要工作。用户可以借助系统维护工具设置定时维护计划，帮助用户定期对软件系统进行维护操作。

2．软件系统维护常用工具

目前，常用的软件系统维护工具有很多，而且基本上都可以免费使用，主要包括 360 安全卫士、腾讯电脑管家、鲁大师、2345 安全卫士、金山卫士等。下面介绍几款最常用的软件系统维护工具软件。

（1）360 安全卫士。360 安全卫士是一款由奇虎 360 公司推出的功能强、效果好、深受用户欢迎的安全杀毒软件。360 安全卫士拥有查杀木马、清理插件、修复漏洞、电脑体检、电脑救援、保护隐私、电脑专家、清理垃圾、清理痕迹多种功能。360 安全卫士独创了“木马防火墙”“360 密盘”等功能，可全面、智能地拦截各类木马，保护用户的账号和隐私等重要信息。由于 360 安全卫士使用极其方便，目前个人计算机用户非常多。360 安全卫士主界面如图 21.1 所示。

图 21.1　360 安全卫士主界面

（2）腾讯电脑管家。腾讯电脑管家（Tencent PC Manager/原名 QQ 电脑管家）是腾讯公司推出的免费安全软件，拥有云查杀木马、系统加速、漏洞修复、实时防护、网速保护、电脑诊所、健康小助手、桌面整理、文档保护等功能。其主界面如图 21.2 所示。

图 21.2　腾讯电脑管家主界面

腾讯电脑管家主要功能如下。

- 实时防护：系统、网页、U 盘、摄像头、财产、下载、漏洞七大防护体系，全方位保护计算机安全。
- 云查杀木马：查杀能力全面升级，云查杀和可疑智能检测技术二合一，强力查杀流行木马。
- 修复漏洞：强大智能的漏洞修复工具，全面修复微软系统漏洞和第三方软件漏洞。
- 电脑诊所：诊所新增搜索功能和 Web 诊所，高效更便利；创新自助攻略和智能诊疗，全面更强力。
- 系统加速：一键优化系统高级服务设置，提升系统稳定性和响应速度，加速开关机。
- 最近文档功能：在电脑端，用户可以在“最近文档”格子中查询并打开你最近 30 天内新建的、本地已有的、沟通软件接收的、浏览器下载的所有磁盘路径下的文档；而在手机端，用户只要绑定“最近文档随身”小程序，就能将电脑中的最近文档传输到手机微信小程序中，方便用户随时随地查看、分享、使用文档。
- 文档保护类工具：包括文档守护者、文件解密、文档找回、微云、文件清理、文件粉碎、勒索病毒免疫、文件恢复工具。
- 无线安全：检测所有使用网络的设备，轻松找出可疑的“蹭网”设备，让网速更快更顺畅。

（3）鲁大师。鲁大师（原名 Z 武器）是一款个人电脑系统工具，支持 Windows 2000 以上的所有 Windows 系统版本，它是首款检查并尝试修复硬件的软件，能轻松辨别电脑硬件真伪，测试电脑配置，测试电脑温度，保护电脑稳定运行，清查电脑病毒隐患，优化清理系统，提升电脑运行速度。鲁大师硬件信息监测功能是国内软件中最领先的，包含最全面的硬件信息数据库，帮助用户升级硬件驱动程序，与国际知名的 Everest 相比，鲁大师给用户提供更加简洁的报告，而不是一大堆连很多专业级别的用户都看不懂的参数。与 CPU-Z（主要支持 CPU 信息）、GPU-Z（主要支持显卡信息）相比，鲁大师提供更为全面的检测项目，并支持最新的 CPU、主板、显卡等硬件。鲁大师的主界面如图 21.3 所示。

图 21.3 鲁大师主界面

21.2.3 计算机硬件的日常维护

计算机在使用过程中由于操作不当等人为因素，很可能造成计算机硬件故障，所以应对计算机的 CPU、主板、硬件、显示卡等进行维护。

1. 维护 CPU

CPU 作为计算机的心脏，从计算机启动时就不停地运行，因此对它的保养尤为重要。在 CPU 的保养中，散热是最关键的。其日常维护方法如下。

（1）要保证良好的散热。CPU 的正常工作温度在 50℃以下，具体工作温度根据不同的 CPU 主频而定。另外，CPU 风扇散热片质量要好，并且带有测速功能，这样可与主板监控功能配合监测风扇工作情况。再者，散热片的底层以厚为佳，这样有利于主动散热，保障机箱内外的空气流通顺畅。

（2）要减压和避震。在安装 CPU 时注意用力要均匀，扣具的压力也要适中。

（3）要用好硅脂。硅脂在使用时要涂于 CPU 表面内核上，薄薄的一层就可以，过量可能会渗漏到 CPU 表面接口处。硅脂在使用一段时间后会干燥，这时可以除净后再重新涂上。

2. 维护主板

主板是计算机的核心部件，部分硬件故障就是因为主板与其他部件接触不良或主板损坏所产生的。做好主板的维护可以保证计算机的正常运行，可以延长计算机的使用寿命。主板维护主要包括以下几点内容。

（1）防范高压。停电时应立刻拔掉主机电源，避免突然来电时产生的瞬间高压烧毁主板。

（2）防范灰尘。清理灰尘是主板的最重要的日常维护操作，清理时可以使用比较柔软的毛刷清除主板上的灰尘。平时使用时，不要将机箱盖打开，避免灰尘积聚在主板上。

（3）最好不要带电拔插。除支持即插即用的设备外，在计算机运行时，禁止带电拔插各种控制板卡和连接电缆，因为在带电拔插瞬间产生的静电放电和信号电压的不匹配等现象容易损坏芯片。

3．维护硬盘

计算机主机上的硬盘往往存放着大量重要数据，如果硬盘出现故障，里面的数据就会丢失，给我们带来不可估量的损失。所以说，硬盘的保养和维护非常重要。

（1）正确地开关计算机电源。硬盘处于工作状态时（读或写盘时），尽量不要强行关闭主机电源，因为硬盘在读写过程中如果突然断电容易导致硬盘磁头和磁盘头剧烈摩擦而导致硬盘损坏或丢失各种数据等，尤其是正在进行高级格式化时。

（2）工作时一定要防震。硬盘是很精密的设备，硬盘如果在读写操作过程中发生较大的震动，有较大几率造成硬盘磁头和硬盘磁片相撞击，导致产生硬盘坏道，造成硬盘数据丢失和硬盘损坏。尤其在硬盘高速运转过程中主机不要发生撞击，不要去摇晃主机，以免发生不可预估的损失。将硬盘拆下来运输过程中也要将硬盘保护好，谨防跌落和撞击。

（3）计算机硬盘在运行过程中，还需要注意防尘和防潮。计算机操作环境中要尽量减少灰尘的侵入，如果灰尘太多，会吸附在电路板上和电机内部，造成主机硬盘运行不稳定，甚至造成硬盘损坏。如果计算机使用环境过于潮湿，会使硬盘上绝缘电阻下降，造成硬盘使用过程中运行不稳定，严重时会使电子元件损坏或使某些部件不能正常工作。

（4）要控制计算机温度，保持硬盘周围温度低于 40℃，以 20～30℃为宜。要保持主机 CPU 散热器和电源风扇工作正常。尤其在夏季更要控制温度，在高温天气计算机运行时要开空调。

（5）尽量少进行硬盘格式化，尤其是完全格式化、低格硬盘，这样不但会丢失硬盘中的数据，而且会缩短硬盘的使用寿命。

（6）要定期对磁盘进行碎片整理，避免产生磁盘文件碎片的重复放置或垃圾文件过多而浪费硬盘空间，影响计算机速度。但磁盘碎片整理不宜过于频繁，差不多一个月一次即可，过于频繁整理会影响硬盘寿命。

（7）不能私自拆卸硬盘。拆卸硬盘需要在无尘的环境中进行，因为如果灰尘进入硬盘内部，那么磁头组件在高速旋转时就可能带动灰尘将盘片划伤或使磁头自身损坏，这势必会导致数据的丢失，硬盘也极有可能损坏。

（8）最好不要压缩硬盘。不要使用 Windows 操作系统自带的“磁盘空间管理”进行硬盘压缩，因为压缩之后硬盘读写数据的速度会大大减慢，而且读盘次数也会因此变得频繁，这将会对硬盘的发热量和稳定性产生影响，还可能缩短硬盘的使用寿命。

4．维护内存

内存是比较“娇贵”的部件，静电对其伤害最大，因此在插拔内存条时，一定要先释放自身的静电。在计算机的使用过程中，绝对不能对内存条进行插拔，否则可能烧毁内存甚至烧毁主板。另外，安装内存条时，应首选和 CPU 插槽接近的插槽。

5．维护显卡和显示器

散热一直是使用显卡最主要的问题，由于显卡的发热量大，因此要注意散热风扇是否正常转动，散热片与显示芯片是否接触良好等。显卡温度过高，经常会引起系统运行不稳定、蓝屏和死机等现象。

目前的显示器多为液晶显示器，其日常维护应该注意以下两项。

（1）保持工作环境的干燥。启动显示器后，水分会腐蚀显示器的液晶电极，可以准备一些干燥剂或干净的软布，随时保持显示屏的干燥。如果水分已经进入显示器里面，可以将其放置到干燥的地方，让水分慢慢蒸发。

（2）避免一些挥发性化学药剂的危害。挥发性化学药剂对液晶显示器的侵害很大，如经常使用的发胶、夏天频繁使用的灭蚊剂等都会对液晶分子乃至整个显示器造成损坏，从而导致显示器使用寿命缩短。

21.3 任务实施

21.3.1 任务1：维护计算机的硬件系统

1. 任务目标

本任务的目标是对一台计算机中的灰尘进行清理，通过本次操作，巩固对计算机硬件进行日常维护的相关知识，减少计算机出现硬件故障的概率。

2. 清洁专用工具

（1）防静电毛刷。主要用于清洁各种元器件，不会损坏元器件。

（2）皮老虎（或小型吸尘器、吹气球）。主要用于清除灰尘、毛发等污物。

（3）清洁剂。用于去除难清洁的污垢，保证部件正常工作。

（4）清洁小毛巾/镜头试纸。一般配合清洁剂擦拭，可以保持各部件的清洁和正常功能。

（5）铁刷。去除电路、铁丝、引脚上的一些锈蚀物，或是部件上日久积聚的难清洁的污物。

3. 操作步骤

步骤1：清除主机中的灰尘。切断电源，将主机与外设之间的连线拔掉，用十字螺丝刀打开机箱，将电源盒拆下。用吹气球或者皮老虎细心地吹拭板卡上的灰尘，特别是面板进风口的附近和电源盒（排风口）的附近，以及板卡的插接部位，同时可用台扇吹风，以便将被吹气球吹起来的灰尘和机箱内壁上的灰尘带走。

步骤2：清除电源中的灰尘。将电源拆下，计算机的排风主要靠电源风扇，因此电源盒里的灰尘最多，用吹气球仔细清扫干净后装上。另外还需注意电风扇的叶子有没有变形，特别是经过夏季的高温，塑料的老化常常会使噪声变大，很可能就是这方面的原因。机箱内其他风扇也可以按照这个方法做清理，经常清除风扇上的灰尘可以最大限度地延长风扇寿命。

步骤3：清洁光驱。将曲别针展开，插入光驱前面板上的应急弹出孔，稍稍用力，光驱托盘就打开了。用镜头试纸将所及之处轻轻擦拭干净，注意不要探到光驱里面去，也不要使用影碟机上的“清洁盘”进行清洁。

步骤4：如果要拆卸板卡，再次安装时要注意位置是否准确，插槽是否插牢，连线是否正确等。

步骤5：用镜头试纸将显示器擦拭干净。

步骤6：将鼠标的后盖拆开，取出小球，用清水洗干净，晾干。光电鼠标可以免去这个步骤，但是光电鼠标的底部四个护垫很容易粘上桌面上的灰尘和油渍，而影响它的顺滑度，用户可以用硬塑料将附着在护垫上的污渍剥掉，使鼠标重新恢复好的手感。夏天建议使用适当规格的鼠标垫，可以很大程度地延长鼠标的使用寿命。

步骤7：用吹气球将键盘键位之间的灰尘清理干净。

步骤 8：涂抹硅脂。建议每 5 个月给 CPU 重新涂抹一次硅脂，硅脂虽然使用的是沸点较高的油脂作为介质，但是，难免在使用中挥发，油脂挥发会影响到它与散热片之间的衔接与导热，所以，建议一般 5 个月左右重新涂抹一次硅脂，可以让硅脂的导热能力时刻保持在最好的状态。当然，如果你使用的是质地比较好的硅脂，比如北极银等，更换硅脂的时间可以延长一些。

21.3.2　任务 2：维护计算机的软件系统

1．任务目标

本任务的目标是运用软件系统维护工具，如 360 安全卫士，对一台计算机的软件系统进行日常的维护操作，执行健康检查、木马查杀、电脑清理、系统修复、优化加速、软件清理等，确保系统稳定、快速运行。

2．操作步骤

（1）健康检查。启动 360 安全卫士，如图 21.1 所示，单击“立即体检”按钮即可开始检测计算机软件系统中存在的各种问题，如检测系统是否有垃圾，是否有病毒、木马、漏洞等，如图 21.4 所示。用户可以根据检测的各项结果，选择是否执行修复操作。

（2）木马查杀。在 360 安全卫士的主界面中，选择“木马查杀”，弹出如图 21.5 所示的界面，在这里可以选择查杀目标区域，单击“开始扫描”按钮即可针对目标区域进行全面的木马查杀，扫描过程如图 21.6 所示。扫描完成之后的结果如图 21.7 所示。对扫描出来的木马，用户可以选择“一键处理”进行处理，也可以选择“暂不处理”，仅保留扫描结果。

图 21.4　健康检查

图 21.5　扫描区域设置

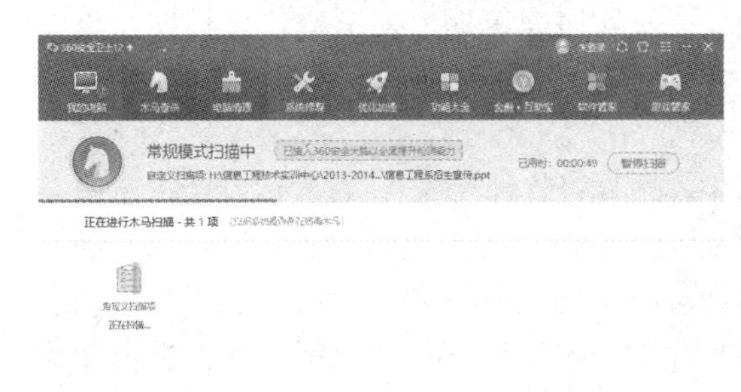

图 21.6　木马扫描

图 21.7　木马处理

（3）电脑清理。在 360 安全卫士的主界面中，选择“电脑清理”，弹出如图 21.8 所示的界面，在这里可以扫描电脑垃圾文件和各种插件。单击“全面清理”按钮即开始扫描，扫描结果如图 21.9 所示，用户可以选择其中的一项或者多项进行清理。

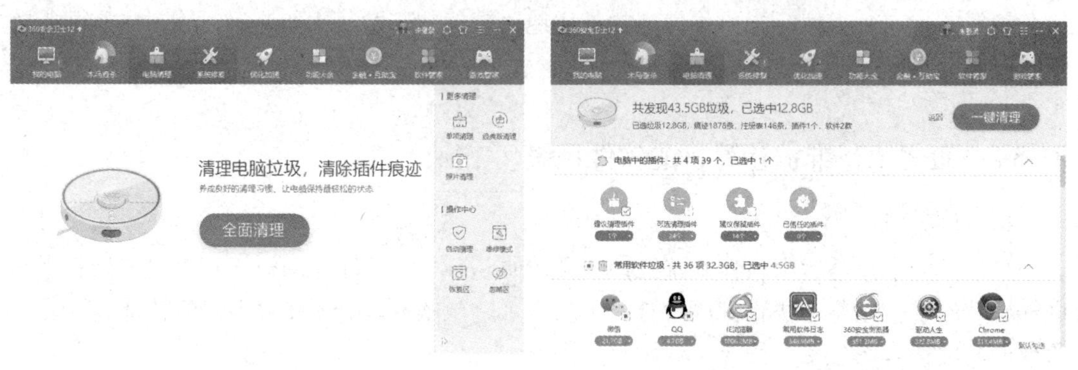

图 21.8　电脑清理　　　　图 21.9　电脑清理扫描结果

（4）系统修复。在 360 安全卫士的主界面中，选择“系统修复”，弹出如图 21.10 所示的界面，在这里可以扫描电脑系统漏洞、软件安全漏洞、驱动问题等。单击“全面修复”按钮即开始扫描，扫描结果如图 21.11 所示。用户可以选择其中的一项或者多项进行修复，如果需要全部修复，可以直接选择“一键修复”对所有软件安全漏洞和系统漏洞进行修复操作，修复完成之后会要求重新启动计算机。

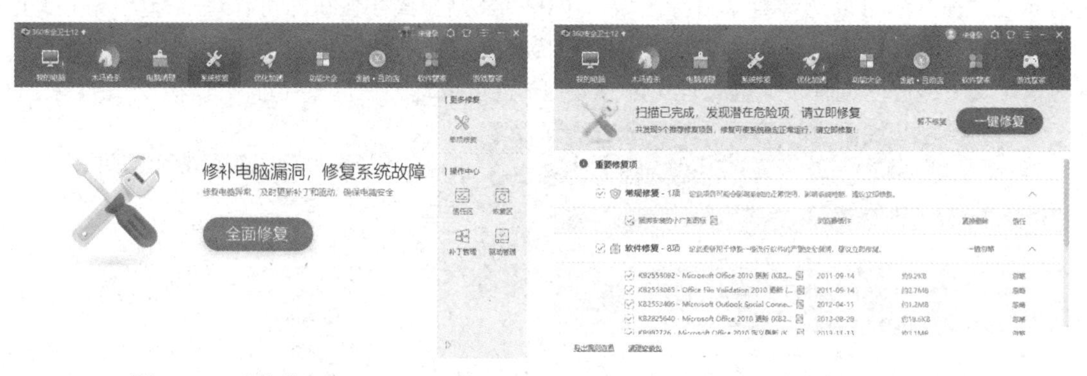

图 21.10　系统修复　　　　图 21.11　系统修复扫描结果

（5）优化加速。在 360 安全卫士的主界面中，选择“优化加速”，弹出如图 21.12 所示的界面，在这里可以扫描计算机系统开机时启动的各种软件、软件服务、系统服务、插件等，并对软件运行加速、系统加速、网络加速、硬盘加速等提出加速建议，扫描结果如图 21.13 所示。用户可以选择“立即优化”对可优化项进行优化，也可以选择“返回”放弃优化操作。

（6）软件清理。在 360 安全卫士的主界面中，选择“软件管家”，首次运行会提示需要下载安装，在这里可以看到计算机中安装的各种应用软件，可以对软件进行净化、升级、卸载。如图 21.14 所示，360 安全卫士检测到计算机中的软件可升级的情况，用户可以选择其中一款或多款软件进行升级。如图 21.15 所示，用户可以对长期不用的软件进行卸载操作。

图 21.12　优化加速

图 21.13　优化加速扫描结果

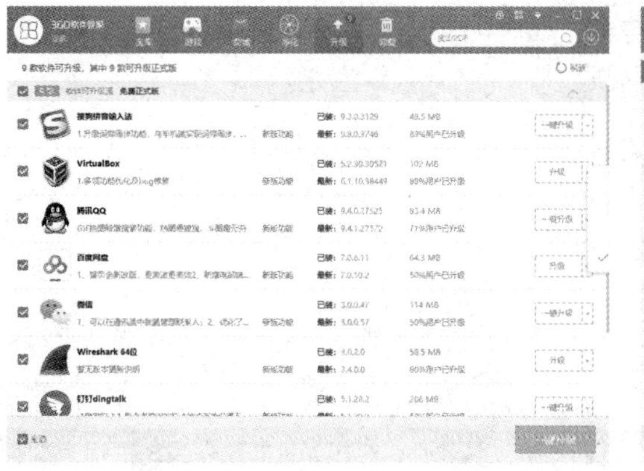

图 21.14　软件升级

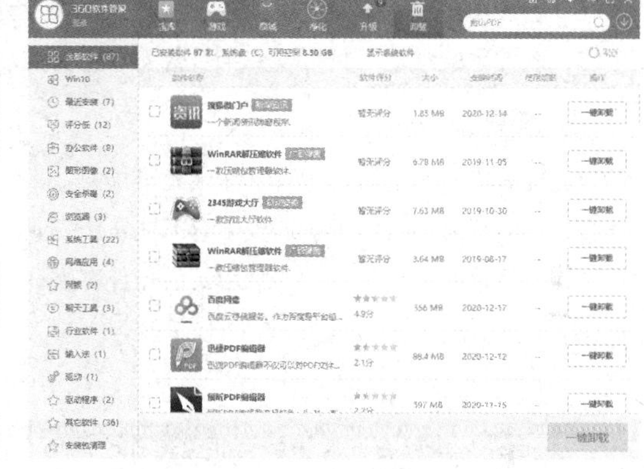

图 21.15　软件卸载

软件卸载也可以通过操作系统自带的程序管理功能进行。

习　　题

一、选择题

1. 对微型计算机工作影响最小的是（　　）。

   A．温度　　B．噪声　　C．灰尘　　D．磁铁

2. 硬盘工作时应特别注意避免（　　）。

   A．噪声　　B．磁铁　　C．震动　　D．环境污染

3. 计算机机房的相对湿度一般要求在（　　）。

   A．30%～50%　　B．60%～85%　　C．10%～70%　　D．40%～70%

4. 我们使用计算机时，通常关机的顺序与开机的顺序正好相反，即（　　）。

   A．先关闭打印机的电源，再关闭显示器的电源，最后关闭主机的电源

   B．先关闭显示器的电源，再关闭主机的电源

   C．先关闭显示器的电源，再关闭打印机的电源，最后关闭主机的电源

   D．先关闭主机电源，再依次关闭外围设备的电源

5. 在使用微型计算机时，（　　）会对计算机产生影响。

   A．温度　　B．品牌　　C．价格　　D．生产厂商

6. 在计算机的使用过程中，对于硬盘的保养与维护，应该注意（　　）。

A. 避免震动　　B. 不要频繁地对硬盘进行读写操作

C. 不要进行高级格式化　　D. 不必进行磁盘文件的整理

二、判断题

1. 机房最好采用无色透明的窗户玻璃，不要安装窗帘，以增加太阳光的照射。（　　）
2. 机房室内温度最好保持在 18～27℃，相对湿度保持在 30%～55%。（　　）
3. 计算机工作时可以随意搬动主机箱或使其受到冲击震动。（　　）
4. 正确的开机顺序应该是先主机后外设。（　　）
5. 计算机周围严禁磁场。（　　）
6. 为了用户使用方便，可以把常用软件都设置为开机自动启动。（　　）
7. 软件系统维护工具可以完全替代杀毒软件的功能。（　　）

三、简答题

1. 计算机日常使用过程有哪些注意事项？
2. 计算机硬件日常维护过程中有哪些常用工具？
3. 计算机软件日常维护的常用工具软件有哪些？

四、实训题

观察实验室或家用台式计算机，选用合适的工具，对计算机各配件进行一次全面的维护工作。维护任务完成之后，开机检查计算机能否正常工作。选用合适的维护工具软件，对计算机的软件系统进行一次全面的检查和维护。

1. 计算机工作环境监测。

（1）运用提供的工具监测计算机外部工作环境。

（2）开机进入 CMOS 设置程序，查看计算机内部工作环境。

2. 计算机外部的清洁维护。

（1）清洁显示器外壳。

（2）清洁显示器屏幕。

（3）清洁机箱。

（4）清理维护键盘和鼠标。

3. 计算机内部的清洁维护。

（1）清洁维护板卡。

（2）清洁维护电源。

（3）清洁维护 CPU 风扇。

4. 计算机软件系统维护。

（1）软件系统健康检查。

（2）软件启动项的清理。

（3）系统漏洞修复。

（4）木马查杀。

（5）应用软件的清理。

任务22 处理计算机常见故障

知识目标

- 熟悉常见的硬件故障现象；
- 熟悉硬件故障检测的常用工具；
- 理解硬件故障检测的基本原则；
- 熟悉硬件故障检测的基本方法。

技能目标

- 能熟练使用常用的故障检测工具；
- 能熟练运用各种方法检测硬件故障。

22.1 任务描述

运用故障检测的一般原则和方法，判断计算机硬件故障产生的原因及故障点，并排除典型的主机硬件故障。

22.2 相关知识

对于微型计算机经常出现的各种故障，首先要解决两个问题：第一不要怕；第二要理性地处理，要敢于动手排除故障。很多人认为微型计算机是电气设备，不能随便拆卸，以免触电。事实上，微型计算机只有输入电源是 220V 的交流电，但是从微型计算机电源出来的用于给其他各部件供电的直流电源插头最高仅为 12V。因此，除在修理微型计算机电源时应防止触电外，微型计算机内部其他部件是不会对人体造成伤害的，相反，人们带有的静电有可能把微型计算机主板和芯片击穿并造成损坏。

22.2.1 计算机产生故障的原因

要排除计算机的故障，应先找到产生故障的原因。计算机故障是计算机在使用过程中，遇到的系统不能正常运行或运行不稳定，以及硬件损坏或出错等现象。计算机故障是由各种各样的原因引起的，主要包括计算机部件质量差、硬件之间的兼容性差、被病毒或恶意软件破坏、工作环境恶劣或者使用与维护时的错误操作等。要排除各种故障，应该首先了解这些故障产生的原因。

1. 硬件质量差

硬件质量差的主要原因是生产厂家为了节约成本，降低产品的价格以牟取更大的利润，而使用一些质量较差的电子元件，这样就很容易引发硬件故障。硬件质量差主要表现在以下几方面。

（1）电子元件质量较差。有些硬件厂商为了追求更高的利润，使用一些质量较差的电子元件，或减少其数量，导致硬件达不到设计要求，影响产品的质量，甚至造成故障。

（2）电路设计缺陷。硬件的电路设计也应该遵循一定的工业标准，如果电路设计有缺陷，在使用过程中很容易导致故障。

（3）假冒产品。不法厂家为了牟取暴利，采用质量差的元件仿制品牌产品。如果用户购买到这种产品，轻则引起计算机的故障，重则直接损坏硬件。

2. 兼容性问题

兼容性指硬件与硬件、软件与软件，以及硬件与软件之间能够相互支持并充分发挥性能的特性。无论是组装的兼容机，还是品牌机，其中的各种软件和硬件都不是由同一个厂家生产的，这些厂家虽然都按照统一的标准进行生产，并尽量相互支持，但仍有不少厂家的产品存在兼容性问题。如果兼容性不好，虽然有时候也能正常工作，但是其性能却不能很好地发挥出来，还容易引起故障。兼容性问题主要有以下两种表现。

（1）硬件兼容性。硬件都是由许多不同部件构成的，硬件之间出现兼容性问题，其结果往往是不可调和的。通常硬件兼容性问题在计算机组装完成后，第一次启动时就会出现（如系统蓝屏），这时候只能更换硬件。

（2）软件兼容性。软件的兼容性问题主要是由于操作系统因为自身的某些设置，拒绝运行某些软件中的某些程序而引起的。解决其兼容性问题相对容易些，下载并安装软件补丁程序即可。

3. 使用环境影响

计算机中各部件的集成度很高，因此对环境的要求也较高，当所处的环境不符合硬件正常运行的标准时就容易引发故障。使用环境的影响主要包括灰尘、温度、湿度、电源和电磁波等。

4. 使用和维护不当

有些硬件故障是由于用户操作不当或维护失败造成的，主要有安装不当、安装错误、板卡被划伤、安装时受力不均匀、带电插拔、带静电触摸硬件等。

5. 病毒破坏

病毒是引起大多数软件故障的主要原因，它们利用软件或硬件的缺陷控制或破坏计算机，使系统运行缓慢、不断重启，或使用户无法正常操作计算机，甚至可能造成硬件的损坏。

22.2.2 判断计算机故障

当发现计算机出现故障后，首先应确认计算机的故障类型，再根据计算机故障类型进行处理。

1. 通过系统报警声确定故障类型

存在故障的系统在启动时，主板上的 BIOS 芯片会发出报警声，提示用户系统非正常启动。常见的 BIOS 芯片有 Phoniex-Award BIOS 和 AMI BIOS 两种，其报警声和功能大同小异，Phoniex-Award BIOS 报警声和功能总结如表 22.1 所示。

表 22.1　Phoniex-Award BIOS 报警声和功能

报　警　声	功　　能	报　警　声	功　　能
1 短	系统正常启动	3 短 1 短 1 短	第一个 DMA 控制器或寄存器出错
3 短	POST 自检失败	3 短 1 短 2 短	第二个 DMA 控制器或寄存器出错
1 短 1 短 2 短	主板错误	3 短 1 短 3 短	主中断处理寄存器错误
1 短 1 短 3 短	主板没电或 CMOS 错误	3 短 1 短 4 短	副中断处理寄存器错误
1 短 1 短 4 短	BIOS 检测错误	3 短 2 短 4 短	键盘时钟错误
1 短 2 短 1 短	系统时钟出错	3 短 3 短 4 短	显示内存错误
1 短 2 短 2 短	DMA 通道初始化失败	3 短 4 短 2 短	显示测试错误
1 短 2 短 3 短	DMA 通道寄存器出错	3 短 4 短 3 短	未发现显卡 BIOS
1 短 3 短 1 短	内存通道刷新错误	4 短 2 短 1 短	系统实时时钟错误
1 短 3 短 2 短	内存损坏或 RAS 设置错误	4 短 2 短 2 短	BIOS 设置不当
1 短 3 短 3 短	内存损坏	4 短 2 短 3 短	键盘控制器开关错误
1 短 4 短 1 短	基本内存地址错误	4 短 2 短 4 短	保护模式中断错误
1 短 4 短 2 短	内存 ESS 校验错误	4 短 3 短 1 短	内存错误
1 短 4 短 3 短	EISA 总线时序器错误	4 短 3 短 3 短	系统第二时钟错误
1 短 4 短 4 短	EISA NMI 口错误	4 短 3 短 4 短	实时时钟错误
2 短 1 短 1 短	基本内存检验失败	4 短 4 短 1 短	串口故障

2．常见确认计算机故障的方法

计算机故障确认方法主要有观察法、最小系统法、逐步添加/去除法、隔离法、替换法、比较法、升降温法、敲击法、插拔法、清洁法十种。通过这些方法可以解决一些常见的计算机故障。

（1）观察法。观察法就是通过看、听、闻、摸等方式检查比较典型或明显的故障。例如，观察计算机内部是否有火花、声音异常、插头松动、电缆损坏、断线或碰线，插件板上的元件是否发烫、烧焦或损坏，管脚是否断裂、接触不良、虚焊等。对于一些时隐时现的瞬时性故障，除直接观察外，也可以用橡皮榔头轻敲有关元件，看故障现象有何变化，以确定故障位置。

（2）最小系统法。最小系统法就是拔去怀疑有故障的板卡和设备，对比计算机此前和此后的运行情况，判断并定位故障所在。拔插板卡和设备的基本要求是保留系统工作的最小配置，以便缩小故障的范围。通常是先只安装主板、内存、CPU、电源，然后开机检测，如果正常，那么再加上键盘、显卡和显示器，如果还正常，那么再依次加装硬盘、扩展卡等。拔去板卡和设备的顺序则正好相反。对拔下的板卡和设备的连接插头还要进行清洁处理，以排除因连接不良引起的故障。

系统最小配置分为 3 类，具体如下。

① 启动型（电源+主板+CPU）。

② 点亮型（电源+主板+CPU+内存+显卡+显示器）。

③ 进入系统型（电源+主板+CPU+内存+显卡+显示器+硬盘+键盘），这个时候其实已

经是完整的计算机了，不过光驱、打印机、鼠标、网卡、摄像头、手柄等还没有安装。

（3）逐步添加/去除法。逐步添加法以最小系统法为基础，每次只向系统添加一个部件/设备或软件，来检查故障现象是否消失或发生变化，以此来判断并定位故障部位。

注意：逐步添加/去除法一般要与替换法配合，这样才能较为准确地定位故障部位。

（4）隔离法。隔离法是将可能妨碍故障判断的硬件或软件屏蔽的一种判断方法，通过将怀疑相互冲突的硬件、软件隔离开以判断故障是否发生变化。

以上提到的软/硬件屏蔽，对于软件来说，就是将其停止运行或卸载；对于硬件来说，是在设备管理器中，禁用设备或卸载驱动，或者干脆从系统中去除。

（5）替换法。替换法是指用相同规格的计算机部件替换可能存在故障的部件。如果替换后故障排除，那么说明故障原因是在被替换下来的部件中。

注意：在替换之前，首先必须确认来进行替换的部件是完好的，能正常使用。

（6）比较法。比较法与替换法相似，用好的部件与怀疑有故障的部件进行外观、配置、运行现象等方面的比较，也可在两台计算机间进行比较，以判断故障计算机在环境设置、硬件配置方面的不同，从而找出故障部位。

（7）升降温法。在上门服务过程中，由于工具的限制，可以使用升降温法，其使用与维修车间是不同的。上门服务中的升温法可在用户同意的情况下，设法降低计算机的通风能力，增加计算机自身的发热来升温。

降温法一般通过以下几种方法来实现。

① 一般选择环境温度较低的时候，如清早或较晚的时候。

② 使计算机停机 12～24 小时。

③ 用电吹风对故障机吹风。

（8）敲击法。敲击法一般在怀疑计算机中的某个部件有接触不良的故障时使用，通过振动、适当地扭曲，或用橡胶锤敲打设备特定部件来使故障复现，从而判断故障部位。

（9）插拔法。插拔法是指通过将插件或芯片插入或拔出来寻找故障原因的方法。此方法虽然简单，但却是一种非常有效常用的方法。如计算机在某时刻出现了“死机”现象，很难确定故障原因，从理论上分析故障发生的原因是很困难的，有时甚至是不可能的，采用插拔法有可能迅速查找到故障的原因。依次拔出插件，每拔出一块，测试一次计算机当前状态，一旦拔出某块插件后，计算机工作正常了，那么说明故障原因就在这块插件上。

（10）清洁法。有些计算机故障往往是由于机器内灰尘过多引起的。这就要求在维修过程中，注意观察故障机内、外部是否有较多的灰尘，如果是，那么应该先除尘，再进行后续的判断维修。

22.2.3　排除计算机故障

在确认了计算机的故障之后，就应该根据排除故障的基本步骤来排除故障。

1．排除故障的基本原则

排除计算机故障时，应遵循正确的处理原则，切忌盲目动手，以免造成硬件故障的扩大化。排除故障的基本原则大致有以下几点。

（1）由表及里。故障检测时先从表面现象（如机械磨损、接插件接触是否良好、有无松动等）及计算机的外部部件（如开关、引线、插头、插座等）开始检查，再检查内部部件。在检查内部时，也要按照由表及里的原则，先直观地检查有无灰尘、器件烧坏及器件接插异常情况等。

（2）先软后硬。即当微型计算机出现故障时（尤其是某些故障从现象看既可能是软件故障，也可能是硬件故障），首先应排除软件故障，再从硬件上逐步分析导致故障的可能原因。

例如，微型计算机不能正常启动，要首先根据故障现象或错误信息判断计算机是启动到哪一步死机的，是系统软件的问题，还是主机硬件（CPU、内存）的问题？可能仅仅是不能正常显示的显示系统问题等。

首先应排除 CMOS 设置、操作系统等软件部分的故障。对于硬件故障，如果系统还勉强能够正常工作，可使用 Norton、BCM Diagnostics、Performance Test、WinBench 2000 等硬件检测工具来帮助确定硬件的故障部位，这样可以起到事半功倍的效果。

当然，有了一定维修经验后，一般根据故障现象和提示信息就可以确定硬件故障的可能部位，也就没有必要严格地遵循本条规则。

（3）先外设后主机。如果微型计算机系统的故障表现在相关的外设上，如不能打印、不能上网等，应遵循先外设后主机的原则，即利用外部设备自身提供的自检功能或微型计算机系统内安装的设备检测。首先检查外设本身能否工作正常，然后检查外设与微型计算机的连接及相关的驱动程序是否正常，最后检查微型计算机本身相关的接口或板卡。这样由外到内逐步缩小故障范围，直到找出故障点。

（4）先电源后负载。微型计算机内的电源是机箱内部各部件（如主板、硬盘、光驱等）的动力来源，电源的输出电压正常与否直接影响到相关设备的正常运行。因此，当上述设备工作不正常时，应首先检查电源是否工作正常，再检查设备本身。

（5）先简单后复杂。先解决简单容易的故障，后解决难度较大的问题。因为，在解决简单故障的过程中，难度大的问题往往也可能变得容易解决；或在排除简易故障时受到启发，难题也会变得比较容易解决。

2. 排除故障的一般步骤

在计算机出现故障时，首先需要判断问题出在哪个方面，如系统、内存、主板、显卡和电源等问题，然后需要按照一定的顺序来确认故障，如图 22.1 所示。

3. 维修过程中的禁忌

在微型计算机系统维修过程中，应注意以下两条维修禁忌。

（1）在拆卸过程中要注意观察和记录原来的结构特点，严禁不顾结构特点野蛮拆卸，以免造成更严重的损坏。

（2）在维修过程中，禁忌带电插拔各种板卡、芯片和各种外设的数据线（USB 接口和 IEE1394 接口连接的设备除外）。因为带电插拔板卡会产生较高的感应电压，足以将外设或卡上、主板上的接口芯片击穿并造成损坏。同样，带电插拔打印数据线、键盘、串行口外设连线，常常是造成相应接口电路芯片损坏的直接原因。

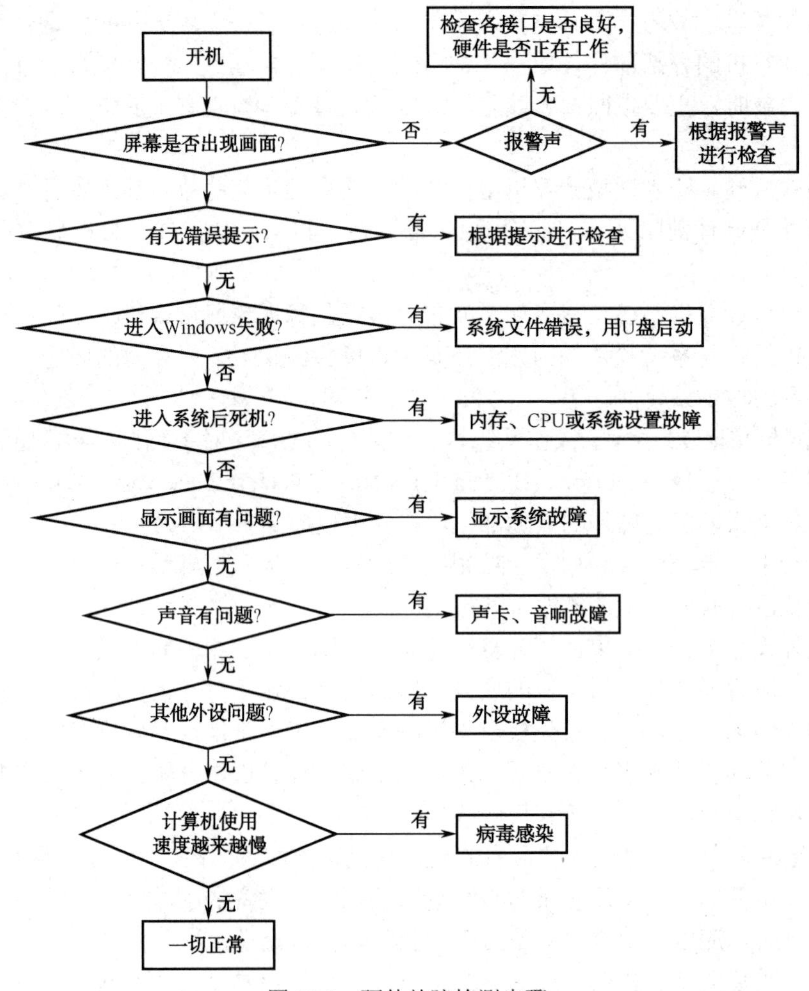

图 22.1　硬件故障检测步骤

22.2.4　故障检测及维修工具

在检测并排除计算机故障的过程中经常需要用到各种软、硬件工具，大致可以分为防静电工具、硬件测试工具、测试软件和维修工具等几大类。

1．防静电工具

（1）防静电地线：主要用于释放积聚的静电，形成静电释放通路。

（2）防静电手套：主要用于隔离人体的静电对元器件的影响。

（3）防静电环：主要用于释放人体静电，形成静电释放电路，避免积聚的人体静电对元器件造成伤害。

（4）防静电桌布：主要用于减少积聚的静电对放置在桌上的部件造成的伤害，与防静电地线连接，构成释放通路。

2．硬件测试工具

（1）Debug 测试卡：也叫诊断卡或 POST 卡，主要用于寻找硬件的故障点。Debug 卡通过读取 BIOS80H 地址内的 POSTCODE 值，并经译码器译码，最后由数码管显示故障原因，只要有主板、CPU、内存、显卡 4 个基本配件，就可以轻易地找到故障原因。

（2）BGA 返修台：主要用于主板上的 BGA 封装的芯片的拆装工作，例如主板上的南桥、北桥芯片的更换，以及各种 BGA 封装的内存或显示芯片的更换。

（3）数据恢复机：主要用于硬盘数据的复制，可以完成数据的读写分析、安全复制、纠正扇区等工作。对于有坏道、扇区标记错误、读写困难的硬盘，可以先进行修复处理，然后按照物理的方式把数据从硬盘中复制出来。

（4）RAMCHECK：一款专业的内存测试仪器，能够快速地测试出内存条的故障位置，显示数据线故障、数据位坏区检测、地址故障等，支持多达上百项的测试能够在极端的环境下考验内存的品质。

（5）DDD-SI：IBM 公司开发的一款专门针对 IBM 的 IDE 硬盘、SCSI 硬盘、笔记本电脑硬盘等进行修复的硬件工具，供专业维修人员使用，在功能、操作步骤上相当复杂和严谨。

（6）显卡显存颗粒测试仪：可以精确地测出显卡上每个颗粒的好坏。

（7）逻辑笔：在维修数字逻辑电路时，使用逻辑笔来测试数字电路的逻辑状态，可以测试芯片的一个引脚，或一个检测点，或电路板上的一条印刷线的逻辑状态（电平）。

（8）示波器：电子产品在开发、生产、调试和维修中不可缺少的测量仪器，是用示波管显示信号波形的设备，主要用于检测电子设备中的各种信号的波形。在电子设备中有很多用来传输、存储或处理各种信号的电路，在检查、调试或维修这些设备时，往往需要检测电路的输入或输出信号的波形。通过对信号波形的观测，判断电路是否正常或通过波形将电路调整到最佳状态。

3．测试软件

（1）CPU-Z：一套 CPU 测试及分析软件，可以提供全面的 CPU 相关信息报告，包括处理器的名称、厂商、时钟频率、核心电压、超频检测，以及 CPU 所支持的多媒体指令集等。新版本还增设了主板、内存、PCI-Express 接口等信息的检测。

（2）DisplayX：一个显示器的测试工具，尤其适合测试液晶屏，可以用来评测显示器性能。例如，查找 LCD 坏点、检查 LCD 的响应时间、屏幕基本测试等。

（3）SysAnalyser：一套完整的检测计算机硬件配备信息的软件，包括 BIOS 版本、CPU 厂商及速度、DOS 版本、Windows 版本、内存、显卡、AGP、显示器、网络、IDE、ATAPI、CD-ROM、DVD、RS-232、鼠标、键盘、MODEM、ISDN、声卡、硬盘、PCMCIA、SCSI、PCI、AMP、IRQ、DMA、CMOS 等完整的信息，可以将检测出的硬件配备信息打印出来或储存成文件。

（4）SiSoft Sandra：系统分析诊断和报告助手，是一套系统诊断和调试工具。它能对 CPU、MODEM、BIOS、驱动器、显卡、DOS 等不同硬件和子系统进行诊断、调试和优化，可以随时监控系统环境，包括温度、风扇转速、电压、CPU 功耗等；可以列出在本地注册的所有关键应用程序和硬盘上安装的所有程序。

4．维修工具

（1）标准十字螺丝刀：主要用于拆装部件，拆装固定螺钉。

（2）标准一字螺丝刀：主要用于拆装部件，拆装固定螺钉。

（3）梅花螺丝刀：主要用于拆装部件，拆装固定螺钉。

（4）吸锡电烙铁：主要用于元器件的拆卸或焊接。

（5）焊锡丝、吸锡网线：配合焊烙工具进行元器件的焊接。

（6）集成块起拔器（最好具有绝缘功能）：用于拆卸各种集成块或其他元器件。

（7）镊子（最好具有绝缘功能）：由于机箱内部结构紧凑，部件之间的空隙较小，对一些较小的连线和接口需要镊子的帮助，例如硬盘跳线帽的安插设置就需要镊子来完成。

（8）尖嘴钳（最好具有绝缘功能）：由于机箱内部结构紧凑，部件之间的空隙较小，一些接线插头的插拔需要依靠尖嘴钳来进行，还可以处理变形的挡片、引脚等。

（9）IC 导入器（最好具有绝缘功能）：安插集成块时，用于引导集成块的多个引脚的对位安插。

（10）刮刀一套（包含各种形状）：主要用于去除导线、引脚上的氧化层。

22.3 任务实施：检测硬件故障

计算机主机硬件故障多种多样，初学者在计算机出现故障时往往感到无从下手。其实，由于计算机是按一定的顺序启动的，当某一个步骤不能通过时，便会出现相应的故障，并伴随某些故障现象，在诊断时根据故障出现的现象进行判断即可，具体步骤如下。

步骤 1：依次打开外设和主机的电源。

步骤 2：观察显示器上是否显示信息，如果没有任何信息显示（黑屏），则可能是主板、CPU、内存、电源、显卡或显示器出现故障，注意查看是否因为数据线、电源线未正常连接导致的假故障。

步骤 3：查看显示器上的信息，如果有出错信息，根据提示信息做出相应的处理即可。

步骤 4：观察是否载入操作系统文件，即是否出现系统启动画面，如果未出现启动画面，可能为硬盘引导故障（硬盘本身的故障或操作系统故障）。

步骤 5：系统开始启动后，是否出现死机的现象，如果出现载入后死机的现象，则原因比较复杂，常见的有内存错误、设置错误等。

步骤 6：系统正常启动后，测试光驱是否工作正常，如果发生读/写异常，可归结为驱动器故障。

步骤 7：观察各板卡工作是否正常，主要包括显卡（是否存在花屏等现象）、声卡、网卡、内置 MODEM 等。如果某方面的功能不正常，都可判断为相应板卡的故障。

一旦经过检测确定因某个部件产生的故障，则应根据故障现象做出进一步的处理。

习　题

一、选择题

1．由于运行环境不符合要求或操作人员的操作不当而引起的部件故障是（　　）。

A．人为故障　　　　B．疲劳性故障

C．外界干扰故障　　D．器件故障

2．由于带电拔插打印机与计算机相连的通信电缆而引起的打印机不工作的故障属于（　　）。

A．人为故障　　　　B．疲劳性故障

C．外界干扰故障　　D．器件故障

3．计算机在某个时刻出现“死机”的现象，而且难以确定故障，此时，应该采取（　　）解决方法最为有效。

A．拔插法　　B．替换法

C．交换法　　D．比较法

4．根据诊断维修经验或诊断程序提供的错误信息，直接对有关部件进电压、电阻、电流和波形测量来确定故障的部位，这种维修方法是（　　）。

A．直接测量法　　B．间接测量法

C．静态测量法　　D．动态测量法

5．检查故障前先向用户了解使用情况，以及发生故障前后的异常现象属于（　　）。

A．直接观察法　　B．测量法

C．交换法　　D．比较法

6．在微型计算机的故障诊断中，板卡级诊断是指故障诊断限定在计算机的（　　）上。

A．板卡或组件　　B．主板

C．系统　　D．CPU 板

7．在微型计算机的使用过程中，如果键盘、鼠标操作不灵，光驱读盘不畅，或机器出现报警提示，这表明出现了（　　）。

A．硬件故障　　B．磁盘故障

C．硬件故障和软件故障同时出现　　D．主机故障

8．在微型计算机的使用过程中，如果听到异常响动或闻到焦煳味，这表明故障非常严重，此时应当（　　）。

A．立即关掉显示器电源　　B．立即关掉打印机电源

C．立即切断电源　　D．立即退出 Windows 操作系统

二、填空题

1．计算机故障包括________和________。

2．计算机硬件故障检测原则是________、________、________、________和________。

3．Debug 测试卡也叫诊断卡或________，主要用于寻找硬件的________。

三、判断题

1．由计算机病毒引起的故障应属于软件故障。（　　）

2．软件本身设计不完善存在潜在的错误会影响计算机正常运行，这种故障属于软件故障。（　　）

3．硬件故障是指由于计算机的某些部位受到物理失效、损害或者电气参数偏离允许值范围所造成的故障。（　　）

4．由于硬盘等存储介质损伤导致数据丢失或保管环境不当造成的故障是器件故障。（　　）

5．当计算机系统硬件出现不正常现象时，应该先从外围设备查起。（　　）

6．拔插法是将插件板或芯片逐个“拔出”或“插入”寻找故障发生原因的一种方法。（　　）

7．替换法是用相同的插件板或器件互相交换观察故障变化情况，以便判断寻找故障发生原因的一种方法。（　　）

8．即使坏的板卡未出现电源与地线短路的情况，那么将坏的板卡插入好的计算机上，也会将好的计算机损坏。（　　）

9．比较法是为了确定故障部位，可以在维修一台计算机时，准备好另一台型号相同的计算机做比较。（　　）

10．若计算机工作时出现时好时坏的现象，可能是由于某个元件的管脚虚焊或接触不良所致，应使用降温法与升温法来检查。（　　）

四、简答题

1．计算机硬件故障检测应遵循哪些原则？

2．计算机硬件故障检测及维修工具有哪些？它们各有什么作用？

3．计算机硬件故障检测方法有哪些？

4．计算机硬件故障维修有哪些注意事项？

五、实训题

1．计算机无法正常启动，开机后显示器不亮，扬声器不停地发出报警声，试排除该故障。

2．计算机自检时显示“Primary master hard disk fail”，然后出现“死机”的症状，试排除该故障。

3．开机后计算机显示器指示灯显示正常，但屏幕上没有图像，硬盘指示灯亮，通过系统启动的声音判断，操作系统已经启动，试排除该故障。

4．在启动计算机时出现提示“Keyboard Error，please press F1 to Continue”，按“F1”键不能继续启动，键盘不能正常使用，试排除该故障。

任务23 维护计算机外设

知识目标

- 熟悉外设维护的基本知识；
- 熟悉外设使用的日常注意事项。

技能目标

- 能对外设进行日常维护操作。

23.1 任务描述

对常见的外设——打印机和扫描仪进行基本的维护操作。

23.2 相关知识

打印机和扫描仪是桌面办公系统中最重要的外设，尤其是在一些办公室中，打印机和扫描仪的使用频率很高，但如果不注意正确使用和日常维护的话，那将会使打印机和扫描仪的故障率增加。一旦出现故障，如果不能及时排除，将给工作带来麻烦并有可能造成经济上的损失。这里主要介绍打印机和扫描仪的正确使用和日常维护方法。

23.2.1 打印机的维护

许多用户由于不懂得基本的维护常识，在打印机的使用过程中常无缘无故出现这样或那样的问题，其实只要稍微懂得一些维护常识，便可轻松维护打印机。目前的打印机分为三个大类：针式打印机、喷墨打印机和激光打印机。这三类打印机在使用和维护上既有共同之处，又有各自的特点。当前针式打印机使用很少，在这里只介绍喷墨打印机和激光打印机的维护常识。

1. 喷墨打印机的维护

喷墨打印机是在针式打印机之后发展起来的，与针式打印机相比，喷墨打印机的最大特点是噪声低、体积小、打印质量好。近年来，由于喷墨打印机技术的进步，逐渐克服了墨水溢漏、喷嘴易堵、印迹渗化、斑点等缺点，再加上销售价格的大幅度下降，不少办公和家庭用户都配置喷墨打印机。使用喷墨打印机时，应注意以下的一些问题。

（1）使用时必须将打印机放在一个平稳的水平面上，而且要避免震动和摇摆。

（2）在开启喷墨打印机电源开关后，电源指示灯或联机指示灯将会闪烁，这表示喷墨打印机正在预热，在此期间用户不要进行任何操作，待预热完毕后指示灯不再闪烁时用户方可进行操作。

（3）在正式打印之前，用户一定要根据纸张的类型、厚度及手动、自动的送纸方式等情况，调整好打印机的纸介质调整杆和纸张厚度调整杆的位置。

（4）由于喷墨打印机结构紧凑，所支持的打印幅面有限，所以一定要对所打印的纸张幅面进行适当设置。若使用的纸张比设置值小，则有可能打印到打印平台上而弄脏下一张打印纸。如果出现打印平台被弄脏的情况，要随时用柔软的布擦拭干净，以免影响打印效果。对于比喷墨打印机所支持的打印幅面大的文件，只能用“缩小打印”功能实现打印输出。

（5）使用单页打印纸时，在放置到送纸器之前，一定要将纸充分翻拨，然后排放整齐后装入，以免打印机将数张纸一齐送出。此外，也不要使用过薄的纸张，否则也有可能造成数张纸一齐送出的故障。在打印透明胶片时，必须单张送入打印，而且打印好的透明胶片要及时从纸托盘中取出，等到它完全干燥后方可保存。

（6）必须注意打印机周围环境的清洁。如果使用环境中灰尘过多，很容易导致纸车导轴润滑不良，使打印头在打印过程中运动不畅，引起打印位置不准确，或者造成死机。

（7）必须注意正确使用和维护打印头。打印机在初始位置的时候，通常处于机械锁定状态，这时不能用手去强行用力移动打印头，否则不但不能使打印头离开初始的位置，而且还会造成打印机机械部分损坏，更不要人为地去移动打印头来更换墨盒，以免发生故障，从而损坏打印机。如果确实需要移动打印头，一定要使用清洗键来移动，当然这会消耗少量的墨水。并且在使用时严禁带电插拔打印电缆，不然会损害打印机的打印口及计算机的并行口，严重时甚至有可能会击穿计算机的主板。在安装或更换打印头时，要注意取下打印头的保护胶带，并一定要将打印头和墨水盒安装到位。

（8）打印机使用了一段时间后，如果打印质量下降，比如输出不清晰、出现纹状或其他缺陷，可利用自动清洗功能清洗打印头。清洗时可通过打印机附带软件中的打印头清洗工具；也可通过打印机自身控制面板上的按钮进行打印头的清洗，但这会消耗少量的墨水。如果连续清洗几次之后，打印效果仍不满意，这时就得考虑更换墨水了。

（9）有些喷墨打印机的操作面板功能很强，几乎可以实现喷墨打印机的所有功能，如果发现打印结果与面板的设定不一样，有可能是由于软件的设置与面板设置不一致所致，而软件的设置是优先于面板设置的，所以使用时两者必须统一。

2．激光打印机的维护

（1）激光打印机是三种打印机中最为昂贵，也是结构最复杂，部件精细度最高的打印机。因此在一般情况下除硒鼓外，不要轻易地去动其他的部件。

（2）对于一些部件由于使用时间较长（如电极丝、定影器等）而积有一些墨粉和污垢而影响打印效果的问题，可用脱脂棉花轻轻擦拭干净，但操作时要小心，不要改变它们原有的位置。

（3）对激光打印机来说最重要的就是维护硒鼓。作为有机硅光导体，硒鼓有部件疲劳性，连续工作的时间不宜过长。如果要打印量很大的话，建议连续打印 50 张左右应休息 10 分钟左右。

（4）对硒鼓表面做清洁工作时应注意，可用脱脂棉花蘸上专用清洁剂轻轻擦拭，擦拭时应用螺旋画圈法，而不应沿横向或纵向直接擦拭。

（5）在更换墨粉时请将废粉收集仓内的废粉清除干净，以免废粉过多发生漏粉的现象。同时请注意，对硒鼓的所有维护操作尽量在避光的环境下进行（不是冲印胶卷时的暗房环境，一般只要拉上窗帘，关闭电灯即可）。

（6）激光打印机内部电晕丝上电压高达 6kV，不要随便接触，以免造成人身伤害。大多数激光打印机上都装有一些安全开关，还有不少保险丝和自动电路保护装置，以便对一些重要的部件进行保护。定影轧辊在打印机出纸通道的尽头，正常操作时，不可触及轧辊，以免烫伤。

（7）打印机中的激光也具有危险性，激光束能伤害眼睛，当其正常运转时，切不可用眼睛朝打印机内部窥看。

23.2.2 扫描仪的维护

（1）不要经常插拔电源线与扫描仪的接头。经常插拔电源线与扫描仪的接头，会造成连接处的接触不良，导致电路不通，正确的电源切断应该是拔掉电源插座上的直插式电源变换器。

（2）不要随意热插拔数据传输线。在扫描仪通电后，如果随意热插拔接口的数据传输线，会损坏扫描仪或计算机的接口，更换起来就比较麻烦了。

（3）不要中途切断电源。由于镜组在工作时运动速度比较慢，当扫描一幅图像后，它需要一部分时间从底部归位，所以在正常供电的情况下不要中途切断电源，等到扫描仪的镜组完全归位后，再切断电源。现在有一些扫描仪为了防止运输中的震动，还对镜组部分添加了锁扣。

（4）长时间不使用时要切断电源。有些扫描仪并没有在不使用时完全切断电源开关的设计，当长时间不使用时，扫描仪的灯管依然是亮着的。由于扫描仪灯管也是消耗品，所以建议用户在长时间不使用时切断电源。

（5）注意保持清洁和控制湿度。扫描仪在工作中会产生静电，时间长了会吸附灰尘进入机体内部影响镜组的工作，所以尽量不要在靠窗或容易吸附灰尘的位置使用扫描仪，另外还要保持扫描仪使用环境的湿度，减少浮尘对扫描仪的影响。

（6）放置物品时要一次定位准确。有些型号的扫描仪是可以扫描小型立体物品的，在使用这类扫描仪时应当注意，放置物品时要一次定位准确，不要随便移动以免刮伤玻璃，更不要在扫描的过程中移动物品。

（7）不要在扫描仪上面放置物品。因为办公或家庭空间的限制，而扫描仪又比较占地方，所以有些用户常将一些物品放在扫描仪上面，时间长了，扫描仪的塑料遮板因中空受压导致变形，会影响使用。

（8）机械部分的保养。扫描仪长久使用后，要拆开盖子，用浸有缝纫机油的棉布擦拭镜组两条轨道上的油垢，擦净后，再将适量的缝纫机油滴在传动齿轮组及皮带两端的轴承上面，可降低噪声。

23.3 任务实施

23.3.1 维护喷墨打印机

维护喷墨打印机按照以下步骤进行。

步骤 1：清洁打印机内部。打开喷墨打印机的盖板，仔细清洁内部，清除打印机内部的灰尘、污迹、墨水渍和碎纸屑。尤其要重视小车传动轴的清洁，可用干脱脂棉签擦除导轴上的灰尘和油污，清洁后可在传动轴上滴两滴缝纫机油。在做清洁工作时注意不要擦拭齿轮、打印头及墨盒附近的区域，不要移动打印头，也不能使用稀释剂、汽油等挥发性液体，以免加速打印机机壳或其他部件的老化甚至损坏。

步骤 2：清洗打印头。现在的喷墨打印机开机后都会自动清洗打印喷头，并设有对打印喷头进行清洗的按钮，也可通过计算机中打印驱动选项来清洗喷头。清洗方法依据不同机型有所区别，大家可以参照喷墨打印机操作手册中的步骤进行。

如果使用打印机的自动清洗功能还不能解决问题，就需要对打印喷头进行手工清洗。先取下打印小车，除去墨盒及护盖，用脱脂棉签将喷头擦拭干净。将喷头放进一个盛满清水（最好是蒸馏水）的小容器中，浸泡八小时左右，再将墨盒装进喷头上继续浸泡三小时左右。用医用针筒装入没有杂质的清水对准喷头上面的供墨孔，慢慢注入清水，切记要慢。观察喷头上出墨孔的出水情况，清水如果能从每个喷孔喷洒而出，就可以确定打印喷头已经畅通。在清洗过程中动作要准确，用力适度，不要触碰打印车的电气部分，更不要使其沾上水。如有少量的水洒在上面时，应尽快用柔软的布擦除并晾干。

23.3.2 维护激光打印机

维护激光打印机按照以下步骤进行。

步骤 1：清洁硒鼓。用软毛刷轻扫，重点扫除硒鼓两端、清洁辊、废粉仓口这些部位，若硒鼓上不慎沾上了手印或油污，可用高级镜头纸（或脱脂棉签）蘸无水酒精或蘸墨粉沿一个方向擦除。清洁硒鼓时应避免手指甲或尖锐物体划伤硒鼓表面。

步骤 2：清洁转印电晕丝。可用软毛刷或蘸有少量酒精（或清水）的棉签清洁电晕丝周围的区域，清洁时要特别小心，不要弄断电晕丝。有些打印机自带电晕丝清洁装置，只需来回轻轻推拉清洁装置即可。

步骤 3：清洁输纸导向板。用蘸有清水的软布（要求拧干，不能滴水）擦净即可。

步骤 4：清洁静电消除器。用小毛刷清扫其周围的纸屑与碳粉即可。

23.3.3 维护扫描仪

维护扫描仪按照以下步骤进行。

步骤 1：用一块干软布把扫描仪的外壳（不包括平板玻璃）擦拭一遍，去除表面的浮尘，然后用一块拧干的湿布细擦，对污垢多的地方，可蘸一些清洁剂擦拭。

步骤 2：将扫描仪盖板取下，检查并清洁上罩玻璃板上的灰尘，特别是基准白处，应仔细清除干净。

步骤3：打开扫描仪的外壳后，如果发现里面的灰尘比较多，可以用吹气皮囊自内向外吹气，用小型吸尘器效果更佳。

步骤4：在扫描仪的光学组件中找到发光管、反光镜，将脱脂棉签蘸少许蒸馏水或专用清洁剂，小心地在发光管和反光镜上擦拭，不要按压改变光学配件的位置或划伤镜头和透镜。

步骤5：清洁完后，把上罩装好，再用一块干净的布把扫描仪重新擦拭一遍。

习　题

一、判断题

1．在打印机的使用中，允许带电插拔打印机的信号电缆。（　　）

2．在打印机的使用中，打印机在工作状态下，不要转动走纸旋钮，最好用走纸键送纸。（　　）

3．在打印机的使用中，不要在打印机处于打印过程中关闭电源，更不要用拔电源线的方式关闭打印机。（　　）

二、简答题

1．如何对喷墨打印机进行维护？

2．如何对激光打印机进行维护？

3．如何对扫描仪进行维护？

三、实训题

1．激光打印机在打印时出现卡纸的现象，该如何处理？

2．在使用扫描仪时发现扫描出来的图像非常模糊，该如何处理？

学习情境 5

选购平板电脑及笔记本电脑

随着科技的发展，平板电脑及笔记本电脑越来越普及，但是存在着品牌繁多、功能复杂、价格不确定的问题，这些问题给选购者带来了很大的困惑。为了了解相关的选购常识，下面通过 2 个任务的学习来掌握平板电脑及笔记本电脑的选购知识。

任务 24：选购平板电脑

任务 25：选购笔记本电脑

任务24

选购平板电脑

知识目标

- 熟悉平板电脑与笔记本电脑的区别；
- 了解平板电脑与上网本、智能手机的区别；
- 熟悉如何选购平板电脑。

技能目标

- 能熟练挑选平板电脑；
- 能给别人推荐合适的平板电脑。

24.1 任务描述

在信息化高度发展的今天，人们已经离不开计算机离不开网络了。台式机进入千家万户，让人们都用上了计算机并且和世界取得了阶段性的联系；笔记本电脑的诞生与普及使人们逐渐熟悉了移动娱乐与办公；随着苹果、三星、微软、联想、华硕等国际大品牌的推波助澜，爱国者、纽曼、爱立顺、台电、昂达等国内品牌的进入，平板电脑自 2013 年起发展得如火如荼。但随着品牌的增加、产品线的丰富，消费者在选择平板电脑时却增加了很多的困惑，各种处理器、各种尺寸、各种操作系统、各种屏幕类型的平板电脑让人雾里看花，无从下手。如何辨别平板电脑的参数与性能？如何选择一款适合自己的平板电脑呢？

24.2 相关知识

24.2.1 平板电脑与笔记本电脑的区别

平板电脑是介于笔记本电脑和手机之间的一种电子产品。平板电脑是一种小型、方便携带的个人计算机，以触摸屏作为基本的输入设备，允许用户通过手指、触控笔或数字笔来进行作业而不是传统的键盘或鼠标。下面从几个方面说明平板电脑与笔记本电脑的区别。

第一，屏幕的角度。平板电脑的屏幕是触摸屏，而且还是多点触摸的，而笔记本电脑显示屏多数不可触摸。

第二，重量方面。平板电脑的重量只有几百克，而笔记本电脑相对沉重。

第三，携带方面。笔记本电脑的到来给台式计算机带来了不小的压力，因为它携带方便，出差等都可随身携带；但平板电脑的到来，又给笔记本电脑带来了压力，平板电脑的机身更小，重量更轻，更便于携带。

第四，平板电脑与笔记本电脑相比相当于玩具。如果不玩大型游戏，不做三维图形图像处理，只是聊天、看看视频、玩小型游戏、进行文本处理，选平板电脑没有问题。

第五，功能的延伸。新一代的平板电脑已经有了打电话的功能，更有 GPRS 导航功能，Wifi 上网更方便。

第六，在平板电脑上的操作系统是三足鼎立之势。以 iPad 为代表的 iOS 系统最为强势；以三星为代表的 Android 系统紧随其后，而 Android 的群狼战略导致 iOS 平板身陷重围，市场占有率上 Android 早已超越 iOS，Android 的总体影响力已经不逊于 iOS；微软致力于将 Windows 10 系统打造成跨平台以及多平台共用的操作系统，并且其在办公商务领域的优化使得微软的 Windows 系统的平板也强势占据了一部分市场。

就目前而言，平板电脑和笔记本电脑的区别具体可以根据用户的用途来看，因为其功能各有侧重。

24.2.2 平板电脑与上网本的区别

市面上绝大多数的平板电脑与上网本有着本质的区别。大多数上网本采用的是传统的"x86 架构"，即安装 Windows 操作系统的架构，所以它与传统意义的笔记本电脑差别不大，只是屏幕尺寸和体积比较小而已。

而平板电脑从屏幕尺寸上来讲与上网本类似，但市面上现售的大多数平板电脑都是采用 Android 或 iOS 操作系统的。从操作系统的角度来看，它更像一个大尺寸的智能手机，当然整体配置要比智能手机高得多。

现如今上网本的处境非常尴尬，超极本和平板电脑的推出，使得上网本这种微型笔记本电脑的市场份额不断减少。

24.2.3 平板电脑与智能手机的区别

在以前，平板电脑和手机的区别主要在于尺寸的不同、使用环境的不同，和能否通话等。现如今，这个界限变得越来越模糊，因为手机的屏幕越来越大，平板电脑也可以具备通话功能，可以使用 3G/4G/5G 网络进行通信。系统上 Android 和 iOS 双方都走向统一平台，不再严格区分。

平板电脑在浏览网页、娱乐、多任务运行、多任务管理上要优于智能手机。下面我们从硬件上简单分析手机与平板电脑的区别。

（1）屏幕。目前智能手机的屏幕尺寸通常在 7 英寸以下，平板电脑则是在 7 英寸到 12 英寸之间。

（2）CPU：手机处理器的单线程运算能力和平板电脑处理器相比，相差较大，难以单独靠频率来比拼性能，硬件的稳定性上手机也要略逊一筹。

（3）内存和硬盘。内存上双方差距不大，目前手机的内存也在不停提升。硬盘读写速度是上没有区别，容量上由于手机体积有限，在硬盘容量方面要比平板电脑略逊一筹。

24.3 任务实施：选购平板电脑

选购平板电脑

步骤 1：看用途。购买平板电脑首先应该了解自己的需求，针对你的目标进行选购。

我们使用平板电脑，按用途一般分成以下几种。

- 针对经常出差或在外，有较多移动环境下办公需求的商务平板电脑：一般需要大屏幕，便携性好，配置强悍，外观时尚。使用上强调能同时流畅地运用多个 Office 办公软件，收发邮件及浏览网页方便快捷，并在众多时候能取代笔记本电脑，起一些商务演示作用。
- 影音娱乐类平板电脑：在预算充足的情况下，苹果公司的 iPad 系列产品非常优秀，无论是做工、硬件，还是 iOS 的生态系统及用户体验都非常优秀。而考虑性价比的话，还是推荐华为、联想、台电、小米这样的国产品牌，配置中档，价位一般在 1500 元左右，8～11.6 英寸的多点电容屏，Android 的系统也在不断地优化中越来越强大，足够胜任在线视频、文字办公、多任务处理以及高性能游戏等日常功能，且在产品质量、售后服务上面，均有相当的保障。

另外平板电脑按照用途分类，还有以游戏为主的娱乐性平板电脑、带 4G 通话功能的平板电脑、以股票交易为主的平板电脑、GPS 型平板电脑、特殊用途的平板电脑等，可以根据功能的需求来选购。

步骤 2：看配置。和台式机、笔记本电脑一样，选购平板电脑的第一步是查看其 CPU、内存、硬盘等基本配置。

一看 CPU。平板电脑多采用的是 ARM 处理器，并不是我们普通计算机上的 x86 架构处理器。

二看内存。和台式机、笔记本电脑一样，平板电脑的程序运行时都要占用内存，所以内存的大小从某种意义上决定了平板电脑运行的快慢。

三看硬盘。平板电脑的硬盘都采用固态硬盘，具有读写速度快、低功耗、无杂音、体积小等特点。

步骤 3：看操作系统。平板电脑按操作系统划分，分为三大阵营：80%以上品牌采用的 Android 系统，苹果 iPad 采用的 iOS 系统，部分产品运行的是 Windows 系统。由于 Windows 系统的跨平台体验、多任务处理和针对 Office 的优化，使其更适合商务人士使用，而 iOS 和 Android 则在娱乐性上更强一些。

步骤 4：看屏幕与操控。选定了操作系统，接着需要关注的便是产品的屏幕设计。目前市场上常见的华为、台电等平板产品的屏幕尺寸主要有 7 英寸、8 英寸、9 英寸及以上，而屏幕的操控方式有电容式和电阻式两类。8 英寸屏幕是当今平板电脑的主流。

在屏幕的操控方式方面，传统的平板多采用电阻式触摸屏，可用任何硬物触控，触控精度高，适于手写和绘画等。电阻式触摸屏屏幕表面为软质材料，易刮花，但较电容屏抗冲击性强，其质量较轻，成本较低。

步骤 5：看网络连接。目前，消费市场上流行的平板电脑上网方式，主要有 Wifi 无线连接与 4G 移动网络连接两大类，两种上网方式有其不同的特点和适用范围，根据自己的需求选择即可。

步骤 6：看扩展应用。如果说，无线互联是平板的基本价值，那么，端口扩展则是平板的溢出价值。随着平板设备的性能越来越强大，其实现“大而全”的可能性就越来越高，要把平板电脑的性能发挥到极致，设备就要具有相当的扩展性。其中，最简单、最常用的扩展，自然就是存储与 USB 的扩展，多数平板电脑可支持扩展卡，少数产品还支持 USB-HOST，支持其他 USB 设备，如 U 盘、摄像头、USB 键盘、4G 数据卡等。

习　题

一、简答题

1．试简述平板电脑与笔记本电脑的区别。

2．试简述平板电脑与上网本的区别。

3．选购平板电脑应该主要从哪几个方面考虑？

二、实训题

张强是一名公司白领，但是家离公司有30km的距离，每天要乘坐地铁上下班；每天下班回家想懒懒地在床上看看电影、购购物，休闲一下；另外张强还会经常出差，在火车上也想用手机之外的工具更好地享受网络带来的乐趣。

请根据张强的需求为张强选购一款合适的平板电脑。

任务25 选购笔记本电脑

知识目标

- 熟悉笔记本电脑的用途、特点及类型；
- 熟悉笔记本电脑的主要性能参数；
- 掌握如何选购笔记本电脑。

技能目标

- 能熟练挑选笔记本电脑；
- 能对新购的笔记本电脑进行验货。

25.1 任务描述

随着电子技术的发展和产品的价格飞降，现在越来越多的人选择购买笔记本电脑。现在市场上笔记本电脑品牌众多，型号更是让人眼花缭乱，新名词、新技术层出不穷。如何以合适的价格挑选一款适合自己需求的笔记本电脑呢？这个问题对于绝大多数在电脑城外徘徊的持币待购者来说，是他们心中最关注的问题。

25.2 相关知识

笔记本电脑（NoteBook）是指把主机、键盘、显示器等部件组装在一起，体积只有手提包大小，并能用蓄电池供电，可以随身携带的计算机，也称手提电脑。

25.2.1 笔记本电脑的分类

笔记本电脑的诞生主要是为了方便外出商务办公使用，不过随着科技的进步，越来越多不同功能的笔记本也被单独分类出来。

1. 按用途分类

从用途上分，笔记本电脑可以分为以下几类。

（1）游戏本。最早由外星人和微星推出，在 21 世纪 90 年代就引起了众多游戏玩家的热捧。目前游戏本在笔记本电脑市场可谓是超级火爆，基本每个大厂商都推出了专门的游戏本系列抢占市场。

游戏本其实并没有一个判定标准，对配置也没有硬性要求，按照市场不成文的规定，游戏本必须能够流畅运行主流的大型网游，能够保持长时间游戏不卡顿且性能不下降，以及温度必须控制在硬件安全范围内。

总而言之，游戏本的特点就是顶级的配置加优秀的散热控制技术，外形比较厚重或者说笨重，续航能力差，还有最重要的就是价格特别高。

（2）超极本。超极本是英特尔公司定义的全新品类笔记本电脑产品，主要是为了对抗当时超级火爆的 iPad 和逐渐崛起的 Android 平板电脑。超极本要求具备与 PC 相近的性能，同时又具备平板电脑的便携性和续航能力。

在外观方面，超极本追求极致的轻、薄、时尚、坚固，所以对于材料的要求非常高，一般都采用合金外壳，内在硬件布局也经过特别的设计，尽可能地追求轻薄。当然，为了达到这个要求，不得不放弃了很多普通笔记本电脑拥有的接口，往往只会保留电源接口和一两个 USB 接口。

为了保证续航能力和散热效果，超极本一般都会放弃独立显卡，CPU 也采用低电压版，硬盘也由机械硬盘换成固态硬盘。

超极本的特点就是外观采用金属外壳，时尚、漂亮，散热好，厚度一般在 20mm 以内，重量一般在 2kg 以内，续航能力一般在 6 小时以上，屏幕大小一般在 14 英寸以内。

（3）轻薄本。轻薄本可以理解为低配版的超极本，不追求性能，只追求轻薄。在厚度和重量方面跟超极本要求类似，但是在配置方面却远远比不上超极本，一般都是采用低端低电压 CPU，以及勉强够用的内存和硬盘。当然，为了保持身材轻薄，一般也会配上固态硬盘。

轻薄本的特点就是追求轻薄，便携性和续航能力不错，不过性能较差，一般只能满足日常娱乐（看视频、听歌）以及轻度办公（Office 系列）。

（4）学生本。学生本主要面向学生群体，这个群体的特点就是预算有限，但是对于笔记本电脑的配置性能要求又比较高，同时还追求时尚。所以学生本的特点就是在影响性能的几个核心部件采用主流配置，如 CPU、内存、显卡等。同时为了保证成本和性价比，在一些不重要的配置方面只能采用较低端的产品，如硬盘采用机械硬盘，屏幕采用 TN 屏等。外壳方面一般采用复合材料，价格比金属外壳要低不少，又比普通塑料外壳质感好，视觉效果也更好。

学生本的特点就是配置中端，能够满足绝大部分游戏的需求，即使是大型游戏，也可以勉强在不开特效的情况下运行。外观较为时尚、个性化，不追求续航和轻薄，性价比在所有类型笔记本中最高。

（5）商务本。商务本跟学生本刚好相反，商务本在外观方面不追求时尚，反而要体现出沉稳大气。办公属性是商务本最优先考虑的因素。

商务本一般会配备比较高的 CPU 和内存，显卡方面一般只配中低端独立显卡甚至不配独立显卡，硬盘一般采用固态硬盘和机械硬盘混合搭配方式。

商务本的特点就是配置中高端以上，商务办公性能强悍，续航时间长，外观沉稳大气。

（6）二合一电脑。二合一电脑其实可以算是笔记本电脑也可以算是平板电脑。寻常的笔记本电脑，主要的硬件配置都是安置在键盘下面的，二合一电脑却是在屏幕下面。屏幕和键盘可以拆卸，屏幕部分为主机，拆卸键盘后，屏幕可以当作平板电脑使用。

在配置方面，二合一电脑从入门到顶配级别都有，但基本都有一个特点，跟超极本类似，CPU 采用低电压版，也就是后缀带 U 字母的。内存的话从 2GB 入门到 32GB 顶配都有，但即使是顶配也几乎只是配入门低电压独立显卡，绝大多数都是不配独立显卡的，一般用的都是核心显卡。

二合一电脑的特点就是，加上键盘可以当笔记本电脑使用，拆掉键盘可以当平板电脑使用。一般采用金属外壳，配置由入门到顶配都有，但采用核心显卡或低端独立显卡，游戏性能比较差，不过散热很好，续航能力也不错，外观一般都比较时尚。

（7）上网本。上网本在 2005～2010 年左右很流行，那时候笔记本电脑价格较高，很多人消费不起。上网本主要就是为了给低收入人群使用的，配置一般都是最低端的。目前来说，大厂商基本不涉及上网本了，但是还是有很多中小企业在生产。不过由于技术的进步，上网本的功能也比当时要强很多，只要不玩大型游戏，不同时打开太多软件，用起来还是比较顺畅的，而且价格也一般保持当年上网本的价格，维持在 3000 元以内。

2．按屏幕尺寸分类

现在主流的笔记本电脑尺寸是 13 英寸、14 英寸、15 英寸和 17 英寸。一般多媒体应用型尺寸较大，为 15 英寸和 17 英寸，商务型和时尚型多以 13 英寸和 14 英寸居多。特殊用途型根据需要决定屏幕尺寸大小。

25.2.2　买前须知

（1）笔记本电脑购买应遵循在经济预算的基础上性能够用即可的原则，即满足自己的使用需求即可。

（2）笔记本电脑主板及 CPU 的型号决定了它属于哪一代产品（是次时代，还是主流，还是淘汰品）。

（3）笔记本电脑的显卡需要根据自己需求进行挑选，因为显卡的高、中、低档都有，价格幅度大，型号众多，更新换代较快，所以要根据经济预算及个人需求理性挑选，不要盲目追求高端。

（4）笔记本电脑目前只有原装机，用户无法自己组装，硬件的扩充和维修都比较困难。

基本上笔记本电脑的内存和硬盘是可以更换的，但要先了解自己主板和 CPU 支持的内存频率，硬盘方面分为机械硬盘及固态硬盘，价格、容量、读写速度各有差异。硬盘的选择要看个人需求，不过还是建议买带有一定容量空间的固态硬盘的笔记本电脑，并选择将系统安装到固态硬盘所在的分区，这将很大程度地提高笔记本电脑的启动与运行速度，增强使用过程中的流畅性。

25.2.3　笔记本电脑和台式机配件的区别

笔记本电脑和台式机的主要部件是一样的，但 CPU、内存、显卡、硬盘、显示器等部件是专为笔记本电脑生产的，有本质的区别。由于体积的限制，笔记本电脑不可能像台式机那样使用占用大空间的接口；CPU 要使用移动版，体积和发热量都很小；内存条体积很小，并且不是垂直插在主板上的，而是非常倾斜的插在主板上的；至于显卡，有的是直接焊在主板上就像南北桥一样，而有的是插在上面的。

1．处理器的区别

迅驰之前笔记本电脑 CPU 不进行单独研发，都是把台式机 CPU 降低电压并增加功率控制模块，或者通过频率控制模块减小其功耗，减小发热量，同时增大缓存弥补性能上的损失，再应用到笔记本电脑上。笔记本电脑配置的 CPU 在能耗、散热方面都比台式机有更高的要求，于是从迅持开始，英特尔公司对笔记本电脑 CPU 进行了单独研发，采用不同于台式机的架构，导致现在笔记本电脑 CPU 和台式机 CPU 有不同的封装方式和不同的接口。笔记本电脑 CPU 也分为 Intel 和 AMD 两大阵营。

（1）Intel 移动处理器。笔记本电脑 CPU 使用移动版处理器，体积和发热量都很小，目前，市场上笔记本电脑配置的 CPU 属于 Intel 公司的主要包括酷睿系列（第十代 i7、i5、i3、第九代 i9、i7、i5、i3、第八代 i7、i5、i3）等。

（2）AMD 移动处理器。目前，市场上 AMD 公司的主流笔记本 CPU 主要包括第二/三代锐龙 7、锐龙 5、锐龙 3、第三代速龙 300U、第二/三代锐龙 3/5/7Pro 处理器。

2. 显卡的区别

笔记本电脑的显卡通常是焊接在主板上的，可以说是独立显卡芯片。少数的是独立显卡，但是由于散热的问题，功率很低。笔记本电脑显卡型号后面多带 M.如：GTX 980M。与台式机相比，笔记本电脑同类的显卡芯片能力下降 40%左右。

3. 硬盘的区别

如果是机械硬盘，笔记本电脑的硬盘转速偏低，大多数是 5400rpm 的，最高 7200rpm，而台式机硬盘通常 7200rpm 起。可以说笔记本电脑比台式机的硬盘转速要慢很多。如果使用固态硬盘，价格会有所提高。

4. 内存的区别

笔记本电脑的内存条只有台式机内存条的一半长，PCB 板也薄。笔记本电脑内存对稳定性、体积、散热性方面都有严格的要求。笔记本电脑的内存价格比台式机的要高。

25.3 任务实施：选购笔记本电脑

选购笔记本电脑

选购笔记本电脑主要从以下几个方面考虑。

1. 需求定位

在正式挑选笔记本电脑前，要先决定两件事：需求（要做什么）和预算（有多少钱）。这两个方面是相互关联又相互制约的，在不同的价位中因需求不同选择也不同。

2. 品牌选择

每个人都有自己的喜好，购物时也有自己钟爱的品牌。选购笔记本也是一样，优先选择一到两个自己钟爱的品牌。

主流品牌：联想、华硕、戴尔、宏碁、惠普等。

特点：价格、配置、质量、做工这些方面都比较均衡。

二线品牌：神州、方正、清华紫光等。

特点：与一线品牌的相同价位相比配置很高，但是做工和质量稍差一些。

高端品牌：苹果、索尼。

特点：设计出色，做工精细，质量很好，但是配置相对偏差。

3. 配置选择

（1）CPU。CPU 是笔记本电脑工作的核心，CPU 主要有 Intel 和 AMD 这两个品牌。就目前的产品线布局来看，无论是 Intel 还是 AMD，都针对不同需求的用户推出了从入门到旗舰级的多款产品。Intel 除了有熟悉的酷睿 i3/i5/i7/i9 系列产品，还为高端用户推出了酷睿至尊系列处理器，为入门级用户推出了奔腾和赛扬系列。

对于 CPU 来说，重要的参数除核心数量之外，还包括是否支持超线程技术、默认主频、最大睿频、是否支持超频等参数。比如同一厂商的一款原生六核六线程的处理器，即使是在相同的主频下，性能并不一定强过同系列四核八线程的产品。

（2）显卡。显卡主要厂商有英伟达和 AMD。英伟达的显卡俗称 N 卡，AMD 的显卡俗称 A 卡。N 卡按档次从低到高分别为 G/GT/GTS/GTX，例如 GTX-960M，和 CPU 一样，M 代表移动端使用；GTX 定位为发烧级显卡；9 代表第九代，第二位数字 6 代表对显卡的定位，数字越大，定位越高。

（3）内存。内存是 CPU 与外部设备之间信息交换的通道，外部信息先调入内存，然后等待被 CPU 执行。内存相当于公路，公路当然是越宽越好。现在主流的笔记本电脑内存都达到 8GB 以上，16GB 多用于特殊用途，如 3D 渲染、超大型单机游戏等。通常所说的双通道，简单说就是两根 4GB 的内存条比单根 8GB 的好，因为组成双通道后可以分别进行数据流通，效率更高。

（4）硬盘。笔记本电脑机械硬盘主流的有 1TB、2TB，硬盘容量越大，能存储的数据就越多。但机械硬盘的转速通常只有 5400rpm。预算充足的可以考虑固态硬盘，其数据传输能力是机械硬盘的 3 倍以上，但是相对于传统的机械硬盘，它的缺点是一旦损坏数据基本不可恢复。建议大家购买小容量的固态硬盘+大容量的机械硬盘搭配。

（5）电池。笔记本电脑的电池就像汽车的油箱一样，油箱容量越大，支持汽车走的路程就越远。笔记本电脑电池容量越大，移动使用的时间就更长久。总之电池容量是越大越好。

（6）屏幕选择。很多人不知道该选个多大的屏幕。笔记本电脑屏幕大小，涉及便携性、游戏性、娱乐性几方面。娱乐及游戏用途建议购买 15.6 英寸的，考虑到便携性可以选择 14 英寸及以下的。笔记本电脑尺寸大小和重量使得笔记本电脑性能有了限制。

4. 验货时的注意事项

（1）检查外观。验货时一定要查看是否是原包装，当面拆封、解包，注意包装箱的编号和机器上的编号是否相符，这样可以防止返修机器或展品当作新品出售。

（2）检查屏幕。打开笔记本电脑时，除直接看屏幕的显示品质之外，也要查看屏幕上有没有坏点，不良的显示器有伤眼睛。

（3）检查散热。散热对一台笔记本电脑而言非常重要，如果散热的设计处理得不好，轻则耗电、缩短电池持续力，重则导致系统不稳定、经常死机，甚至缩短笔记本电脑的使用寿命。现场检查散热好坏的要诀就是直接触摸，等到笔记本电脑开机大概十分钟之后，用手掌摸键盘表面及笔记本电脑的底盘，可以感觉到一个最热的地方，如果觉得烫手，表示这台笔记本电脑散热不佳。

此外，还有一些问题，如鼠标、触控板不听使唤，光标拖不动，机器过热，程序跑不动，内部有不正常杂音，屏幕有不正常的闪烁，响应时间太久，甚至死机等，都是系统不稳定的征兆，而这些征兆也都会令使用不顺畅。

习　题

一、简答题

1. 试简述选购笔记本电脑的注意事项。
2. 试简述选购笔记本电脑应该考虑的几个方面。
3. 笔记本电脑 CPU 的两大系列是什么？
4. 请描述选择笔记本电脑 CPU 需要注意的问题？
5. 请描述选择笔记本电脑显卡需要注意的问题？
6. 新购笔记本电脑如何验机？

二、实训题

小王是一名大学生，所学专业是移动互联专业，她学习的课程主要有 Java 程序设计、Linux 系统与服务器、Android 开发等。现在她想买一台笔记本电脑，主要用于学习，也供偶尔放松心情用，预算大约在 4000～5000 元。

请根据小王的需求为她选购一款合适的笔记本电脑。

参考文献

[1] 褚建立、张小志等主编. 计算机组装与维护情景实训[M]. 北京：电子工业出版社. 2010.

[2] 褚建立等主编. 计算机组装与维护情景实训（第 2 版）[M]. 北京：电子工业出版社. 2014.

[3] 高加琼著. 新编计算机组装与维护，[M]. 北京：电子工业出版社. 2020.

[4] 文杰书院编. 计算机组装维护与故障排除基础教程（第 3 版微课版）[M]. 北京：清华大学出版社. 2020.

[5] 张春芳，刘浩锋等主编. 微机组装与维护案例教程（第 2 版）[M]. 北京：机械工业出版社. 2018.

[6] 龙马高新教育著. 电脑组装与硬件维修从入门到精通[M]. 北京：人民邮电出版社. 2017.

[7] 王先国，何忠礼等著. 计算机组装与维修基础教程（第 5 版）[M]. 北京：清华大学出版社. 2019.

[8] 夏丽华，吕咏著. 计算机组装与维护标准教程（2018-2020 版）[M]. 北京：清华大学出版社. 2018.

[9] 黑马程序员主编. 计算机组装与维护[M]. 北京：人民邮电出版社. 2019.